全国旅游专业规划教材

西餐概论

（第7版）

XICAN GAILUN

王天佑　著

U0241700

北京·旅游教育出版社

图书在版编目（ＣＩＰ）数据

西餐概论 / 王天佑著. -- 7版. -- 北京：旅游教
育出版社，2024.2
　　全国旅游专业规划教材
　　ISBN 978-7-5637-4521-0

　　Ⅰ．①西… Ⅱ．①王… Ⅲ．①西餐－高等职业教育－
教材　Ⅳ．①TS971

中国国家版本馆CIP数据核字(2023)第004559号

全国旅游专业规划教材
西餐概论
（第 7 版）

王天佑　著

策　　划	李荣强
责任编辑	李荣强
出版单位	旅游教育出版社
地　　址	北京市朝阳区定福庄南里 1 号
邮　　编	100024
发行电话	（010）65778403　65728372　65767462（传真）
本社网址	www.tepcb.com
E - mail	tepfx@163.com
排版单位	北京旅教文化传播有限公司
印刷单位	北京柏力行彩印有限公司
经销单位	新华书店
开　　本	710 毫米 × 1000 毫米　1/16
印　　张	20
字　　数	313 千字
版　　次	2024 年 2 月第 7 版
印　　次	2024 年 2 月第 1 次印刷
定　　价	49.00 元

（图书如有装订差错请与发行部联系）

前　言

西餐有着悠久的历史和文化，是我国人民对欧美各国菜肴的总称。现代西餐以传统制作方法为基础，融入了世界各地的原料和生产工艺，形成了不同的菜系和特色。当今由于文化、信息和技术交流，交通运输的发展及计算机网络的使用，西餐已成为世界人民的菜点。目前，随着我国经济的增长，旅游业、酒店业和会展业的发展及人们的饮食习惯的变化，西餐菜点已成为我国人民喜爱的餐饮产品之一。同时，我国的西餐需求也在不断地扩大。

为了满足我国旅游业、酒店业和西餐业经营管理和教学的需要，旅游教育出版社于 2000 年出版了由王天佑教授编著的《西餐概论》一书。该书自出版以来，以丰富和专业的知识和较强的实用性，在提高我国西餐经营管理和教学质量方面发挥了重要的作用，得到了许多院校和广大读者的青睐。

第 7 版《西餐概论》打破了原书的体例与框架，从全新的角度、以全新的内容对西餐文化与历史、生产与营销管理等各方面知识进行了详尽的概述和完整的总结；同时进一步突出了新颖实用的特色，力求理论联系实践，深入浅出，循序渐进。综上所述，本书具有以下鲜明的特色：

第一，以最前沿的理论和实践，介绍了各国西餐文化与发展、西餐主要菜系以及现代西餐生产、菜单设计、营销策略、服务规范、成本控制等知识。

第二，书中采用了大量的案例，内容紧贴现代国际西餐经营管理实际。

第三，根据现代旅游业和西餐业经营实际需求，进行了理论、知识和技术的整合，并回答了现代西餐经营管理面临的诸多问题。

第四，书中重要的专业术语和词组、菜肴名称都配有外语，便于读者学习。

本书既可作为高等院校旅游管理专业、酒店管理和餐饮管理专业的理想教科书，也可作为旅游业、酒店业和西餐业管理人员的学习手册。本教材在编写过程中得到了美国弗吉尼亚理工大学高级讲师塞克斯顿先生、北京钓鱼台大饭店、天津喜来登饭店和广东白天鹅饭店等管理人员的支持和帮助。在此一并表示感谢！

书中疏漏与不足之处恳请广大读者予以批评指正。

编　者
2024 年 1 月

目　录

第1篇　西餐历史与发展

第1章　西餐概述 ……………………………………………… 1

本章导读 …………………………………………………… 1

第一节　西餐的含义和特点 ……………………………… 1

第二节　西餐餐具与酒具 ………………………………… 3

第三节　西餐用餐礼仪 …………………………………… 7

本章小结 ………………………………………………… 12

思考与练习 ……………………………………………… 13

第2章　西餐历史与发展 …………………………………… 14

本章导读 ………………………………………………… 14

第一节　西餐的起源 ……………………………………… 14

第二节　中世纪古西餐 …………………………………… 18

第三节　近代西餐发展 …………………………………… 19

第四节　现代西餐形成 …………………………………… 23

第五节　著名的鉴赏家和烹调大师 ……………………… 25

本章小结 ………………………………………………… 28

思考与练习 ……………………………………………… 28

第2篇　西餐文化与著名菜系

第3章　法国餐饮文化与菜系 ……………………………… 29

本章导读 ………………………………………………… 29

第一节　法国餐饮文化 …………………………………… 29

第二节　著名的菜系 ……………………………………… 31

第三节　法国菜的特点 …………………………………… 32

本章小结 ………………………………………………… 34

思考与练习 ……………………………………………… 34

第4章 意大利餐饮文化与菜系 ·················35
本章导读 ·················35
第一节 意大利餐饮文化 ·················35
第二节 著名的菜系 ·················37
第三节 意大利菜的特点 ·················40
本章小结 ·················42
思考与练习 ·················42

第5章 美国餐饮文化与菜系 ·················43
本章导读 ·················43
第一节 美国餐饮文化 ·················43
第二节 著名的菜系 ·················44
第三节 美国菜的特点 ·················47
本章小结 ·················48
思考与练习 ·················49

第6章 英国餐饮文化与菜系 ·················50
本章导读 ·················50
第一节 英国餐饮文化 ·················50
第二节 著名的菜系 ·················51
第三节 英国菜的特点 ·················54
本章小结 ·················55
思考与练习 ·················55

第7章 俄罗斯餐饮文化与菜系 ·················57
本章导读 ·················57
第一节 俄罗斯餐饮文化 ·················57
第二节 著名的菜系 ·················59
第三节 俄罗斯菜的特点 ·················62
本章小结 ·················63
思考与练习 ·················63

第8章 其他各国餐饮文化与菜系 ·················64
本章导读 ·················64
第一节 希腊餐饮文化与菜系 ·················64
第二节 西班牙餐饮文化与菜系 ·················68
第三节 德国餐饮文化与菜系 ·················70
本章小结 ·················74

思考与练习 ·· 74

第3篇 西餐生产与厨房管理

第9章 西餐食品原料 ·· 76
本章导读 ·· 76
第一节 奶制品 ·· 76
第二节 畜肉、家禽与鸡蛋 ·· 80
第三节 水产品 ·· 84
第四节 植物原料 ·· 87
第五节 调味品 ·· 91
本章小结 ·· 94
思考与练习 ·· 94

第10章 西餐生产原理与工艺 ·· 95
本章导读 ·· 95
第一节 原料初加工与切配 ·· 95
第二节 厨房热能选择 ·· 98
第三节 生产原理与工艺 ·· 101
本章小结 ·· 105
思考与练习 ·· 105

第11章 开胃菜与沙拉 ·· 106
本章导读 ·· 106
第一节 开胃菜 ·· 106
第二节 沙 拉 ·· 114
第三节 沙拉酱 ·· 122
本章小结 ·· 126
思考与练习 ·· 126

第12章 主菜与三明治 ·· 127
本章导读 ·· 127
第一节 畜肉类主菜 ·· 127
第二节 家禽类主菜 ·· 132
第三节 水产品主菜 ·· 136
第四节 淀粉与鸡蛋类主菜 ·· 143
第五节 主菜的配菜 ·· 149

第六节 三明治 ·················· 154
本章小结 ·················· 159
思考与练习 ·················· 159

第 13 章 原汤、汤和少司 ·················· 160
本章导读 ·················· 160
第一节 原 汤 ·················· 160
第二节 汤 ·················· 163
第三节 少 司 ·················· 168
本章小结 ·················· 178
思考与练习 ·················· 178

第 14 章 面包与甜点 ·················· 179
本章导读 ·················· 179
第一节 面包与甜点概述 ·················· 179
第二节 面包的种类与生产工艺 ·················· 180
第三节 蛋糕、排、油酥面点和布丁 ·················· 189
第四节 茶点、冰点和水果甜点 ·················· 196
本章小结 ·················· 201
思考与练习 ·················· 201

第 15 章 西厨房生产管理 ·················· 202
本章导读 ·················· 202
第一节 西厨房组织管理 ·················· 202
第二节 西厨房规划与布局 ·················· 208
第三节 西餐生产设备管理 ·················· 216
第四节 食品安全与卫生管理 ·················· 225
本章小结 ·················· 235
思考与练习 ·················· 235

第 16 章 西餐成本管理 ·················· 236
本章导读 ·················· 236
第一节 西餐成本控制 ·················· 236
第二节 西餐成本核算 ·················· 240
第三节 原料采购管理 ·················· 243
第四节 食品贮存管理 ·················· 247
第五节 生产成本管理 ·················· 250
本章小结 ·················· 252

思考与练习 ·· 252

第 4 篇　西餐服务与营销

第 17 章　西餐菜单筹划与设计 ·· 254

本章导读 ·· 254

第一节　西餐菜单种类与特点 ·· 254

第二节　西餐菜单筹划与分析 ·· 260

第三节　西餐菜单定价原理 ·· 262

第四节　西餐菜单设计与制作 ·· 267

本章小结 ·· 270

思考与练习 ·· 270

第 18 章　西餐服务管理 ·· 271

本章导读 ·· 271

第一节　餐厅种类与特点 ·· 271

第二节　西餐服务方法与技能 ·· 272

第三节　西餐服务程序管理 ·· 276

第四节　西餐服务组织管理 ·· 278

本章小结 ·· 282

思考与练习 ·· 282

第 19 章　西餐营销策略 ·· 283

本章导读 ·· 283

第一节　西餐营销原理 ·· 283

第二节　西餐市场竞争与策略 ·· 292

第三节　西餐营销道德管理 ·· 300

本章小结 ·· 305

思考与练习 ·· 305

主要参考文献 ·· 306

第1篇
西餐历史与发展

第1章

西餐概述

本章导读

随着我国旅游业的发展，西餐需求不断地增加，西餐营业收入持续增长，西餐经营管理已成为我国旅游管理和酒店管理的重要内容之一。通过本章学习，读者可了解西餐的含义和食品原料、西餐的生产和服务等特点。同时，明确西餐餐具和酒具、西餐用餐礼仪等基础知识。

第一节　西餐的含义和特点

一、西餐的含义

西餐（Western Cuisine）是我国人民对欧美各国菜系文化、菜点和制作工艺的总称，常指欧洲、北美和大洋洲各国的菜点和菜系及其文化与工艺。其中，世界著名的西餐有法国菜、意大利菜、美国菜、英国菜、俄国菜等。此外，希腊、德国、西班牙、葡萄牙、荷兰、瑞典、丹麦、匈牙利、奥地利、波兰、澳大利亚、新西兰、加拿大等各国菜点也都有自己的文化与特色。现代西餐是简化和创新了法国、意大利、英国和俄国等菜点的传统工艺，结合世界各地食品原料及饮食文化发展与变化而制成的富有营养、健康、口味清淡的新派西餐。例如，美国加州菜。

二、西餐的原料特点

西餐的原料有多个特点。一般而言，西餐原料中的奶制品较多，没有奶制品将使西餐失去特色。例如，牛奶、奶酪、黄油等。因此，奶制品在西餐菜肴、面包、甜点及其调味酱的制作中有着重要的作用。根据大数据，西餐中的畜肉原料以牛肉使用数量为多，然后是羊肉和猪肉。就原料形状而言，西餐常以大块食品为原料，如牛排、鱼排和鸡排等。因此，人们用餐时必须使用刀叉，以便将大块菜肴切成小块后食用。由于西餐中的蔬菜和部分海鲜可生吃，如生蚝和三文鱼、沙拉和沙拉酱等，因此西餐原料必须十分新鲜。

三、西餐的生产特点

西餐有多种制作工艺，因此，其菜肴品种丰富。其生产特点是突出菜肴中的主料特点，讲究菜肴的营养、健康、造型、颜色和味道。在生产过程中，选料很精细，对食品原料的加工质量和规格有严格的要求。例如，畜肉中的筋、皮一定要剔净。鱼的头尾和皮骨等全部去掉。西餐生产过程中讲究调味程序，如烹调前的调味、烹调中的调味、烹调后的调味。因此，以扒、烤、煎和炸等方法制成的菜肴，在烹调前多用盐和胡椒粉进行调味；而以烩和焖等方法制成的菜肴常在烹调中调味。不仅如此，西餐还讲究烹调后的调味，特别是对少司（热菜调味酱）和各种冷菜调味酱（沙拉酱）的使用。西餐的调味品和植物香料种类多，制成一道菜肴常需要多种调料完成。此外，西餐生产讲究火候的运用和菜肴的成熟度。如牛排的火候有三四成熟（Rare）、半熟（Medium）和七八成熟（Well-done）。煮鸡蛋有三分钟（半熟）、五分钟（七八成熟）和十分钟（全熟）。西餐菜肴讲究原料的科学搭配及使用不同的烹调方法以保持菜肴的营养成分。由于西餐原料新鲜度很重要，因此对贮存温度、保存时间等有很严格的要求。

四、西餐的服务特点

现代西餐采用分食制。菜肴以份（一个人的食用量）为单位，每份菜肴装在个人的餐盘中。西餐服务讲究服务程序、服务方式，菜肴与餐具的搭配。欧美人对菜肴的种类和上菜的道数（个数，Course）有着不同的习惯。通常，这些习惯来自不同的年龄、不同的地区、不同的餐饮文化、不同的用餐时间和用餐目的等。正餐，人们常食用三道菜至四道菜。在隆重的宴会，可能是五道菜或七道菜。早餐和午餐，人们对菜肴道数不讲究，比较随意。一般而言，在三道菜肴组成的一餐中，第一道菜是开胃菜、第二道菜是主菜、第三道菜是甜点。四道菜的组合通常包括一道冷开胃菜和一道热开胃菜（汤）、主菜和甜点。现代欧美人，早餐常吃面包（带黄油和果酱）、热饮或冷饮等。有时加上一些鸡蛋、肉类和水果。欧美人午餐讲究实惠、实用和节省时间。他们根据自己的需求用餐。一些男士可能食用两道菜或三道菜。包括一个开胃冷菜、一个含有蛋白质和淀粉的主菜、一道甜点和水果。而另一些人可能仅食用一个三明治和冷饮。女士午餐可能仅是一个沙拉。自助餐是当代欧美人喜爱的用餐方式，用餐方式比较灵活且方便，可以根据顾客的需求取菜，是各种西餐宴会和工作餐最适合的用餐形式。

第二节 西餐餐具与酒具

一、西餐餐具概述

西餐餐具是指食用西餐使用的各种瓷器、玻璃器皿（酒具）和银器（刀叉）等，是西餐厅和咖啡厅营销和服务中不可缺少的工具，它反映了餐厅的特色和文化，对美化餐厅和方便服务都具有一定的作用。

二、西餐餐具发展

根据考古证明，人类使用餐具已有几千年历史（见图1-1）。原始时代，古人利用石头做刀具，切割食物；用海边的贝壳、空心的牛角和羊角作为碗和匙。5世纪，英国撒克逊人开始利用铜或铁制成锋利的刀子并镶上木柄，作为武器和用餐的工具。"Spoon"（餐匙）一词来自6世纪的撒克逊文字。其含义是"碎片"，是指帮助古人用餐的木头、贝壳或石头碎片。

图1-1 公元前1000年拜占庭时代的餐具

11世纪，英国人已经开始使用木碟盛装食物并在用餐时，开始使用两把餐刀。当时威尼斯总督与希腊公主杜曼尼克·赛尔福（Domenico Selvo）结婚后，赛尔福将自己在原皇宫内使用的餐叉及用餐习惯带到威尼斯。1364年至1380年，法国查尔斯五世举办宴会时，所有客人的餐盘上都摆上了餐刀。1533年，意大利公主凯瑟琳·德·麦迪希斯（Catherine de Médicis）与法国王储亨利二世结婚，并将餐叉带到法国。

根据法国礼节和礼仪历史记载，16世纪中期，不同地区的欧洲人用餐，有不同的使用餐具习惯。德国人喝汤使用羹匙，意大利人用餐叉食用固体食物。当时的德国人和法国人都使用餐刀切割食品，而法国人当时使用两种或三种餐刀，切割不同的食物。1611年，英国人汤姆斯·科瑞特（Thomas Coryat）看到意大利人使用叉子用餐，回国后他将这一习惯带到英国。一开始受到英国人的嘲笑，但不久餐叉在英国得到广泛的使用。

17世纪早期，餐叉在欧洲国家普遍使用。1630年，美洲的马萨诸塞州（Massachusetts）地方行政长官在当地首先使用餐叉用餐。1669年，法国路易斯六世指出，餐桌上使用的餐刀应当是钝的。18世纪早期，德国人已经使用4齿餐叉用餐，而英国人仍然使用两齿餐叉。当时餐刀在欧洲各地被广泛使用，羹匙的形状与用途进一步得到改善。18世纪中期，餐叉的形状已经接近现在的餐叉。到了19世纪，美国人已经普遍使用餐叉。19世纪中期的英国维多利亚女王时代（Victorian Era），英国的餐具制造业开发了各种餐刀、餐叉和羹匙。20世纪初，由于不锈钢的广泛使用，西餐餐具的功能、造型和工艺得以不断的创新和完善。

三、西餐餐具种类

1. 瓷器

瓷器是西餐服务和营销常用的器皿。瓷器可以衬托和反映菜肴和酒水的特色和作用。通常，瓷器餐具都有完整的釉光层。餐盘和菜盘的边缘都有一道服务线以方便服务（见图1-2）。当然瓷器每次使用完都要洗净消毒，用专用布擦干水渍，然后分类并整齐地放在特定的碗橱内，防止灰尘污染。在搬运瓷器时要装稳，防止因碰撞而掉落打碎。餐后收拾餐具时要根据瓷器的尺寸，整齐地堆放在碗橱架上，并注意高度以便存放和取出，还要注意防尘。常用的西餐餐具有：

图1-2　西餐瓷器餐具

Sugar Bowl　　　　　　　　　糖盅

Coffee Cup with Saucer　　　　带垫盘的咖啡杯

Soup Cup with Saucer　　　　　带垫盘的汤杯

Tea Cup with Saucer　　　　　　带垫盘的茶杯

Salad Bowl　　　　　　　　　　沙拉碗

Butter Plate　　　　　　　　　　黄油盘

Dessert Plate　　　　　　　　　甜点盘（直径18厘米的圆平盘）

Main Course Plate　　　　　　　主菜盘（直径25厘米的圆平盘）

Fish Plate　　　　　　　　　　　鱼盘（通常是18厘米长的椭圆形的平盘）

Bread Plate（Toast Plate）　　　面包盘（直径15厘米的圆平盘）

2. 玻璃器皿

西餐厅使用的玻璃器皿主要指玻璃杯等，此外也使用少量的玻璃盘。玻璃杯主要用于销售和服务酒水，有时用于盛放冷开胃菜。不同的玻璃杯体现了不同特色的酒水。玻璃器皿要经常清点，妥善保管。各种水杯、酒杯洗净后要用消毒布擦干水渍以保持杯子透明光亮。同时，操作时动作要轻，擦干后的杯子应扣在盘子内，依次排列，安全放置。较大的水杯和高脚杯要有专用的木格子或塑料格子存放。存放杯子时，切忌重压或碰撞以防破裂，如发现有损伤和裂口的酒水杯，应立即拣出，扔掉，以保证顾客用餐的安全。常用的玻璃杯（见图 1–3）种类如下：

（1）Beer（啤酒杯），是盛装啤酒的杯子。它主要有两种类型，即平底玻璃杯和带脚的杯子，常用的啤酒杯容量在 8 盎司至 15 盎司之间，约 240 毫升至 450 毫升。目前，啤酒杯的造型和名称越来越多。

（2）Champagne（香槟酒杯），是盛装香槟酒、葡萄汽酒和香槟酒配制的鸡尾酒的酒杯。香槟酒杯有三种形状，即碟形（Saucer）、笛形（Flute）和郁金香形（Tulip）。香槟酒杯常用的容量为 4 盎司至 6 盎司，约 120 毫升至 180 毫升。

（3）Wines（各种葡萄酒杯）。包括：①白葡萄酒杯（White Wine Glass）：高脚杯，杯身细而长，主要盛装白葡萄酒、玫瑰红葡萄酒和白葡萄酒制成的鸡尾酒，常用的容量约 6 盎司，约 180 毫升。②红葡萄酒杯（Red Wine Glass）：高脚杯，杯身比白葡萄酒杯宽而短，主要盛装红葡萄酒和红葡萄酒制成的鸡尾酒。常用的容量为 6 盎司，约 180 毫升。葡萄酒杯包括雪利酒杯（Sherry）和波特酒杯（Port）。雪利酒是增加了酒精度的葡萄酒，因此雪利酒杯是容量较小的高脚杯，杯身细而窄，有时呈圆锥形，通常容量是 3 盎司，约 90 毫升。波特酒是增加了酒精度的葡萄酒。波特酒杯容量较小，形状像红葡萄酒杯，只不过是小型红葡萄酒杯，常用容量约 3 盎司，约 90 毫升。

（4）Cocktails（鸡尾酒杯），是指三角形鸡尾酒杯和不同形状的鸡尾酒杯。其中，有的杯子是高脚，有的杯子是平底。包括三角形杯、玛格丽特杯（Margarita）、老式杯（Old-Fashioned）、海波杯（High-ball）、考林斯杯（Collins）、库勒杯（Cooler）等。

（5）Brandy（白兰地酒杯），是销售白兰地酒的杯子，高脚，杯口比杯身窄，利于集中白兰地酒的香气，使饮酒人更好地欣赏酒中香气。白兰地酒杯有不同的容量，常用的杯子是 6 盎司，约 180 毫升。白兰地酒杯还常称为干邑杯（Cognac）和嗅杯（Snifter）。欧美人在饮用白兰地酒前，习惯用鼻子嗅一嗅，欣赏酒的香气。

（6）Liqueur（利口酒杯），也称为甜酒杯和考地亚杯（Cordial），这种酒杯是小型的高脚杯或平底杯。它的容量常在 1.5 盎司至 2 盎司之间，约 45 毫升至

60 毫升。

（7）Tumblers（各种平底杯），也称为平底杯或果汁杯。这种酒杯用来盛装长饮类鸡尾酒、带有冰块的鸡尾酒、饮料及矿泉水。

（8）Goblet（高脚水杯），用于盛装冰水和矿泉水，其容量常在 10 盎司至 12 盎司之间，约 300 毫升至 360 毫升。

（9）Whisky（威士忌酒杯），杯口宽，容量 1.5 盎司，约 45 毫升。它不仅盛装威士忌酒，还作为烈性酒的纯饮杯。但是，不盛装白兰地酒。威士忌杯还称为吉格杯（Jigger）。Jigger 的含义是任何可盛装 1.5 盎司容量液体的杯子。

（10）Cup（热饮杯），盛装热饮料的杯子，带柄，有平底和高脚两种形状，容量常在 4 盎司至 8 盎司之间，约 120 毫升至 240 毫升。

| 高脚水杯 | 白葡萄酒杯 | 红葡萄酒杯 | 香槟酒杯 |
| （Water Goblet） | （White Wine） | （Red Wine） | （Champagne） |

图 1-3　各种酒水杯

3. 银器

银器是指金属餐具和金属服务用具。西餐常用的金属餐具和服务用具有各种餐刀、餐叉、餐匙、热菜盘的盖子、热水壶、糖缸、酒桶和服务用的刀、叉和匙等（见图 1-4）。各种银器使用完毕必须细心擦洗，精心保养。凡属贵重的餐具，一般都由餐饮后勤管理部门专人负责保管，对银器的管理应分出种类并登记造册。餐厅使用的银器需要每天清点。大型的西餐宴会使用的银器数量大、种类多，更需要认真地清点。在营业结束时，尤其在扔掉剩菜时，应防止把小的银器倒进杂物桶里。同时，餐厅经理应对所有的银器餐具和用具定期盘点，发现问题应立即报告主管人员并且清查。银器需认真贮存，理想的

图 1-4　银器

贮放容器是盒子和抽屉。将每种刀叉分别放在一个特定的盒子或抽屉中，每个盒子或抽屉可垫上粗呢布防止滑动和相互碰撞。定期换洗，保持卫生。其他金属器具应编号，存放在柜子中，其高度应方便服务员取用。有些餐厅将贵重的银器和其他金属器皿装在碗橱中上锁保管。常用银器种类包括：

Butter Knife	黄油刀
Salad Knife	沙拉刀
Fish Knife	鱼刀
Table Knife	主菜刀
Dessert Knife	甜点刀
Fruit Knife	水果刀
Cocktail Fork	鸡尾菜叉
Salad Fork	沙拉叉
Fish Fork	鱼叉
Table Fork	主菜叉
Dessert Fork	甜点叉
Soup Spoon	汤匙
Dessert Spoon	甜点匙
Tea Spoon	茶匙

第三节　西餐用餐礼仪

一、仪容与仪态

仪容与仪态在西餐宴会中很重要。仪容主要是指人的外部形象，包括容貌。仪态是指人的姿态、举止和风度等。仪容整齐是对他人的尊重。仪表是综合人的外表。其基本要求是：脸要干净、头发整齐，衣服整齐、扣好纽扣，头正，肩平，胸略挺，背直。风度是行为举止的综合表现。英国人认为优雅的行为高于美丽的容貌，而仪表风度可以反映出一个人的精神面貌。在西餐宴会中，表情非常重要。表情应亲切自然，切忌做作。感情表达 =7% 言辞 + 38% 声音 + 55% 表情。在人的表情中，眼睛表情最重要、最丰富，称为"眼语"。服饰体现尊重和礼貌，因此参加宴会人员的服装应与时间、地点及仪式内容相符。当然，服装应与地点相符，与国家、地区所处的地理位置、气候条件、民族风格、宴会仪式等相符。鞋袜要注意与整体服装搭配。在正式宴会中，男士应穿黑色或深咖啡色皮鞋。穿西装时，不宜穿布鞋、旅游鞋和凉鞋。同时，保持鞋面清洁。领带是西装的灵魂，系领带不能过长或过短，站立时其下端应触及腰带。不要松开领带。使用的腰带以黑色或深棕色为宜，宽度不超过 3 厘米。

称呼在西餐宴会中很重要。男子通常称为先生，女子称为女士。对国外华人，不可称为老某、小某。在宴会中，握手礼是最常见的见面礼和告别礼。双方应各自伸出右手，手掌与地面均呈垂直状态，五指并用。同时，应注意，不要抓住对方的手来回晃动。此外，用力过猛或过轻都是不礼貌的。握手应遵循原则。男士、晚辈、下级和客人见到女士、长辈、上级和年长者，应先行问候，待长辈或上级管理者伸出手来，再向前握手。顺序应是：先女士后男士，先长辈后晚辈，先上级后下级。握手不要戴手套，男士与女士握手时间短一些、用力轻一些。握手时注意顺序，眼睛要看着对方。遇到身份较高的人士，有礼貌地点头和微笑，或鼓掌表示欢迎，不要自己主动要求握手。

二、餐前礼节

在欧洲国家，判断人们礼貌行为的一个重要内容是餐桌礼仪。特别是在用餐或出席正式宴会时的礼节。通常在高级西餐厅或风味餐厅用餐前应提前预订，高级西餐厅或风味餐厅都有预订专用电话或网络预订系统，预订时先说清楚姓名、用餐时间与人数、餐桌位置并应遵守时间。进入风味餐厅或高级西餐厅，应由餐厅迎宾员引领顾客入座。通常餐厅里有领座员或迎宾员在门口恭候顾客光临，然后询问是否预订、顾客人数，以便带领入座。已预订的顾客只要报上姓名，领座员会直接将顾客领到预订的座位区。通常女士先入座，男士后入座。女士尚未坐好，男士不要自己先坐下，否则有失风度。女士尚未入座时，男士最好站在椅子后面等待。为了不让男士久等，已订好座位的女士应及时入座。入座后，顾客应保持餐桌与自己胸前两拳宽的距离，目的是使用餐人能舒适地进餐。进入餐厅前，所有顾客应将大衣和帽子等物品寄放在衣帽间。女士皮包可随身携带，可放在自己的背部与椅背之间。当全桌用餐人坐定后才可使用餐巾，等大家都坐好后才开始将餐巾整齐地摊于膝上，这是最基本的礼貌。

三、点菜礼节

通常顾客进入餐厅入座后不久，餐厅服务员就会呈上菜单，如果用餐人对该餐厅风味不熟悉，最好将菜单看得仔细一些，有疑问时可随时请教服务员。作为顾客，虽然花费了些时间，但是为了更完善地用餐，在点菜时应慎重些。作为用餐礼节，顾客对服务员必须有礼貌。此外，点菜时，被邀请人不应选择高价的菜肴。尽管主人竭力招待，并请自己挑选自己爱吃的菜肴。如果专点昂贵的菜肴，对被邀请者而言也太不识大体了。除非是主人极力推荐某道菜肴，否则最高价格的菜肴或写着"时价"的菜肴，最好不要挑选，这样较为妥当。此外，点菜时顾客不可指着其他顾客餐桌上的菜肴。

四、饮酒礼节

欧美人在使用正餐时，讲究菜肴与酒水的搭配，讲究酒水饮用顺序。一般而言，冷藏的酒应用高脚杯。为了增加食欲，餐前酒应当冷藏后饮用。喝鸡尾酒、白葡萄酒和香槟酒时应使用高脚杯。当然，持酒杯应用手指夹着杯柄，不要用手把持杯子的上部，这样会使酒变成温热。在西餐礼节中，女士宜喝清淡的酒和鸡尾酒，对于不太饮酒的人而言，偶尔喝一点儿清淡的酒可以促进食欲，女士拒绝餐前酒不算失礼，但礼貌上仍应浅尝一点儿。通常，餐前饮威士忌酒（Whisky）时，应当调淡些。威士忌酒本为餐后酒，目前一些欧美顾客习惯地将其作为餐前酒饮用。由于威士忌酒酒精成分比葡萄酒及啤酒都高，因此注意倒入杯子的数量不可过多。通常，威士忌酒用于餐前饮用时，可加入矿泉水或冰块。饮用两种以上的相同酒时，应从较低级别的酒开始。饮用两种以上的葡萄酒时，应从味道清淡的酒开始。相同品牌的酒先由年代较近的酒开始饮用，渐至陈年老酒。斟倒红葡萄酒时要谨慎，以免沉淀物上浮、优质的红葡萄酒经常有沉淀物，为了使它沉淀，通常葡萄酒瓶底都有上凸的结构，凹下的部分是刻意设计的，以使沉淀物沉于其间。在欧美人的酒文化中，喝不同的酒应当使用不同的酒杯，这体现了不同的餐饮文化，以及对顾客的尊重。酒杯的式样与菜肴的色香味具有同样的效果，同样可以刺激人们的食欲，还增加了餐饮特色。因此，许多餐厅为此费尽心机设计了各种酒杯。在西餐厅，品酒应当由男士担任。主宾如果是女士应当请同席的男士代劳。饮红葡萄酒时，应当使酒先接触空气，一旦红葡萄酒接触空气，它会充满活力，使其更好地发挥香气和味道。此外，服务员斟酒时顾客不必端起酒杯。在欧美人看来，将酒杯凑近对方是不礼貌的。饮酒前应当先以餐巾擦唇。由于用餐时，嘴边沾有油污或肉汁，所以饮酒前轻擦嘴唇是必要的，不但饮酒如此，喝饮料也是如此。

五、用餐礼节

欧美人很重视用餐礼节，尤其参加正式晚宴或宴会。就餐时，不要戴帽子进入餐厅，应穿正式服装，不要松领带。用餐时应避免小动作，一些无意识的小动作在他人眼中都是奇怪的坏习惯。例如，边吃边摸头发，他人会非常嫌恶。用手指搓搓嘴、抓耳挠鼻等小动作都深深违反了西餐礼仪。进餐中应注意自己的举止行为，就餐时不要把脸凑到桌面。不要把手或手肘放在餐桌上，尤其是在高级西餐厅进餐。用刀叉时不可将胳膊肘及手腕放在餐桌上，最好是左手放在餐桌上稳住盘子，右手以餐具帮助进食。要养成将手放在膝上的习惯。同时，用餐时跷腿或把脚张成大八字均违反餐饮礼貌。当然，进餐时，伸懒腰、松裤带、摇头晃脑都是非常失礼的行为。在咖啡厅和西餐厅用餐，刀叉的使用顺序应从摆台的最外侧向内侧用起。餐具的摆放顺序从里到外是主菜的刀叉，开胃菜的刀叉及汤匙。这样，用餐时使用刀叉应先外后里。当然餐具一旦在餐桌上摆好，就不可随便移动。在餐厅用餐时人们将餐桌、餐盘、酒杯或刀叉视为一个整体。使用餐具时既要讲究礼貌礼节，又要讲究方便和安全。因此，当同时使用餐刀和餐叉时，左手持叉，右手持刀（见图1-5）。当仅使用叉子或匙时，应当用右手，应尽量用右手取食。不要将刀叉竖起来拿着。与人交谈或咀嚼食物时，应将刀叉放在餐盘上。用餐完毕应将刀叉并拢，放在餐盘的右斜下方。一般而言，进餐时，将刀叉整齐地排列在餐盘上，等于告诉服务员这道菜已经食用完毕，可以撤掉。刀叉掉在地上，自己不必忙着将

图1-5 使用餐具的礼貌

它们捡起来。原则上由餐厅服务员负责捡起。但是作为用餐的礼貌礼节，当同桌女士自己要捡起掉在地上的刀叉时，旁边的男士应迅速为她捡起并交给服务员，代替该女士另要一副餐具。使用餐巾时应当注意餐巾的功能，餐巾既非抹布亦非手帕，主要的作用是防止衣服被菜汤弄脏，附带功用是擦嘴及擦净手上的油污，而用餐巾擦餐具是不礼貌的，除了被人视为不懂得用餐礼节和礼貌，而且主人会认为客人嫌餐具不洁，藐视主人等。此外，用餐巾擦脸或擦桌上的水都是不礼貌的。通常，菜肴上桌后应立即食用。在西餐厅和咖啡厅用餐时，谁的菜肴先上桌谁先食用，因为不论菜肴是冷的还是热的，上桌时都是最适合食用的温度。当然与上级领导或长辈一起用餐时，最基本的礼貌是上级领导或长辈开始使用刀叉时，其他人才开始。当然，若是好友之间共餐并且上菜的时间很接近，应该等到菜肴上齐了一起进食。参加宴会时，有些开胃菜均可以用手拿取食用。例如开那批（Canape），因为这些菜用刀叉食用非常不方便，使用牙签又效果不佳，而且这些菜肴不粘手，也不会弄脏手。不仅开胃菜如此，凡不粘手的食物均可用手取食。食物进入口内不可吐出。除了腐败的食物、鱼刺和骨头，一切食物既已入口则应吃下去。当然，西餐中的骨头和鱼刺在烹调前已经去掉。用汤匙喝汤时，应由内向外舀，即由身边向外舀出。由外向内既不雅观也会被人取笑。汤匙就口的程度，以不离盘身正面为限，不可使汤滴在汤盘之外。进餐时无论喝汤或吃菜都

不能发出声响。食用面包应在喝汤时开始。面包不可以用刀切，而是用手撕开后食用，被撕开面包的大小应当是一口能够容纳的量。而且掰一块食用一块，现掰现吃，不可以一次撕了许多块后再食用。当需要将黄油或果酱抹在面包上时，应将黄油或果酱抹在撕好的面包上，抹一块食用一块。用餐时不要中途离席。为了避免尴尬的情形，凡事应当在餐前处理妥当，中途离席往往受到困扰，并且是不礼貌的。使用洗手盅时应先洗一只手，再换另一只手。洗手盅随菜肴一起上桌，洗手盅常装有二分之一的水，为了去除手上的腥味，在水中放有一个花瓣或柠檬片。尽管里面装着洗手水，但只用来洗手指，不能把整个手掌伸进去，两只手一起伸入洗手盅不仅不雅，且容易打翻洗手盅。用餐时女士未吃完，男士不应结束用餐。不论何时何地，宴会主人一定要注意女宾或主宾的用餐情况。

六、喝茶与喝咖啡礼节

欧美人喝茶有一定的礼节，由于各国生活习惯不同，喝茶礼节也不同。通常在酒店、餐厅或酒吧，茶要趁热喝，只有喝热茶才能领略其中的醇香味，当然不包括饮凉茶。喝热茶时，不要用嘴吹，等几分钟后，使它降温后再饮用。此外，不要一次将茶喝尽，应分作三四次喝完。当然，冲泡一杯色、香、味俱全的茶需要很多方面的配合。根据欧美人习俗，饮咖啡需要一定的礼节，作为咖啡的服务企业必须了解饮咖啡的礼节，认真钻研咖啡文化，做好咖啡的推销。通常，顾客在饮用咖啡时应心情愉快，趁热喝完咖啡（冷饮除外），不要一次喝尽，应分作三四次。饮用前，先将咖啡放在方便的地方。饮用咖啡时可以不加糖、不加牛奶，直接饮用，也可只添加糖或只添加牛奶。如果添加糖和牛奶时，应当先加糖，后加牛奶，这样咖啡会更香醇。糖可以缓和咖啡的苦味，牛奶可缓和咖啡的酸味。常用的比例是糖占咖啡的 8%，牛奶约占咖啡的 10%，当然也可以根据饮用者的口味添加糖和牛奶。饮用咖啡前，右手用匙，将咖啡轻轻搅拌（在添加糖或牛奶的情况下），然后将咖啡匙放在咖啡杯垫的边缘上。饮用时，用右手持咖啡杯柄。在一些酒会中，人们站立时也可以左手持咖啡杯盘（杯垫），右手持杯柄饮用。

七、自助餐礼仪

自助餐（Buffet）是人们喜爱的宴会方式之一，客人可以随意入座并依照个人的口味和爱好挑选菜肴和饮料，依照个人的食量自己选择菜量。自助餐服务人员不必像传统宴会服务那样进行餐桌服务，通常只负责添加餐台上的菜肴，将顾客使用过的餐具适时撤走。一般而言，参加自助餐的顾客没有固定的座位，所以可以与其他人随意交谈。在拿饮料和取菜时顾客常有彼此交谈的机会，可充分发挥社交功能。通常，顾客进入餐厅后，首先找到座位，物品放妥后，打开餐巾，说明此位已有人入座了。然后依序排队取菜，习惯上第一次取开胃菜，包括沙拉、热汤、面包等。第二次取主菜，包括肉、鱼、海鲜等。可以一次只拿一种菜肴，也可以取多种菜肴，取菜时避免把菜肴掉在餐台上、汤汁洒在容器外。大虾和生蚝等要适量取用，应为他人着想。使用过的餐具应留在自己的餐桌上，以便服务员取走。顾客取菜时，每取一次菜应用一个新餐具，不要拿盛过菜肴的餐盘去取下一道菜肴。

八、酒会礼仪

鸡尾酒会简称酒会（Cocktail Party），又称招待会（Reception），是目前各国社交中最为流行的宴请形式。其目的主要是节假日宴请（国庆节、新年）、展览开幕式、信息发布会以及公司成立宴请等。这种宴请形式节省时间、利于交际、节省费用。宴请时间多在下午4点至7点之间，有些鸡尾酒会后紧接着是正式宴会。通常，酒会餐饮简单，多以沙拉、开那批、小点心、饼干、蛋糕、小肉卷、奶酪、鱼子酱和三明治等小巧、易取的菜肴为主。客人可以用手去拿食物。这种宴会形式方便和他人交谈。饮料方面常有咖啡、茶、碳酸饮料、果汁、啤酒和葡萄酒等，高级别的酒会有鸡尾酒服务。客人可以从饮料吧台自行取用或是请服务员代取。鸡尾酒会服装多以平时服装为宜，因鸡尾酒会多在上班时间举行，男士穿整套西装、衬衫和系领带即可；女士穿上衣加裙子等。鸡尾酒会以社交为主，因此可主动与他人交谈，增进人际关系。但时间不宜过长，只是礼貌上的交谈即可。

本章小结

> 西餐是我国人民对欧美各国菜肴的总称。它常指欧洲、北美和大洋洲的各国菜点。现代西餐是根据法国、意大利、英国和俄国等菜肴，简化传统工艺，结合世界各地食品原料及饮食文化而制成的富有营养、口味清淡的新派西餐菜点。西餐原料中的奶制品多，畜肉以牛肉为主。西餐常使用大块食品原料，如牛排、鱼排、鸡排等。因此，人们用餐时必须使用刀叉，以便将大块菜肴切成小块后食用。由于许多蔬菜和部分海鲜可生吃，因此西餐原料必须新鲜。西餐有多种制作方法，菜肴品种很丰富。西餐主要的特点是突出菜肴中的主料，讲究菜肴的营养和健康、工艺和造型、颜色和味道。在生产过程中，选料很精细，对食品原料质量和规格都有严格的要求。现代西餐采用分食制，讲究服务程序、服务方法、餐具和用餐礼仪。

思考与练习

1. 名词解释题

（1）解释下列餐具：

Sugar Bowl，Coffee Cup with Saucer，Soup Cup with Saucer，Tea Cup with Saucer，Salad Bowl，Butter Plate，Dessert Plate，Main Course Plate，Fish Plate，Toast Plate.

（2）解释下列酒具：

Beer，Champagne，Wines，Cocktails，Brandy，Liqueur，Goblet，Whisky.

（3）解释下列银器：

Butter Knife，Salad Knife，Fish Knife，Table Knife，Dessert Knife，Fruit Knife，Cocktail Fork，Salad Fork，Fish Fork，Table Fork，Dessert Fork，Soup Spoon，Dessert Spoon，Tea Spoon.

2. 思考题

（1）简述西餐的含义与特点。

（2）简述西餐餐具的发展。

（3）简述酒会的礼仪。

（4）简述自助餐的礼仪。

（5）论述西餐用餐礼仪。

第 2 章

西餐历史与发展

本章导读

当今文化、信息和技术的交流，交通运输的发展及现代通信技术的使用，使世界餐饮信息、技术和原料共享。现代西餐已经成为世界的菜肴。通过本章学习，读者可了解西餐发源地、西餐文明古国、西餐烹调先驱；中世纪的西餐、文艺复兴时期至19世纪西餐的概况；20世纪西餐及我国西餐的发展等。此外，还可了解著名的法国餐饮鉴赏家、法国国王厨师和欧洲豪华菜肴的开拓者及法国现代烹饪大师等。

第一节 西餐的起源

一、西餐发源地

根据考古发现，西餐起源于古埃及。大约公元前5000年，古埃及文明在世界文明发展中占有重要地位。由于尼罗河流域的土地肥沃，因此，该地区盛产粮食，并且在尼罗河的沼泽地和支流蕴藏着丰富的鳗鱼、鲻鱼、鲤鱼和鲈鱼等。根据记载，当时埃及人在食物制作中已使用洋葱、大蒜、萝卜和石榴等原料。公元前3500年，埃及分为上埃及和下埃及两个王国，至公元前3000年建立了统一的王朝。那时，埃及由法老统治。法老自以为是地球的上帝，其食物要经过精心制作，而贵族和牧师们的食物也很讲究。当时古埃及的高度文明为其发展创造了灿烂的艺术和文化，尤其表现在石雕、木雕、泥塑、绘画和餐饮方面。公元前2000年，埃及人开始饲养野山羊和羚羊，收集野芹菜、纸莎草和莲藕，并且开始捕鸟和钓鱼，这样便逐渐放弃了原始游牧生活。

古埃及根据人们的职业规定社会地位和阶层，最底层是士兵、农民和工匠，占古埃及人的大多数。其上层是有文化和知识的人，包括牧师（当时牧师兼教师）、工程师和医生，他们的上层社会是高级牧师和贵族。这些人是政府的组织者，而元老是社会的最高阶层。古埃及最底层的劳动大众居住在狭窄的街道和村庄里，房子由晒干的泥砖和稻草建成。古埃及的上层人居住在较大和舒适的宅院里，房内有柱子和较高的房顶和木窗，宅院内有水塘和花园。当时，贵族和高级牧师的日常餐桌上约有 40 种面点和面包可供食用。许多面点和面包使用了牛奶、鸡蛋和蜂蜜为配料。同时，餐桌上出现了大麦粥、鹌鹑、鸽子、鱼类、牛肉、奶酪和无花果等食品和啤酒。那时，埃及人已经懂得食盐的用途，蔬菜被普遍食用。例如，黄瓜、生菜和青葱等。在炎热的夏季，他们用蔬菜制成沙拉，并将醋和植物油混合在一起制成调味汁。当时的埃及人种植无花果、石榴、枣和葡萄。富人可以享用由纯葡萄汁制作的葡萄酒。普通的劳动大众则使用家禽和鱼制作菜肴。古埃及妇女负责家庭烹调，而宴会制作由男厨师负责。在举办宴会时，厨师们因为手艺高超而常得到夸奖。许多出土的西餐烹调用具都证明了西餐在这一时期有过巨大的发展。一些文献记录了古埃及人已经使用天然烤箱，掌握油炸、水煮和火烤等烹调工艺。在出土的文物中，研究人员发现了古埃及菜单上写有烤羊肉、烤牛肉和水果等菜肴。

二、西餐文明古国

古希腊位于巴尔干半岛南部、爱琴海诸岛及小亚细亚西岸一带。餐饮和烹调技术是其文化和历史的重要组成部分。希腊烹调可追溯至 2500 年以前。那时希腊已进入青铜时代，奶酪、葡萄酒、蜂蜜和橄榄油被称为希腊烹调文化的四大要素，公元前 1627 年桑托利尼火山爆发后的发掘物可以证实奶酪和蜂巢的使用情况。希腊餐饮学者经过调查和研究，认为希腊菜已有 4000 年历史，形成了自己的风格。这个结论通过霍摩尔（Homer）和柏拉图（Plato，公元前 427—公元前 347 年，古希腊哲学家）叙述的雅典奢侈的宴会菜单可以证实。希腊学者认为，希腊菜是欧洲菜肴的始祖，像希腊文化对地中海地区的影响一样重要。尽管希腊在历史上曾受到了罗马人、土耳其人、威尼斯人、热那亚人和佳太罗尼雅人的统治长达 2000 多年之久，然而希腊菜肴仍然保持了自己的风格。（见图 2-1）一些研究希腊餐饮的学者认为，希腊烹调技术主要来自古代东罗马帝国时代。根据希腊历史学家的考察，公元前 350 年，古希腊的烹调技术已经达到相当高的水平。世界上第一本有关烹调技术的书籍由希腊的著名美食家——阿奇思奎特斯（Archestratos）于公元前 330 年编辑。该书在当时指导希腊烹饪技术方面起到了决定性的作用。

图 2-1　在厨房工作中的古希腊厨师

公元前 146 年，希腊被罗马人占领。公元 330 年，君士坦丁大帝将首都迁至君士坦丁堡（Constantinople），开创了东罗马帝国——拜占庭帝国。1453 年，土耳其人战胜了东罗马，建立了奥斯曼帝国。通过历史和政权的变革，希腊菜肴和它的独特烹调方法不断地影响着威尼斯人、巴尔干半岛人、土耳其人和斯拉夫人，从而名声大振。

公元后不久，希腊成为欧洲文明的中心。雄厚的经济实力给它带来了丰富的农产品、纺织品、陶器、酒和食用油。此外，希腊还出口谷类、羊毛、马匹和药品。那时，奴隶制度仍然普遍存在。他们都有各自负责的具体工作，如购买粮食、烧饭、服务等。这已经很接近今天厨房与餐厅的组织结构。当时，希腊的贵族很讲究食物。希腊人当时的日常食物已经有山羊肉、绵羊肉、牛肉、鱼类、奶酪、大麦面包、蜂蜜面包和芝麻面包等。希腊人认为，他们是世界上首先开发酸甜味菜肴的国家。尽管古希腊人当时还不了解大米、糖、玉米、马铃薯、番茄和柠檬，然而，他们制作禽类菜肴时，使用橄榄油、洋葱、薄荷和百里香以增加菜肴的美味，使用筛过的面粉制作面点并且在面点的表面抹上葡萄液来增加甜味。

三、西餐烹调先驱

古罗马位于欧洲中部，土地肥沃，雨量充沛，河流和湖泊纵横。公元前 3000—公元前 1000 年，古罗马人发明了发酵技术及制作葡萄酒和啤酒的方法。同时，发酵方法导致了发酵面包的产生。后来人们学会了利用冰和雪贮藏各种食物原料。公元前 31—公元 14 年，在古罗马奥古斯都时代（Augustan Age），人们的食物根据职务级别而定。根据马克斯（Marks）的记录，普通市民的食物简单。根据希尔顿（Shelton）的记载，古罗马人通常一日三餐。多数人的早餐和午餐比较清淡。根据佛罗伦斯·杜邦德（Florence Dupont）的记录，古罗马士兵一日三餐，主要食物有面包、粥、奶酪和价格便宜的葡萄酒，晚餐有少量的肉类，而有身份的人可以得到丰盛的食物。根据希蒙·歌德纳夫（Simon Goodenough）的记录，古罗马人的早餐常在面包上滴上葡萄酒和蜂蜜，有时抹上少许枣酱和橄榄油。午餐通常是面包、水果和奶酪及前一天晚餐没有吃完的剩菜。正餐是一天中最主要的一餐，在一天的傍晚进行。普通大众的菜肴常是用橄榄油和蔬菜制作的各种菜肴。中等阶层家庭的正餐通常准备三道菜肴：第一道菜肴称为开胃菜，并使用调味酱（Mulsum）。第二道菜肴通常是由畜肉、家禽、野禽或水产品制成的菜肴，并以蔬菜为配菜。第三道菜肴通常是水果、干果、蜂蜜点心和葡萄酒等。一般而言，在用餐程序上，吃第三道菜肴前，将餐桌收拾干净，将前两道菜肴的餐具撤掉，古罗马人将第三道菜肴称为第二个餐桌（second table）。当时，农民受到人们的尊敬和爱戴，农民们种植粮食、蔬菜和水果，饲养家畜和家禽。所以，农民的食物比较丰盛。那时，元老院议员和地主享有丰富的餐饮，每日三餐，晚餐作为正餐。早餐和午餐有面包、水果和奶酪。晚餐有开胃菜、畜肉菜和甜点。根据纳杜（Nardo）的记录，公元后 100 多年，罗马贵族和富人的宴会食物包括猪肉、野禽肉、羚羊肉、野兔肉、瞪羚肉等，宴会服务由年轻的奴隶负责。奴隶将面包放在银盘中，一只手托盘，一只手将面包递给参加宴会的人。宴会还经常有文娱节目，包括诗歌朗诵、音乐演奏和舞蹈表演等。

根据古罗马后期美食家——艾比西亚斯（Apicius）对古罗马宴会菜单的整理和记录，古罗马的烹调使用较多的调味品，菜肴的味道很浓，菜肴带有流行的少司或调味酱。当时流行的少司有卡莱姆（Garum）。这种调味酱由海产品和盐，经过发酵，熟制而成，其味道很鲜美，近似我国广东人喜爱的蚝油。那时，古罗马宴会最流行的甜点是瓤馅枣。这种菜肴是将枣核挖出后，添入干果、水果、葡萄酒和面点渣制成的馅心而成。古罗马人在烹调中经常使用杏仁汁作为调味品和浓稠剂，这种原料从中世纪流行至 19 世纪。

公元后 200 多年，古罗马的文化和社会高度发达，在诗歌、戏剧、雕刻、绘画和西餐文化和艺术等方面都创造了新的风格。那时罗马的烹调方式汲取了希腊烹调的精华，他们举行的宴会丰富多彩，有较高的水平，在制作面点方面世界领先。至今，意大利的比萨饼和面条仍享誉世界。当时的罗马厨师不再是奴隶，而是拥有一定社会地位的人。厨房结构随着分工的深入而得到进一步改善。美味佳肴成为罗马人的财富象征。在哈德连皇帝统治时期，罗马帝国在帕兰丁山建立了厨师学校，以发展西餐烹调艺术。

根据佛罗伦斯·杜邦德的记载，古罗马人的城市花园，一年四季种植大量日常食用的蔬菜。古罗马人依靠辛勤劳动，为蔬菜施肥和整理，采用一系列方法防止冬天的严寒和夏季的炎热。当时这些花园里的蔬菜品种有芸薹（Brassicas）、青菜（Greens）、葫芦（Marrows）、黄瓜（Cucumbers）、生菜（Lettuces）和韭葱（Leeks）等。同时，在花园的不同位置种植不同的植物。一些地方种植调味品，如大蒜（Garlic）、洋葱（Onions）、水芹（Cress）和菊苣（Endive），一些地方种植小麦。小麦对古罗马人非常重要，他们使用小麦制作面包和米粥。橄榄是古罗马人的重要植物，橄榄油在当时不仅用于烹调，还可作为照明燃料、香水和润滑剂。那时葡萄被广泛种植，葡萄不仅作为日常的水果，还是葡萄酒的原料，葡萄核还可以制成防腐剂。古罗马的畜肉消费量很少，价格昂贵。最早的古罗马，畜肉只用于神的祭祀品，慢慢地畜肉用于粥类的配菜以增加味道。随着罗马帝国的扩张，粮食的需求不断地提高，古罗马开始在埃及进口粮食，当时埃及称为"世界粮食之乡"。此外，还从北非进口香料，从西班牙进口家畜，从英国进口牡蛎，从希腊进口蜂蜜，从世界各地进口葡萄酒。

第二节　中世纪古西餐

一、中世纪初期

中世纪指西罗马帝国灭亡至文艺复兴开始的阶段。5世纪的雅典，在首领佩利克勒斯（Pericles）的统治下，发展贸易和经济，重视建筑物的建设。当时希腊的调味品和烹调技术受到东罗马帝国和罗马帝国时代的两个城市——西西里和莉迪亚（Sicily 和 Lydia）的影响。在东罗马帝国，希腊烹调技术和古罗马烹调技术不断地融合。市场上出现了蔬菜、粮食、香料、调味品的新品种及奶酪和黄油等。这样促使希腊厨师开发和创新菜肴。例如，当时创新的开胃菜——熏牛肉（Pastrami）。

二、中世纪中期

8世纪，意大利人在烹调时，普遍使用调味品。其中使用最多的调味品是胡椒和藏红花，其次是香菜（Parsley）、牛至、茴香、牛膝草（Hyssop）、薄荷、罗勒、大蒜、洋葱和小洋葱等。同时，意大利人使用未成熟的葡萄作为调味品，加入畜肉菜肴和海鲜菜肴以去掉菜肴的腥味。那时由于意大利人的食品原料丰富，他们可以用不同方法制作不同风格的菜肴，以慢速炖菜为特色，使菜肴味道浓郁。

三、11 世纪至 15 世纪

1066年，诺曼底人进入了英国，使当时说英语的人们在生活习惯、语言和烹调方法等方面都受到了法国人长期的影响。例如，英语的小牛肉、牛肉和猪肉等词都是从法语演变过来的。同时，用法语书写的烹调书详细地记录了各种食谱，使英国人打破了传统的和单一的烹调方法。

11世纪中期至15世纪，欧洲人的正餐常是三道菜。第一道菜是开胃菜，包括汤、水果和蔬菜。第一道菜使用比较多的调味品。当时人们认为香料和调味品可以增加人们的食欲。第二道菜是主菜，是以牛肉、猪肉、鱼及干果为原料制作的菜肴。第三道菜是甜点，包括水果、蛋糕和烈性酒。在用餐的整个过程中，不断饮用葡萄酒和食用奶酪。在节日和盛大的宴请中，菜肴的道数会增加并且讲究宴会装饰。13世纪，面条在意大利被广泛食用（见图2-2）。1183年，伦敦出现了第一家生产和出售以鱼、牛

图2-2　中世纪中期意大利人的厨房

肉、鹿肉、家禽为原料的西餐菜肴的小餐馆。中世纪，酸甜味菜肴广泛出现在意大利的食谱和法国食谱上。随着意大利烹调水平的提高，菜肴常出现两种以上的味道以达到味道的协调。同时，开始在面点中使用葡萄干、莓脯和干果增加甜度和协调颜色。中世纪，法国菜肴味道以咸甜味为主，调味品多，味清淡。12~14世纪，欧洲国家在菜肴烹调中使用较多的香料和调味品，使得菜肴中的香料味道很浓。14世纪中叶，佛罗伦萨人弗罗西斯科·彼格洛帝（Francesco Pegolotti）记录了约300种植物香料。菜肴原料以畜肉、谷类、蘑菇、水果、干果和蜂蜜为主。

14世纪晚期，根据杰弗里·乔叟（Geoffrey Chaucer）所著《坎特伯雷故事集》（The Canterbury Tales）的叙述，英国酒店出现了首次餐饮推销活动。15世纪，欧洲文艺复兴时期开始，由于意大利和法国的厨师不断进入东欧各国，以蔬菜为主要原料或辅料制成的菜肴不断地增加。其中，使用较多的蔬菜是生菜、韭葱、西芹和卷心菜。1493年，探险家格利斯托弗·哥伦布在西印度群岛发现菠萝，当地人们将菠萝称为娜娜（Nana），其含义是芳香果。

第三节　近代西餐发展

一、文艺复兴时期

16世纪的文艺复兴时期，许多新的食品原料引入欧洲。例如，玉米、马铃薯、花生、巧克力、香草、菠萝、菜豆、辣椒和火鸡等。那时普通人仍然以黑麦面包、奶酪为主要食品，而中等阶层和富人的餐桌则包括各种精制的面包、牛肉、水产品、禽类菜肴及各种甜点。富人的餐桌已经使用咸盐作调味品。16世纪的英国伊丽莎白时代，多数欧洲人每天只吃两餐：中午的正餐和下午6点的晚餐。在节假日，长者、主人或主宾均坐在椅子上，普通人坐在木凳上，围着长者或主人或主宾而坐。那时，普通人用木碗和木勺用餐，糖和盐是奢侈品，普通家庭很少使用；而有地位的家庭正餐常包括几道菜肴：开胃菜、主菜和甜点。畜肉菜中常放有水果，以增加菜肴味道，而甜点常放有杏仁、香草或巧克力。16世纪，各国贸易不断地增长。随之而来，植物香料、啤酒、伏特加酒、葡萄酒成为东欧各国的流行食品。当时，少司被广泛应用到菜肴制作上。那时，受意大利烹调风味的影响，西餐菜肴的味道普遍偏甜。这种风格一直保持至20世纪初。

随着"文艺复兴"的开展，世界发现了新大陆。从美洲进口的蔬菜源源不断进入法国，淀粉原料代替了豆类食品。特别是16世纪末，食品原料在法国发生了翻天覆地的变化，火鸡代替了孔雀，法国餐桌的菜肴发生了质的变化。这时人们从习惯于大吃大喝转向注重美食。但是,真正使法国餐饮繁荣和名声大振的原因是政治因素。17世纪,法国在国王路易十七的管理下,皇室和贵族的餐饮和制作技术不断地进步。

二、17 世纪西餐

17世纪的法国,不论任何菜肴都必须放小洋葱或青葱(Spring Onion)调味,并使用凤尾鱼和鳟鱼增加菜肴的鲜味。当时法国菜肴最大的特点是使用黄油作为菜肴首选烹调油。1615年,奥地利的安妮(Ann)与路易八世的婚礼上,法国人认识了巧克力并开始从西印度群岛和几内亚进口可可。当时,法国厨师通过努力创造和开发了不同口味、不同种类和形状的巧克力甜点。

17世纪,意大利的烹调方法传到法国后,烹调技术经历了又一个巨大的发展阶段,看到法国丰富的农产品,厨师们有了制作新菜肴的尝试。烹调技术广泛地在法国各地传播。一旦制出新式菜肴,厨师便会得到人们的尊敬和重视。1688年,英国伦敦出现了第一家咖啡厅,名为爱德华·劳埃德咖啡厅(Edward Lloyd's Coffeehouse)。不久,英国咖啡厅如雨后春笋般地接连出现。到18世纪初期,仅伦敦就有200余家。17世纪,法国在国王路易十六的管理下,制定了一套用餐和宴会礼仪。该礼仪规定皇宫所有的宴会都要按照法国的宴会仪式(à la francaise)进行。仪式规定,被宴请人应按照宴会计划坐在规定的位置,菜肴分为三次送至客人面前,所有客人的菜肴放在一起,不分餐。第一道菜是汤、烧烤菜肴和其他热菜;第二道菜是冷的烧烤菜肴和蔬菜;第三道菜肴是甜点。每一道菜肴的所有各种菜肴应当同时服务到桌。当时,印制了10万份小册子发至各地。历史学家安托尼·罗莱(Anthony Rowley)认为国王路易十六对法国的餐饮文化和烹饪技术的发展和进步起到了决定性的作用,并培育了法国的餐桌文化和餐饮服务文化。这些贡献使当时的外国使者更加崇拜路易十六国王。当时,巴黎成为法国烹调技术的中心。

17世纪,在巴洛克艺术时代(Baroque Era),英国伦敦人通常每天食用4餐。菜肴包括各种面包、肉类或海鲜菜肴、水果和甜点。那时,各种叉子从意大利流传到英国,作为餐具开始普遍使用。厨师们以创作新菜肴、使用新食品原料和调味品为豪,并受到人们的称赞。在餐厅功能和布局、餐桌的装饰物、餐具和酒具方面也得到不断的创新。当时餐盘已开始分类。主要包括开胃菜盘、主菜盘和甜点盘;各种酒具包括葡萄酒杯、威士忌酒杯、白兰地酒杯和利口酒杯等。热主菜的盖子和船形少司容器都是当时餐具厂开发和创制的。17世纪末,受法国宴会习俗的流行和影响,英国开始讲究宴会服务的规格和服务方法,通常根据用餐人的职位和经济情况进行服务规格细分。

根据历史记载，17 世纪，美洲殖民地地区出现了世界上规模最大的感恩节宴会（Thanksgiving Dinner）。1620 年的冬季特别寒冷，当地农作物遭受毁灭性的破坏。1621 年，由于取得了农业大丰收，当地人在普利茅斯（Plymouth）朝圣地举行了一场宴会并持续了 3 天。宴会菜单包括各种沙拉、汤和甜点等。

三、18 世纪西餐

18 世纪中期，在乔治亚统治时代（Georgian Era），欧洲流行以烤的方法制作菜肴，烤箱成为厨房的普通厨具。厨师们根据自己的技术和经验决定菜肴的火候和成熟度。那时中等阶层和富人的正餐通常在晚上食用，其中一个主要原因是，中等阶层的正餐制作和服务都比较复杂，需要较长时间。另一个原因是富人们不喜欢在同一时间与普通人食用正餐。当时，餐饮文化得到不断的发展。1765 年，伯郎格（Boulanger）在法国巴黎开设了第一家真正的法国餐厅，这家餐厅在各方面已经和我们现在的西餐厅相似。那年，著名的厨师——波威利尔斯（Beauvilliers）在巴黎也经营了一家西餐厅，还开发了著名的牛肉浓汤（Bouillon），并在餐厅内设计了小型的餐桌，餐桌铺上了整洁的台布而受到人们青睐。当时，实施了菜单点菜的销售方法。（见图 2-3）

图 2-3　18 世纪餐桌菜肴布局图

18 世纪，英国开始讲究正餐或宴会的礼仪。在上层社会，每个参加宴会的人，从服装、装饰、用餐至离席都规定了礼仪程序与标准。女士在参加宴会前，需要用 1 个多小时化妆。男士们需要进行自身整理。通常，男主人带头进入餐厅，然后是年长女士、女主人和其他客人。男主人先入座，坐在餐座主人席对面，女主人坐在主人席，面对男主人。年长女士坐在女主人旁边，这些座位属于贵宾席。然后，其他客人自己选座位。根据宴会级别和需要，通常为 3 道菜，每道菜包括5 个至 25 个菜肴。每一道菜中的各种菜肴一起上桌，不实行分餐制。所有客人的菜肴放在同一餐盘。随后女主人为客人分汤，宴会正式开始。这时人们开始饮用葡萄酒，然后食用面包。当女主人为大家切割肉类菜肴时，所有客人可以自己选择喜爱的菜肴。如果客人想取较远餐盘中的菜肴，需请服务员帮助。传统英式正餐或宴会每上一道菜肴时，需要换一次台布和餐具。通常，第二道菜肴比第一道菜肴清淡。菜肴摆放遵循一定的原则：肉类菜肴摆放在餐桌中间，其他菜肴围着肉类菜肴摆放。第二道菜肴包括水果塔特（Fruit Tarts）、冻子（Jellies）和奶制品等。人们在食用第二道菜时，习惯饮用各式葡萄酒、啤酒、波特酒、雪利酒和苏打水。第三道菜肴通常用手食用。包括干果、水果、蜜饯、小点心和奶酪等。传统的英格兰式正餐或正式宴会需要持续两个小时。随着女主人起立，离开餐桌，年长女士起立，然后是其他客人。1789 年法国大革命时期，法国皇宫使用的豪华烹调法面临着巨大的考验。用餐方式成为政府官员的形象，从而产生政治影响。但是，让法国人民欣慰的是，无论法国政治和政府如何变化，法国精湛的烹调方法、美味菜肴和宴会的接待程序都受到世界来访官员的好评和称赞。1794 年，美国纽约华尔街出现了第一家咖啡厅。18 世纪末，英国的下午茶开始流行，由英国达弗德地区名叫安娜的公爵夫人发明。随后，英国出现了各种茶食和茶点。

四、19 世纪西餐

18 世纪以后，法国涌现了许多著名的西餐烹调艺术大师。例如，安托尼·卡露米和奥古斯特·埃斯考菲尔等。这些著名的烹调大师设计并制作了许多著名的菜肴，有些品种至今都是在扒房（Grill Room）菜单上受顾客青睐的品种。1894 年，美国的第一部烹调书籍——由厨师查里斯·瑞奥弗（Charles Ranhofer）编著的《美食家》出版了。18 世纪末至 19 世纪初，在法国大革命的影响下，为贵族烹调的厨师们纷纷走出贵族家庭，自己经营餐厅。因此，法国的贵族烹调法流入民间。

19 世纪早期，著名的法国美食家让·安塞尔姆·布里亚·萨瓦里（Jean Anthelme Brillat Savarin）指出，咖啡厅为现代（指当时）人提供了方便型的用餐方式。人们可以根据咖啡厅的菜单购买自己喜爱的菜肴，而免去在家的劳累。

19 世纪初的英国摄政时期（Regency Era），英国的中等阶层家庭聘请厨师为自家烹调。当时由于原料需要长时间的运输和贮存，英国菜肴质量和特色受到原料新鲜度的限制。1830 年，陆军上校罗伯特·吉班·约翰逊（Robert Gibbon Johnson）大胆尝试以番茄作为食品原料，驳斥了当时的番茄有毒论。从而，开发了番茄沙拉，奠定了番茄在汤和少司中的地位。19 世纪中期，在英国的维多利亚时代，中等阶层社会的正餐发展为 9 道以上的菜肴。他们习惯于丰富的早餐，包括各式水果、鸡蛋、香肠、面点和冷热饮。午餐清淡，正餐菜肴种类多，制作精细。当时出现了专业的烹调学校，厨房开始使用专业温度计、工具和用具。

19 世纪 20 年代，在凯波迪斯提亚（Kapodistria）总统的领导下，希腊食品原料由非洲进口，使希腊食品原料品种不断地丰富。当时，烹调希腊菜肴的主要香料是罗勒、牛至、薄荷、百里香、柠檬汁、柠檬皮和奶酪，再加上本国的传统原料——橄榄油，使希腊菜肴形成自己的特色和口味。1825 年，在美国东南部城市——费城出现了第一家自助式餐厅。顾客在餐台自己选择喜爱的菜肴，收银员根据顾客选择菜肴的数量和品种，收取餐费。

19 世纪 30 年代初，著名的希腊厨师尼克斯·兹勒门德（Nikos Tselemende）将法国烹调技术和希腊的传统烹调技术相结合，推进了希腊菜肴的味道和造型，创造了新派希腊菜。

19 世纪 50 年代后期，由法国青年厨师——保尔·波克斯（Paul Bocuse）、米奇尔·格拉德（Michel Guérard）、吉安（Jean）、皮埃尔（Pierre）和阿兰·夏佩尔（Alain Chapel）为主要代表的法国现代烹调法的厨师们提出，法国的烹调不要受传统的理念和工艺约束，要结合现代人日常生活的需要，满足现代人的营养和健康需要。他们大胆创新菜肴的原料、菜肴口味、制作工艺、菜肴结构、菜肴装饰，从而创造了法国新派烹调法（Nouvelle Cuisine）。

1860 年，俄式服务方法由法国著名厨师菲力克斯·波恩·杜波莱斯（Félix Urbain Dubois）引进了法国宴会服务程序并进一步改革，将菜肴分给每一个客人，实行分餐制。第一道菜肴是热开胃菜（Hot hors d'oeuvre），随后是汤、主菜、沙拉、奶酪和甜点。同时，法国人在用餐时，习惯配以不同的酒水。在餐前食用开胃菜，饮用酒精度较低的开胃酒。吃主菜时，喝葡萄酒或酒精度较高的白兰地酒。那时，法国许多经典的菜肴以优质的葡萄酒为调味品，尤其在著名的葡萄酒生产地——波尔多（Bordeaux）、普罗旺斯（Provence）和都兰（Touraine）等地更是如此。在法国西北部诺曼底地区是著名的黄油、奶油、奶酪、苹果和海产品生产地，当地的特色菜肴不用葡萄酒调味，保持自然的新鲜。

19 世纪 70 年代，两位法国菜肴的评论家克力斯坦·米勒（Christian Millau）和亨利·高特（Henri Gault）提出，法国菜应当不断地创新。他们认为，在保持法国传统菜肴的生产工艺和特色的基础上，使用清淡的少司并可借鉴国外的一些烹调方法。

第四节　现代西餐形成

一、20 世纪西餐

20 世纪初期，意大利南部的烹调方法首次引入美国。第二次世界大战后，意大利菜肴，尤其是意大利炖牛肉（Osso Bucco）、意大利面条和比萨饼成为美国人青睐的菜肴。随之而来的是意大利食品原料和调味品也进入美国。例如，朝鲜蓟（Artichokes）、茄子、意大利蔬菜面条汤（Minestrone）等。由于美国移民的进入，美国菜肴的种类和味道不断地丰富和改进。那时，美国人经常去邻国——墨西哥享受独特的美味佳肴，从而促进了美国墨西哥菜肴的发展。由于中国移民不断地进入美国，美国各地中国城中的中国菜肴不断地影响美国烹饪技术和美国菜肴，特别是广东菜、四川菜和湖南菜。1920 年，随着工业的发展，美国快餐业不断地壮大和发展，还出现了汽车窗口餐饮服务。1934 年，以经营欧洲菜系和具有欧洲烹调特色的餐厅在纽约市洛克菲勒中心开业。1936 年，主题餐厅在美国加州开始流行，从而法国豪特菜系（皇宫菜系）烹调方法受到了美国人的青睐。1960 年，希腊城市化进程使希腊菜肴发生了翻天覆地的变化。希腊菜出现了众多的新食谱和新的菜肴造型。许多希腊厨师认为，这些新菜是使用了希腊当地的原材料，借鉴和融合了法国及其他国家的烹调方法而形成的新派希腊菜。1898 年，美国纽约市的威廉姆（William）和塞纽尔·吉尔德斯（Samuel Childs）发明了托盘并引入餐厅服务，从而提高了美国餐厅的服务效率，方便了餐饮服务。20 世纪 70 年代至 80 年代，泰国菜和越南菜对美国烹饪也有很大的影响。对于部分美国人饱尝甜、酸、咸、辣的菜肴后，带有椰子味道的菜肴很受大众的欢迎。目前，东南亚风味的菜肴正流行于美国。

二、我国西餐发展

西餐传入我国可追溯到 13 世纪，据说意大利旅行家马可·波罗到中国旅行，曾将某些西餐菜肴传到中国。1840 年鸦片战争以后，一些西方人进入中国，将许多西餐菜肴制作方法带到中国。清朝后期，欧美人在天津、北京和上海开设了一些饭店并经营西餐，厨师长由外国人担任。1885 年，广州开设了中国第一家西餐厅——太平馆，标志着西餐业正式登陆中国。天津起士林餐厅是国内较早的西餐厅，在天津老一代人中有着不可磨灭的印象。该餐厅由德国人威廉·起士林于 1901 年创建，曾经留下许多历史名人的足迹。此后的一个多世纪中，西餐文化迅速发展成为我国饮食文化的一个重要元素。

至 20 世纪 20 年代，西餐仅在我国一些沿海城市和著名城市有较大的发展，全国各地西餐发展很不平衡。例如，上海的礼查饭店、慧中饭店、红房子法国餐厅，天津的利顺德大饭店、起士林饭店等都是历史上销售西餐的著名企业。改革开放前，我国的国际交往以苏联和东欧为主，我国的西餐只有俄式和其他东欧的一些菜肴。改革开放后，我国对外交往扩大，中外合资酒店相继在各大城市建立，外国著名的酒店管理集团进入中国后，带来了新的西餐技术、现代化的西餐管理，使中国西餐业迅速与国际接轨并且培养了一批技术和管理人才，这些人才大部分在合资酒店和国内经营的著名酒店做西餐运营管理工作。近几年，北京、上海、广州、深圳和天津等城市相继出现一些西餐厅。这些企业经营着带有世界各种文化和口味的现代西餐，使西餐多样化和国际化，从而满足了我国消费者的需求。随着我国经济的发展和市场需求，我国西餐的经营不断扩大和发展，在天津、北京、上海、广州和深圳等地区的咖啡厅和西餐厅的总数已达数万家，西餐菜肴种类和质量也持续地增加和提高。如今，我国的西餐经营发展已形成一定的模式。例如，以北京为代表的多国菜肴，以天津为代表的英国菜，以上海为代表的法国菜，以哈尔滨为代表的俄国菜等。

截至目前，我国已成功举办了两次西餐文化节。2001 年，在天津举办了首届西餐文化节。2003 年，在广州举办了第二届西餐文化节。首届西餐文化节，国家有关部门、全国西餐业著名老字号企业、著名西餐厨师应邀参加。同时，还邀请了德国、法国、英国、意大利和俄罗斯等著名西餐厨师现场献艺。此外，还邀请了国内外西餐专家和学者作学术报告，交流经验，研究西餐发展趋势，进一步推动西餐在中国的发展。第二届西餐文化节，举办了国际西餐业展览会和餐饮多元文化发展论坛，穿插调酒表演、冰雕表演和西餐美食展。由于西餐注重整洁卫生，以崭新的设计、幽雅的环境、明快的格调，适应了现代生活节奏，赢得了我国中青年顾客的欢迎。目前，西餐在我国市场比较普及的品种有美国西餐快餐产品、欧洲各种传统菜肴。随着我国加入 WTO，外商日益增多，我国已形成了各种类型的西餐消费群体，包括传统西餐、经典西餐、主题西餐、西餐快餐等，为我国西餐业的发展提供了广阔的空间。

第五节　著名的鉴赏家和烹调大师

一、著名的法国饮食鉴赏家

让·安塞尔姆·布里亚·萨瓦里于 1755 年 4 月 1 日出生于法国贝里市（Belley）。早年他在法国东部的第戎市（Dijon）学习法律、化学、医药学。1789 年，他被任命为贝里市副市长，1793 年成为市长。后来，他先后到达瑞士、荷兰和美国。作为法官，他有许多时间编辑美食评论的书籍。他著有多部关于政治、经济和法律的著作。在他的著作中，最著名的是《品尝解说》。在该著作中，他对各种菜肴做了评价并以百科全书的形式综述了菜肴与饮料。他于 1826 年 2 月 2 日在巴黎去世。

二、著名的法国国王厨师

马里·安托尼·卡露米（Marie Antoine Careme，见图 2-4）（1784 年 6 月 8 日—1833 年 1 月 12 日）被人们称为"法国菜系之父"，生于法国巴黎，家境贫寒。由于他父亲无力抚养多个孩子，因此他从 13 岁开始就在一家小餐馆当帮厨。由于勤奋好学，他自学了法语和面点制作，不久就脱颖而出，闻名巴黎。他经过著名美食家，年轻的主教——泰尔兰德（Talleyrand）的测试和培养，并推荐他为法国拿破仑皇帝的厨师。他用了大量时间钻研和学习希腊、罗马和埃及的绘画和雕刻艺术。他设计和雕刻了许多精致的餐桌装饰品。在当时的新古典主义影响下，他以棉花糖、蜡或面团为原料制成精致的古庙和大桥并将这些艺术品布置在餐桌上。在卡露米做主厨前，尽管法国宴会菜肴种类和数量丰富，但是厨师很少关心菜肴的质地、颜色、味道和装饰。卡露米任厨师长后，规定了宴会菜肴的道数、菜肴味道、颜色和装饰标准以及宴会每道菜肴的协调性。同时，卡露米是法国第一个把糕点样品陈列在拿破仑·波拿巴皇帝餐桌上的厨师。他先后被邀请到伦敦皇宫、巴黎、维也纳、彼得格勒等地献技。在这期间，他改进并独创了许多新菜，因而获得了"国王厨师"和"厨师国王"的美称。卡露米常把烹调法和建筑学紧密地融合在一起，使用植物调味品，简化菜肴制作工艺，使菜肴艺术化并重视菜肴的外观，从而奠定了西餐古典菜肴的基础。他创造了法国古典烹调法——豪特烹调法（haute cuisine）。豪特烹调法使用多种少司，味道浓，采用小份额装盘，菜肴制作精细。他曾先后为英国摄政王（英国乔治四世）和俄国沙皇亚历山大一世（Czar Alexander I）做主厨。

图 2-4 马里·安托尼·卡露米
（Marie Antoine Careme）

他在伦敦任宫廷主厨时说："我所关心的问题是用各种花样的菜肴引起人们的食欲。"他写过几部重点介绍古典菜肴、古典面点制作方法的烹饪书。但是，由于他过早地离开人世，他写的大部分书籍均未完成。但这位著名的"国王厨师"仍不失为"最高烹饪"的先驱。卡露米是具备油画艺术、雕刻艺术、编写诗歌、作曲和具有建筑学知识 5 种天赋的烹调大师。

三、欧洲豪华菜肴开拓者

乔治·奥古斯特·埃斯考菲尔（George Auguste Escoffier）于 1846 年 10 月 28 日生于法国港口城市——尼斯（Nice）附近，这是普罗旺斯（Provence）地区的一个小村庄。其父亲是铁匠，并在家乡种植烟草。乔治·奥古斯特·埃斯考菲尔是个健康、幽默和性格开朗的人，并与任何人都相处得很好。12 岁时，他来到当地的一所小学读书。他特别喜好画画，他觉得，周围的一切都是美丽的画面。然而由于他对祖母的敬仰和影响，最后还是走入厨师的行列。埃斯考菲尔 13 岁时，他父亲将他带到尼斯，在他叔叔开设的餐馆当学徒。在那里，他受到严格的纪律和服务精神的训练。1870 年，弗兰格—普鲁士战争爆发（Franco-Prussian War），埃斯考菲尔参了军，被任命为厨师长。在那里他学习了罐头食品制作技术和管理厨房的训练。复员后回到巴黎的拉·派提·特姆林·罗奇饭店（Le Petit Moulin Rouge）任主厨，直至 1878 年。在其漫长的职业生涯中，他以烹调豪华菜肴而引起欧洲社会的瞩目。他设计了数以千计的食谱，确立了豪华烹饪法的标准。1890年，在蒙特卡罗（Monte Carlo）大酒店当厨师长时，他与酒店经理塞扎·里茨（Cesar Ritz）密切合作，进行了餐饮经营与烹调设施的现代化和专业化建设。这一措施取得了良好的效果。后来，里茨又把他带到闻名世界的伦敦塞维饭店。埃斯考菲尔不断地开发新菜并以著名的顾客命名。其中，为了纪念著名的澳大利亚歌剧演员娜莉·美尔芭（Nellie Melba），他创造了独特的甜点——美尔芭桃（Peach Melba）。为了表示对伟大的作曲家里奥奇诺·罗西尼（Gioacchino Rossini）的敬仰，埃斯考菲尔开发了罗西尼西冷牛排（Tournedos Rossini）。他还创造了一个冷菜——珍妮特鸡（Chicken Jeannette），是为了纪念被冰山撞沉的轮船。

　　埃斯考菲尔曾指出，厨师的任务就是完善烹调法、分道上菜和使用现代厨房。他注意烹饪的专一性，按照俄罗斯服务方式上菜，每种菜为单独的一道，改变了全部菜肴一齐上桌的传统方式。他的著作《我的烹调法——菜谱与烹饪指南》确立了法国古典烹饪法。此外，他与卡露米一起开发了豪特烹饪法，也称为豪华烹调法（Grande Cuisine）。埃斯考菲尔通过豪华烹调法将菜肴的原料和制作方法形成规律和标准，根据制作方法，将各种菜肴划分种类。例如，将所有的汤分为清汤（Consommés）、浓汤（Potages）和奶油汤（Crèmes），然后根据制作细节和菜肴特点再分为若干类别，从而形成标准食谱。埃斯考菲尔最终完成了具有伟大意义的烹调书籍——《豪华烹饪艺术指南》（*A Guide to the Fine Art of Cookery*）。

四、法国现代烹饪大师

　　普罗斯佩·蒙塔那（Prosper Montagné）是法国著名的厨师。1938 年，他通过不懈的努力完成了法国有史以来第一部烹饪百科全书（*Larousse Gastronomique*）。他年轻的时候在蒙特卡罗大酒店做副总厨，主动地对各种菜肴的原料、工艺和造型进行研究，发现菜肴中有过多的装饰品。他认为，这些装饰品不仅使菜肴失去特色，还浪费了大量的时间。当时，很多厨师尚没有发现其中的道理，因而不同意这种观点。包括埃斯考菲尔也没有对此作出任何评论。但是，另一位著名的厨师、文学爱好者——菲力斯·吉尔波特（Philéas Gilbert）发现了其中的奥妙，赞同这种观点。后来，普罗斯佩·蒙塔那和埃斯考菲尔一起在推动烹调技艺改革，简化和精减烹调程序，提高餐饮服务效率，简化宴会菜单及在厨房组织专业化方面做出了巨大贡献。

本章小结

　　西餐发展至今已有数千年的历史。古代巴比伦人在象形文字中记录了当时西餐的种类和烹调方法。西餐学者和专家将西餐历史和发展总结为三个阶段，即古代西餐、中世纪西餐、近代和现代西餐。根据考古发现，西餐起源于古埃及。同时，古希腊餐饮和烹调技术是希腊文化和历史的重要组成部分，为世界西餐奠定了丰厚的文化基础。

思考与练习

1.填空题

（1）公元前3000年至公元前1000年，古罗马人发明了（　　）和制作（　　）及（　　）的方法。同时发酵方法导致（　　）的产生。

（2）8世纪，意大利人在烹调时，普遍使用（　　）。其中，使用最多的调味品是（　　）和（　　）。

（3）11世纪中期至15世纪，欧洲人的正餐常是三道菜。第一道菜是（　　），第二道菜是（　　），第三道菜是（　　）。

（4）随着意大利烹调水平的提高，菜肴常出现（　）以上的味道以达到味道的（　　）。

（5）17世纪，意大利的烹调方法传到法国后，烹调技术经历了一个巨大发展阶段，看到法国丰富的（　　），厨师们有了制作（　　）的尝试。

2.思考题

（1）简述西餐发源地及西餐原料与工艺的发展。

（2）简述西餐文明古国。

（3）简述现代西餐的形成。

（4）简述著名的法国"国王厨师"。

（5）简述欧洲豪华菜肴的开拓者。

（6）论述中世纪古西餐的发展概况。

（7）论述近代西餐的发展概况。

第2篇
西餐文化与著名菜系

第3章

法国餐饮文化与菜系

本章导读

本章主要对法国餐饮文化与菜系特点进行总结和阐述。包括法国餐饮发展、法国人的餐饮习俗、法国菜的特点、餐饮文化和著名菜系。通过本章学习，读者可以具体了解法国皇宫菜、法国贵族菜、法国地方菜、新派法国菜、法国菜原料和少司等文化和风味特点。

第一节　法国餐饮文化

一、法国地理概况

法国位于西欧，其东北部与比利时接壤，西南与西班牙接壤，西部是比斯开湾和英吉利海峡，东南部与地中海接壤，西北部靠近英国，东部与意大利、瑞士、奥地利和卢森堡接壤。该国总体气候为：冬天凉爽，夏季温和。北部和西北部较干燥和寒冷。北部和西部地区是广阔的平原和起伏的小山，其他地区多山脉，尤其是南部地区的比利牛斯山脉和东部的阿尔卑斯山脉最著名。法国是欧洲第四工业大国，并且有广泛的农业资源，如此多样的气候和地理条件造就了法国丰富多彩的餐饮文化。

二、法国餐饮发展

法国历史文化可以追溯到史前时期，穴居人（Neanderthals）和克鲁马努人（Cro-

Magnon）在 3000 年以前创造的油画文化。法国文化是多民族文化的组合，包括凯尔特（Celtic）文化、格列克－罗马（Greco-Roman）文化和日耳曼文化（Germanic）等。在历史的每一时期，法国人民都创造了艺术。无论从巴洛克时期的建筑艺术还是从印象主义学派都证明了这一点。法国文学有悠久的历史，在公元 842 年出现了世界名著。法国的古建筑很丰富。其中比较著名的有哥特式建筑、文艺复兴时期的大教堂、法国北部城市凡尔赛（Versailles）的古典教堂、沃尔斯威康泰地区（Vaux-le-Vicomte）的美丽花园、卢瓦尔地区（Loire Valley）的古城堡，以及法国大革命时期的著名作家、现代主义学派建筑学家——拉·克波希尔（Le Corbusier）设计的建筑和路易十四至路易十六年代留下的建筑物内部设计、家具、设施和装饰等。这一切都给人们留下了深刻的印象。中世纪，由于贵族青睐和赞助及僧侣和学者的努力，一些有价值的文化和艺术受到开发和保护。18 世纪早期，由于中产阶级的发展，文化和艺术更进一步被法国人民接受，其中包括餐饮文化。18 世纪是法国文化艺术发展的时期，法国文化深深地影响了欧洲国家的文化，特别是在文学、艺术等方面。法国人认为，巴黎是法国文化的源泉和中心。16 世纪文艺复兴时期，法国出现了一批世界上著名的诗人、幽默小说家和艺术家。例如，皮埃尔·隆萨尔（Pierre de Ronsard）、拉贝莱（Rabelais）和米歇尔·蒙泰涅（Michel de Montaigne）等。

综上所述，法国文化具有丰富的历史，其中包括餐饮文化。法国的烹调法被世界公认为著名的烹饪法。中世纪法国已经出现了烹调教科书、烹调学校，为法国的烹调教育奠定了基础。几世纪以来，法国僧侣们在法国的烹调技术和餐饮文化方面做出了巨大的贡献。他们自古以来种植葡萄、苹果，酿造葡萄酒、香槟酒、利口酒，试制各种有特色的奶酪，开创了许多有特色的菜肴、少司和烹调方法。这些成果与今天著名的法国菜是分不开的。在法国各地区都有各具特色的菜肴，这是由地方的传统餐饮文化和富有创新精神的厨师努力而形成的。可以肯定，法国是美食家和美食鉴赏家的天堂。历史学家让－罗伯特·派提（Jean-Robert Pitte）在他的著作《法国美食者》中总结，法国餐饮闻名全世界的原因可以追溯到法国的祖先——高卢人。希腊的地理学家斯泰伯（Strabo）和拉丁美洲的旅游学家瓦罗（Varro）总结法国的美食时说："古代高卢人的菜肴非常优秀，尤其是法国烤肉。""在罗马占领高卢时，法国北部的肥鹅还通过陆路出口罗马，并将法国乡村风格的烤鹅烹调法带到罗马。"（朱利亚·奇格）（Julia Csergo）

传统的法国餐饮与其他欧洲各国的餐饮风格没有多大区别，而使法国菜肴胜于其他欧洲各国菜肴的原因之一是社会文化而不是地理位置。在传统上，法国菜与其他各国一样都是以蔬菜为基本原料，面包和汤为基本食物。中世纪法国菜肴的味道以咸甜味为主，调味品多，味清淡。此外，使法国餐饮繁荣和名声大振的还有长期开拓创新的皇宫餐饮管理者的努力。17 世纪，在国王路易十七的管理下，要求皇室和贵族的餐饮制作技术要超前和精细。近年来，法国菜不断地精益求精，将以往的古典烹调法推向新菜烹调法，并相互借鉴运用，倡导天然性、技巧性、个性化以及装饰和颜色的配合。

三、法国人的餐饮习俗

餐饮在法国人的生活中占有重要的地位，传统的法国人将用餐看作休闲和享受。餐饮中的菜肴可以表现艺术，甚至是爱情，用餐的人可以对餐饮的工艺与特点提出表扬或建设性的批评。法国的正餐或宴会通常需要 2~3 个小时，包括 6 道或更多的菜肴。常包括开胃菜、沙拉、由海鲜或畜肉制成的主菜、奶酪、甜点、水果。酒水包括果汁、咖啡、开胃酒、餐酒、餐后酒等。法国人喜爱与朋友坐在餐桌旁，一边用餐，一边谈论高兴的事情，特别是谈论有关菜肴的主题。现代法国菜与传统高卢菜和法国贵族菜比较，更朴实、新鲜，富有创造性和艺术内涵，更显现大自然和地方特色。法国餐饮经过数代人的努力，菜肴和烹调工艺正走向全世界。法国菜肴和烹调方法不仅作为艺术和艺术品受到各国人民的欣赏，而且在法国旅游经济中起着举足轻重的作用。法国人的早餐比较清淡。午餐用餐时间是中午 12 点至下午 2 点。法国人喜爱去咖啡厅用餐，不喜爱快餐。正餐通常在晚上 8 点或更晚的时间。历史上，高卢人将人们日常餐饮看作政治和社会生活的重要组成部分。历史学家总结，高卢人在郊外用餐或农村婚宴中时间很长，并且可在人们之间互相攀比餐饮，这种习惯持续至 5 世纪。法国人喜欢大陆式或清淡的早餐（Continental Breakfast），包括面包、黄油、果酱和各种冷热饮料。午餐通常食用面包、汤、肉类菜肴、蔬菜、麦片粥、水果等。法国人很讲究正餐（晚餐），正餐通常包括开胃菜、海鲜、带有蔬菜和调味酱的肉类菜肴、沙拉、甜点、面包和黄油等。

第二节　著名的菜系

法国菜系有多个分类方法。主要根据其历史文化和地理环境进行分类。

一、法国皇宫菜系

法国皇宫菜系（Haute Cuisine）由豪特烹调法制成。豪特烹调法即法国皇宫菜系烹调法或豪华烹调法。该方法起源于法国国王宴会，受著名厨师安托尼·卡露米和奥古斯特·埃斯考菲尔的影响而成。实际上，这种方法采用综合烹调方法，非单一的烹调方法。所有菜肴原料、菜肴类别和制作程序都规定了质量和工艺标准，并常以法国烹调法（French Cuisine）命名。法国皇宫菜系的特点是制作工艺精细，味道丰富，造型美观，菜肴道数多。目前，法国的高级酒店和餐厅仍然使用豪特烹调法。

二、法国贵族菜系

贵族菜系（Cuisine Bourgeoise）以法国贵族家庭烹调法制成，相当于中餐的官府菜。贵族菜是法国传统菜，其制作工艺精细。这种菜的制作风格是油重，少司（调味酱）味道浓重，含有奶油成分，菜肴制作常采用综合烹调技术，比较复杂。

三、地方风味菜系

地方风味菜系（Cuisine des Provinces）发源于各地的农民菜，使用地方特色的原材料，菜肴带有地方风味特色。北方地区使用黄油烹调，菜肴少司常放有奶油、奶酪作为调味品和浓稠剂。例如，诺曼底地区的大片草原饲养着大批牛群，该地区盛产优质的牛奶。因此，北方地区菜肴充满浓郁的奶制品香味。同时，北方的布列塔尼地区种植着大片的苹果树。这里的苹果酒和苹果白兰地酒非常出色，并使用苹果酒为菜肴的调味品，无疑增加了该地区菜肴的风格。南方使用橄榄油烹调菜肴，使用的调味品多，菜肴味道浓厚。法国各地方菜系之所以有不同的风格和特色，除了法国悠久的历史文化，还包括各地的餐饮文化。东北部受德国烹调工艺影响，菜肴中放有德国泡菜、香肠和啤酒作配料和调味品。因此，其菜肴别有风味。

四、新派法国菜系

新派法国菜系（Nouvelle Cuisine）诞生于 20 世纪 50 年代，流行于 20 世纪 70 年代。新派法国菜系讲究菜肴原料的新鲜度、营养和质地，烹调时间短，少司和冷菜调味酱清淡，份额小，讲究装饰和造型。菜肴制作多选用蒸、煮、扒和烤等方法。著名的新派法国菜系和现代烹调法的代表厨师是保罗·博古斯（Paul Bocuse，见图 3-1）、米歇尔·格拉德（Michel Guérard）、吉安（Jean）、皮埃尔（Pierre）和阿兰·夏佩尔（Alain Chapel）。这种烹调方法结合了亚洲的烹调特点，目前对世界餐饮产生了深远的影响。

图 3-1　Paul Bocuse
保尔·博古斯

第三节　法国菜的特点

一、原料特点

法国菜肴的特点多种多样，烹饪技术复杂。法国人对菜肴的态度非常认真。

厨师对于菜肴的工艺很投入，菜肴生产需要一定的时间。法国烹饪的前提是了解食品原料、少司和面团的基本原理。很多著名的法国菜肴不仅与烹调技术有关，更与原料的产地及其质量有关。正像波尔多的葡萄酒受波尔多葡萄质量影响一样。许多菜肴使用的原料常是以生产地命名的优质原料。例如，帕萨克（Pessac）草莓、圣 – 热尔梅娜（Saint-Germaine）豌豆、朝鲜蓟（Artiechokes）等。随着文艺复兴的发展，发现了新大陆，美洲蔬菜源源不断地进入法国，淀粉原料代替了豆类食品。法国菜的食品原料很广泛，从各种肉类、牛奶制品、海鲜、蔬菜和水果到稀有珍蘑以至各种野味，如鸽子、斑鸠、鹿、野鸭、野兔、蜗牛、洋百合等，都是法国菜肴的理想原料。特别是 16 世纪末，食品原料在法国发生了翻天覆地的变化，火鸡代替了孔雀，餐桌的菜肴发生了质的变化，人们的饮食习惯从大吃大喝转向精美。

二、少司特点

法国菜的优秀味道应归功于少司（Sauce），而少司的含义是菜肴中的调味酱。法国人讲究调味酱（少司）的制作，注重调味技巧，并且灵活与巧妙地运用调味品，形成了少司的独特风味。由于法国人很早就在少司中使用葡萄酒，因此使少司具有葡萄酒的特点——开胃、去腥。17 世纪，法国葡萄酒酿造技术不断地发展，从而使葡萄酒的味道、颜色和口味不断地进步，因而推动了法国烹饪和少司的发展。由于法国盛产酒，因此法国菜肴烹调普遍用酒调味。厨师对不同类型的菜肴和少司选用不同的名酒。例如，制作甜菜和点心及其少司常用朗姆酒，制作海鲜类菜肴及其少司用白兰地酒和白葡萄酒，而牛排及其少司使用红葡萄酒等。从而，增加了法国菜肴及其少司的特色和味道。

三、传统的法国菜

目前，在法国的流行菜肴中以地方风味菜肴为主要趋势，其次是素菜。比较著名和流行的菜肴有法国洋葱汤（French Onion Soup Au Gratin）、巴黎扒小牛柳（Tournedos De Boeuf Parisienne）、红糖卡斯得（Crème brûlée）、鹅肝酱（Foies Ggras）、罗勒蔬菜汤（Soupe Au Pistou）、凤尾鱼洋葱塔特（Pissaladiere）、炖什锦素菜（Ratatouille）、凤尾鱼和蔬菜三明治（Pan Bagnat）、浓味鱼汤（Bouillabaisse）、生吃鲜贝（Scallop-shells）、水波比目鱼（Poached Turbot）、猪肉盒子（Kik Ar Fars）、黄油脆饼（Kouign Amann）、布列塔尼脆饼（Crêpes）、巧克力木斯（Chocolate Mousse）、波根第烩牛肉（Boeuf Bourgu）、焗蜗牛带黄油和香菜末（Escargots de Bourgogne）、玛丽特鸡蛋（Meurette Eggs）、红酒焖鸡块（Coq au Vin）、烩牛肉奶油少司（Blanquette de veau）、马铃薯奶酪塔特

（Tartiflette）、奶酪土豆泥（Raclette）、洛林蛋糕（Quiche lorraine）、诺曼底浓味杂拌（Tripes à la mode de Caen）、蒜味土豆与奶酪（Truffade）和焖香肠大豆（Cassoulet）等。

本章小结

长期以来，法国人在西餐生产工艺和餐饮文化方面做出了巨大的贡献。法国烹调文化与技艺被世界各国誉为著名的餐饮文化组成部分。中世纪法国已经出现了烹调教科书、烹调学校。他们开发了许多有特色的菜肴，著名的少司和烹调方法。此外，他们在开发餐饮原料方面也走在世界的前列，特别是葡萄和苹果的种植，葡萄酒、香槟酒和利口酒的酿制，试制各种有特色的奶酪等方面。

思考与练习

1. 名词解释题

法国皇宫菜、法国贵族菜、新派法国菜。

2. 思考题

（1）简述法国餐饮的发展。

（2）简述法国人的餐饮习俗。

（3）简述法国少司的特点。

（4）对比分析法国菜系各自的特点。

第4章

意大利餐饮文化与菜系

本章导读

本章主要对意大利餐饮文化与菜系特点进行阐述，特别是针对意大利餐饮的发展和著名的意大利菜系等进行全面的总结。通过本章学习，读者可了解意大利菜系的发展历史、意大利人的饮食习俗、意大利菜系的原料与生产特点、意大利面条、比萨饼、玉米菜和著名的地方菜系文化和制作特点。

第一节 意大利餐饮文化

一、意大利地理概况

意大利是世界著名的工业国家，多山，整个国土的70%左右为山脉，30%是沿海高原和宽广的平原。意大利两边环海，西海岸居住着利古里亚人（Ligurian）、第勒尼安人（Tyrrhenian）和地中海居民（Mediterranean），而东海岸居住着亚得里亚居民（Adriatic）。在历史上，意大利分为12个自治的行政区域，每一个区域都有自己的历史和文化。最早在意大利国土上居住的是希腊人和伊特拉斯坎人（Etruscans）。由于历史上邻国入侵意大利的原因，使意大利成为多民族和多文化的国家。在意大利，到处是古建筑，到处是美景和珍贵的艺术品，这些与现代意大利人的生活形成对比。意大利有非常长的海岸线，约1600公里长。因此，蜿蜒的地中海岸怀抱着意大利宽广而美丽的田园。

二、意大利餐饮的发展

根据记载，意大利餐饮起源于其南部和西西里岛，至今已有2000余年历史。其餐饮文化始终受古希腊和法国的餐饮文化影响。5世纪，由于意大利的食品原料匮乏，因此，其菜肴制作工艺简单。那时，主要是以淀粉、牛奶和蔬菜类为原料制成菜肴。中世纪，由于大米、面条、菠菜和杏仁等食品原料在南部地区的普遍使用，法国人的砂锅菜和海鲜的制作方法引进北方地区，从而使意大利人的餐饮文化和菜系生产工艺发生了很大的变化。12世纪，意大利人开始讲究菜肴的调味，对热菜中的少司进行了不断的试验和开发。15世纪，宫廷宴会的制作水平不断地提高和改进。同时在宴会中，讲究菜肴的道数，菜肴丰盛而制作工艺精细。1570年，意大利著名的厨师——巴托罗门·斯凯提（Bartolomeo Scappi）撰写了较高水平的烹调书籍，其中包括1000个具有特色的食谱。17世纪，玉米、土豆、番茄和豌豆成为人们青睐的食品原料。18世纪至19世纪，意大利贵族菜系制作达到了很高的水平。在他们举办的宴会上，菜品丰富多样。其中包括各种具有特色的开胃菜、味道浓郁的汤、畜肉和鱼制成的主菜以及精致的甜点。这一时期，意大利贵族菜的烹调方法不断地流传于民间，使意大利菜系的生产工艺和餐饮特色更加广泛地被人们熟悉并传播。1871年，第一本有关意大利少司的专著正式出版了，其中总结了著名的蒜香酱和西红柿少司的食品原料配方和生产工艺。1891年，帕洛格里诺·阿特希（Pellegrino Artusi）撰写并出版了《烹调科学和餐饮艺

图4-1 意大利餐厅

术》。许多学者认为，现代的意大利餐饮风格主要是根据佛罗伦萨、罗马和威尼斯等地区的宫廷厨师们长期精心创造的生产工艺发展而成。近几个世纪，意大利的餐饮风格正随着人们现代的生活习惯而发生深刻的变化，味道趋向清淡。至今，意大利的菜系仍保留着一个高尚的民族烹饪特点，被全世界熟知与敬仰。（见图4-1）

三、意大利人的饮食习俗

意大利人通常每日三餐：早餐、午餐和正餐。早餐很清淡，以浓咖啡（Cappuccino）和面包为主，午餐常包括意大利面条汤、奶酪、冷肉、沙拉和酒水等。正餐比较丰富，特别是较正式的正餐，包括开胃酒、清汤或意大利烩饭（Risotto）或烩意大利面条、畜肉与海鲜主菜、蔬菜或沙拉、甜点等。意大利人喜爱各种开胃小菜（Antipasto）、青豆蓉汤（Crema di Piselli）、奶酪比萨饼（Cheese Pizza）、烩罗马意大利面（Fettuccine Alfredo）、焗肉酱玉米面布丁（Polanta Pasticciata）、米兰牛排（Costoletta alla Milanese）等。意大利人正餐或正式宴会常包括5道菜肴。通常，除了最北方地区，首选的主菜是意大利面条和意大利奶酪烩饭。此外，玉米粥也是人们最喜爱的食物。

1. 开胃菜（Antipasto）

意大利正餐第一道菜，以香肠、烤肉或瓤青椒等为特色的开胃菜，配以烤成

金黄色的面包片，上面放少量橄榄油和大蒜末。

2. 汤（Primi）

意大利正餐第二道菜，汤中放有少量的意大利面条。

3. 主菜（Secondi）

以畜肉或鱼类为主要原料制成的菜肴。

4. 副菜（Contorni）

以蔬菜为原料的菜肴。

5. 甜点（Dolce）

正餐最后一道菜肴，由甜味的面点、水果或奶制品组成。

第二节　著名的菜系

目前意大利有 20 个行政区域，各地区饮食习惯不同，尤其是南部和北部地区明显。每个区域有各自的地方菜和烹调特色。从北部至南部，由于不同的地理环境，生产各种不同的食品原料。北方主要种植小麦、玉米和大米，南方主要种植番茄、柠檬、大蒜和橄榄。因此，不同的食品原料对意大利菜系起着很大的支撑作用。

一、北部地区菜系

意大利北部地区是意大利最繁荣的地区。主要包括威尼斯（Venice）、米兰（Milan）、皮埃蒙特（Piedmont）和伦巴第（Lombardi）地区。威尼斯特色菜肴有烩米饭大豆（Braised Rice and Peas）、莱蒂希欧生菜沙拉（Radicchio）、菠菜盒子（Semolina Dumplings with Spinach）、马斯卡波尼奶酪汤（Mascarpone Cup）。米兰市是意大利的文化中心，世界著名的拉·斯卡拉歌剧院（La Scala）就位于该城市。此外，还有著名的油画和艺术品，其中就有名作《最后的晚餐》。米兰的北部是辽阔的大湖和旅游胜地，该地区的特兰提诺-阿尔托·阿迪杰（Trentino-Alto Adige）以北是多罗米特（Dolomite）山峰。米兰西北部的利古里亚地区（Liguria）是生产香蒜酱（Pesto）和粗面粉盒子（Semolina Dumplings）的著名地区。米兰东部是蜿蜒崎岖的小山和美丽的葡萄园，南部是苹果园。这里还盛产香菜籽（Caraway Seeds）。这些物产为意大利北部菜系的建立奠定了重要的基础。例如，意大利的汤菜、熏火腿（Speck）、油酥饼（Strudels）、泡菜（Sauerkraut）和香醋都需要这些原料。米兰代表的菜肴有米兰牛肉（Costolette alla Milanese）、米兰通心粉（Minestrone alla Milanese）、米兰烩饭（Risotto alla Milanese）。伦巴第著名的菜肴有藏红花米饭（Rice with Saffron）、炖辣椒（Braised Peppers）。皮埃蒙特最有特色的菜肴是奶酪蔬菜烩米饭（Bagna Cauda）。伦巴第以东，物产丰富，特别是盛产橘子、鲜花——康乃馨、蜂蜜等。伦巴第北部的人们在烹调中习惯使用黄油、玉米菜（Polanta）、菠菜、马乃司少司、鲜意大利面条和米饭等，该地区的烹饪技术驰名世界。该地区以烹制小羊肉、小牛肉为原料的菜肴而著称，菜肴味道浓厚。波力安察（Brianza）是意大利北部奶制品生产的著名地区，著名的奶酪——乔格索拉（Gorgonzola）和贝尔派埃斯（Bel Paese）就在该地区生产。

二、东部地区菜系

意大利的东部地区与南斯拉夫接壤，东北部与奥地利接壤，因此这些地区的菜肴味道和烹调特色都受这两个国家的影响。东北部港口城市——提利埃斯特（Trieste）是著名的香肠、辣炖牛肉和海鲜菜肴的著名生产地。该地区著名的城市维尼托（Veneto）是一个朴素和迷人的地方，菜肴朴素和单纯，似乎是精心制作的农家菜肴。当地著名的菜有鲜豆大米奶酪浓汤（Risi e Bisi）和反映亚得里亚海（Adriatic）风味的海鲜意面（Pasta e Fagioli）。艾米利亚－罗马涅地区（Emilia-Romagna）是意大利农作物生产基地，冬天潮冷，夏天炎热、多雾。这里是著名的烹饪原料生产地，并以生产番茄、鸡肝、腌猪肉和调味蔬菜（Soffrito）而著名。

三、中部地区菜系

中部地区有连绵不断的山脉，成片的高大柏树。古老的道路蜿蜒伸向无边的橄榄树、整齐的葡萄园以及老式的农舍和别墅，以生产牛肉、羊肉和野生动物而驰名。同时，该地区以扒、烩和烤方法制成的畜肉菜肴而闻名。这些菜肴旁边配以新鲜的蔬菜、意大利面条、鲜蘑菇和块菌（Truffle），且制作简单，味道清淡，多以新鲜蔬菜和奶酪为主，含有少量的畜肉原料。该地区的托斯卡纳（Toscana）是意大利著名的烹调区，菜肴很有特色，主要居住着伊特鲁丽亚人（Etruscan）。他们习惯食用的菜肴代表意大利菜系的主流。托斯卡纳地区生产的面包别有风味，使用很少的盐。由于这里生产著名的大豆，所以这里的豆类菜肴很有名气。中部地区常用洋苏叶（Sage）为菜肴调味，配以橄榄油。佛罗伦萨牛排（Beef Steak Florentine）、烩菜豆意大利面（Beans and pasta）、蔬菜汤（Florentine Vegetable Soup）、烤茄子盒（Baked Eggplant）是该地区的特色菜肴。由于这里是著名的意大利希安蒂葡萄酒（Chianti Wine）的生产地，因此使用这种葡萄酒为调味品增加了菜肴的味道。翁布里亚地区是著名的小麦和黑块菌生产地。菜肴制作既简单又可口。烤乳猪（Porchetta）是翁布利亚地区（Umbria）的名菜。在马尔切地区（Marches）的马尔比诺市（Urbino），特色菜肴有烤瓤馅整猪（Porchetta）。该菜肴的特点是在猪内部瓤入胡椒、迷迭香和大蒜。这里的烤宽面条带番茄少司（Lasagna），给各国旅游者留下了不可磨灭的印象。该菜肴也称作鸡杂三明治（Vincisgrassi），是将煸炒的肉桂鸡胗和鸡肝放入煮熟的宽面条中，中间抹上奶油少司，放入少量肉豆蔻做装饰品。此外，什锦鱼汤（Brodetto）味道鲜美，该菜肴制作方法是在有藏红花的鱼汤中放入各种鱼肉。该地区的罗马市是文艺复兴时期的文化中心，到处可见梵蒂冈式的建筑物。其菜系是意大利中部的典型代表。主要的特色菜肴有迷迭香味烤全羊（Abbacchio）、烤宽面条带奶酪少司（Spaghetti alla Carbonara）、马萨拉葡萄酒煎小牛肉卷（Saltimbocca）和煎瓤奶酪米饭（Suppli al Telefono）。该菜肴将著名的莫扎瑞拉奶酪（Mozzarella）瓤入熟米饭团中，煎熟。黄油奶酪意面（Noodles with Butter and Cheese）、黄油奶酪粗麦面点（Semolina Cakes with Butter and Cheese）都是该地区的著名菜肴。

四、南部地区菜系

意大利南部地区是美丽的地方，整齐的农田像一块块绿色的地毯铺在大地上。透过空中的水雾，金色的太阳闪闪发光。该地区许多地方属于半热带，到处散发着鲜花和柑橘的香气。南部地区有漂亮的城市、美丽的田园景观、历史遗迹和艺术场地。

南部人在烹调时，习惯使用橄榄油、浓味的红色少司和干面条。这一地区主要包括西西里（Sicily）、阿布鲁佐（Abruzzi）、莫里泽（Molise）、坎帕尼亚（Campinia）、巴西利卡塔（Basilicata）和卡拉布里亚（Calibria）等地区。该地区使用多种调味香料，菜肴味道清淡，不突出某种香料，香料味平均并有微妙的平衡。该地区的风味菜肴有油炸莫扎瑞拉奶酪三明治（Deep Fried Mozzarella Sandwiches）、酱汁茄子（Marinated Eggplant）、冷茄子（Cold Eggplant）、马萨拉卡斯得甜点（Zabaglione）。该地区人们的饮食习惯与北部地区完全不同，习惯使用干面条制作面条菜肴，而北部地区则使用新鲜面条。其中，那不勒斯地区（Naples）是非常美丽的旅游胜地，该地区居民习惯食用短小的基提空心面（Ziti），使用番茄酱为调味品，贝类和鲜鱿鱼为配料。许多菜肴和比萨饼都配以著名的莫扎瑞拉奶酪。阿波利亚地区（Apulia）习惯食用小耳朵形的面条（Orecchiette）。靠近海边地区的居民以海鲜、谷类、蔬菜和水果为主要食品原料；而内陆以畜肉、谷类、蔬菜和水果为食品原料。这里的比萨饼别有风味，以木炭为燃料，用开放式烤炉制熟，上面配有海鲜、畜肉和奶酪。这里烹制的菜肴基本是用橄榄油，而不用黄油。西西里岛由于接近埃特纳山（Mount Etna），气候凉爽。因此，这里是生产和出口柑橘和柠檬的地方。由于历史上受希腊人、阿拉伯人和诺曼底人饮食习惯的影响，他们习惯食用海鲜、味道浓郁的瓤馅面条和茄子。同时，甜点是每天不可缺少的菜肴。西西里岛最著名的甜点是西西里冷冻蛋糕（Cassata）和瓢馅脆酥饼（Cannoli）。这种脆酥饼由一个酥脆的圆锥形面皮，里面瓢由甜奶酪和巧克力制成。

第三节　意大利菜的特点

一、原料特点

公元前 800 年，希腊人将橄榄油引进意大利南部地区，从而意大利在西西里亚地区（Sicilia）和埃普利亚地区（Apulia）种植了优质的橄榄树。15 世纪，人工种植和开发了许多新的植物原料。例如，为世界比萨饼调味做出贡献的圣马加诺番茄（San Marzano Tomatoes）、珊尼斯柿椒（Senise Bell Peppers）、维尼托（Veneto）和巴西里卡塔（Basilicata）菜豆、菊苣及小南瓜等。20 世纪早期，罗马涅地区（Romagna）种植的小洋葱，由于其纤细的味道和气味为意大利菜肴增添了特色。历史上，意大利烹饪受到许多民族文化的影响。到目前为止，专家也难以说明用于米饭菜肴、玉米粥和意大利面条的辣椒、罂粟籽、肉桂、孜然（Cumin）和辛辣的山葵（Horseradish）等调味品受到哪些文化影响。意大利菜常以蔬菜、谷类、水果、鱼类、奶酪、家禽和少量畜肉等为主要原料，使用橄榄油和调味品。现代意大利人经常使用的原料不是畜肉，取而代之的是蔬菜、谷物和大豆。橄榄油是意大利人首选的烹调油。意大利菜肴之所以世界闻名是因为其使用了有特色的原料和调料。例如，朝鲜蓟、凤尾鱼、鲜芦笋和各种优质的奶酪。许多学者认为，意大利菜肴的精华在于烹调中善于使用蔬菜和水果。意大利菜肴卓越的味道来自大自然的绿色食品和调味品。意大利是盛产大米的国家，在整个欧洲都很有名气。其中，最著名的大米生产地是皮埃蒙特地区。该地区生产的大米质量属欧洲最佳。意大利所有的农产品均使用天然肥料。调味品来自海盐、自然植物香料、自然矿物调味品和鲜花等。此外，马铃薯在现代意大利菜肴中起着举足轻重的作用。

二、烹调特点

许多西餐专家认为，意大利烹调技术是西餐烹饪的始祖。意大利菜肴突出主料的原汁原味，烹调方法以炒、煎、炸、红烩、红焖为主。意大利面条和馅饼世界闻名，意大利人在制作面条、云吞和馅饼方面非常考究，面条有各种形状、各种颜色和各种味道，其颜色来源于鸡蛋、菠菜、番茄、胡萝卜等原料，不仅使面条更加美观，还增加了其营养价值。它们的云吞外观精巧，造型美观。意大利菜肴常用的食品原料有各种冷肉和香肠、肉类、牛奶制品、水果、蔬菜等。意大利烹调技术对菜肴的火候要求很严格。菜肴既要制熟，更要达到最佳成熟度，不能过火。

三、传统的意大利菜

1. 意大利面条

面条（Pasta）是意大利著名的菜肴，有着悠久的历史。根据它的形状、颜色、配料等因素，其种类近 600 种。最早的意大利面成型于公元 13—14 世纪。文艺复兴时期，意大利面的种类和酱汁也随之逐渐丰富起来。意大利面条可通过焗、煮、焖和炒等方法制成多种类型的菜肴。细小的面条，可以制汤；细长的面条，经水煮制成主菜；扁平面条用来制成焗菜，一些空心面条，瓤馅后，制成各种菜肴。同时，面条可配以各种意大利少司——调味酱。意大利南部地区是著名的面条生产地。该地区面条以高山流下的纯净水和面，使面条既有拉力，又有新鲜的味道。

2. 比萨饼

比萨饼是经济、实惠且有营养，生产速度快并在午餐和喝茶时间的首选菜肴，是以面粉为原料，制成饼状，放入奶酪、少司、蔬菜和蛋白质原料，经过烤制的菜肴。根据考古材料，意大利比萨饼（Pizza）起源于约 2000 年前的那不勒斯镇（Naples）。目前，其为世界人民所喜爱。传统比萨饼的制作工艺是将面团用手擀，甩成薄的圆饼。再按照顾客的口味需求，加入不同的配料。首先

图 4-2　炭火烤制的比萨饼

是调味酱的选择。例如，在饼的上部涂上番茄酱或不涂酱。然后，选择配料。例如，蘑菇、洋葱、青椒、火腿、香肠、蔬菜、腌制的小鱼等。通常，不论顾客选择哪种配料，奶酪都是制作比萨饼不可缺少的原料。然后，将成型的饼放入以果木炭为燃料的炉子里烤制（见图 4-2），为了使饼受热均匀，厨师不断地变换饼底的方向，经 5 分钟烘烤，比萨饼制成。

3. 玉米菜

玉米菜（Polenta）有悠久的历史，传承于罗马时代。它是以玉米粉为原料，通过煮、蒸、煸炒和烘烤，配以调味品、蔬菜和蛋白质原料制成的菜肴。其形状既可以是粥状，也可以是丁、条或片状，可以冷吃或热吃。目前，该菜肴是意大利保留的传统菜肴。在意大利，最优秀的玉米菜肴产于弗瑞里－威那吉亚圭利亚地区（Friuli-Venezia Giulia）。当地出产白玉米，以质地细腻的白玉米粉为原料

可以制成多种菜肴。20世纪50年代，玉米菜多以玉米粥的形式出现，而当今配以海鲜、蔬菜和少司，是意大利传统餐厅和高级餐厅销售量较高的菜肴。（见图4-3）

玉米菜
（Polenta）

焗意面
（Beef Peene Pasta Casserale）

奶油煎饼夹
（Napoleon Cannoli Stacks）

图4-3 意大利传统菜

本章小结

　　意大利烹调技术是西餐烹饪的始祖。意大利菜肴突出主料的原汁原味，烹调方法以炒、煎、炸、红烩、红焖为主。意大利面条和比萨饼有着悠久的历史，世界闻名。近几个世纪，意大利餐饮风格正随着人们现代的生活习惯而发生深刻的变化，味道趋向清淡。至今，意大利的餐饮文化和菜系仍保留着一个高尚的民族文化特点，被全世界熟知与敬仰。

思考与练习

1. 名词解释题
比萨饼、玉米菜、意大利面条。

2. 思考题

（1）简述意大利的餐饮文化。

（2）对比意大利南部与北部不同的菜系。

（3）简述意大利餐饮的发展。

（4）简述玉米菜的特点和工艺。

（5）论述意大利菜肴的生产特点。

第5章

美国餐饮文化与菜系

本章导读

本章主要对美国餐饮文化与菜系特点进行总结和阐述。主要内容包括美国餐饮文化、美国著名菜系等。通过本章学习，读者可以具体了解美国的餐饮特色、美国人的餐饮习俗、著名的加州菜系、中西部菜系、南部菜系、西南地区菜系、新奥尔良菜系等文化和特点。

第一节 美国餐饮文化

一、美国地理概况

美国成立于 1776 年，由多民族组成，主要民族是荷兰人、西班牙人、法国人和当地的美洲人。美国国土面积在世界排名第四。美国各地的地貌和地形各异，东部有成片的森林，树木茂密。中部是宽广的平原。平原西部是著名的密西西比河—密苏里河系统及洛基山脉。洛基山脉以西是沙漠与太平洋接壤的海岸线。除此之外，阿拉斯加地区在北极，夏威夷属于火山岛区。美国大部分地区属于大陆式气候，部分地区属于地中海气候和亚热带气候。

二、美国餐饮发展

虽然美国建国仅有 200 余年，然而餐饮业在美国非常发达，各地都有特色的餐饮产品。由于美国是一个多民族国家，其餐饮文化受各民族的影响，截至目前还没有任何一种烹调方法能代表美国的烹调风格。因此，美国菜肴有多种风味之称。根据记载，第一批移民者于 1500 年来自西班牙。1600 年后，英国、芬兰、法国、德国和斯堪的纳维亚等地的移民相继登陆美洲大陆。这些移民者将印第安人的食物融入自己传统的饮食习惯中。19 世纪，世界各地的人们纷纷移民到美国。因此，各种民族文化、美洲及各移民的食物原料和饮食习惯等因素综合在一起构建了美国餐饮文化。当然，除了以上各种因素，还包括美国丰富的食品资源，快速和有效的运输能力，现代食品加工技术，餐饮的营养搭配等因素。当今，美国餐饮企业餐饮产品开发人员将世界各民族饮食文化、食品原料、生产工艺与本国餐饮习俗相结合创作出许多具有特色的美国菜肴。

三、美国餐饮习俗

由于受当地美洲人的影响，美国各种菜系广泛使用玉米、菜豆和南瓜。例如，横穿美国大陆的玉米面面包、美国南部的烩菜豆咸饭（Hoppin' John）、西南部地区带有墨西哥风味的玉米糕（Tortillas）和烩菜豆（Pinto Beans）、东北地区的烤菜豆（Baked Beans）、玉米面和大豆制作的甜点（Succotash）、南瓜派（Pumpkin Pie）等。许多历史学家和餐饮专家认为，美国饮食习惯和菜肴特色部分来自奴隶历史的影响，表现突出的有野外烧烤（Barbecue）和以肉类、蔬菜和水果为原料制成的油炸菜肴（Fritters）及种类齐全的青菜沙拉。确实，非洲人民为美国带来了一些烹调方法和特色菜肴。例如，熏肉、油炸谷类和菜豆组成的菜肴、水煮蔬菜和加入香料的少司。自美国南部非洲血统的美国人进入种植园以来，他们对南部地区的烹调风格有着深远的影响。许多南部的风味面包、饼干、沙拉和调味品都发源于当时农场工人家属之手。当美国铁路发达后，美国人将这些烹调特色和菜肴风味带到美国北部和西部。

传统美国人的早点很丰富，称为美式早餐（American Breakfast）。包括面包、黄油和果酱、鸡蛋、肉类（咸肉、火腿或香肠）、果汁、咖啡或茶等。现代美国人早点讲究营养和效率，通常吃些冷牛奶、米面锅巴及水果等。美国人午餐很简单，常吃三明治、汤和沙拉。美国人对正餐比较讲究。正餐常包括3~4道菜肴，有冷开胃菜或沙拉、汤、主菜、甜点、面包、黄油和咖啡等。美国菜虽然有多种生产工艺，但是扒（烧烤）最为流行。在美国，许多食品都能通过扒的方法制成菜肴。例如，番茄、小南瓜、鲜芦笋、畜肉、家禽和海鲜等。当今，沙拉和三明治是美国人喜爱的菜肴。当代美国沙拉选料广泛，别具一格，打破了传统西餐沙拉的陈规旧俗。美国沙拉可以作为开胃菜、主菜、配菜和甜点。各种类型的三明治常是美国人大众化的早午餐（Brunch）、午餐、下午茶和夜餐的首选菜肴。在美国的餐厅或商场，到处可见销售沙拉的自选沙拉柜台（Salad Bar）。此外，美国菜肴常选用各种水果为原料制成菜肴和点心。

第二节　著名的菜系

一、加州菜系

根据历史记载，加州菜系（California Cuisine）与欧洲菜系的风格很相似。其食品原料很丰富，来自世界各地。同时，加州全年盛产新鲜水果、蔬菜和海鲜，特别是半成品的原料多。近年来，加州开发并销售健康菜系。该菜系使用新鲜食品原料，使用与其他地方不同的复合调味品。例如，新鲜青菜沙拉以鳄梨和柑橘为原料，配以亚洲人喜爱的花生酱为调味品；扒鱼排的生产工艺是，鱼肉经过调味后，在扒炉烤制，配以中国大白菜和美洲人喜爱的炸面包片。现代加州成了国际烹调实验室和世界烹饪试验之家。法国厨师或意大利厨师对加州的菜肴和烹调特色感慨地说："加州的菜肴种类真是太多了。"由于加州物产的极大丰富及融合了多种移民餐饮文化，使加州烹调技术和食品原料互相影响和借鉴。从而，使加州菜肴和烹调特色高雅、优质，营养丰富，清淡，低油脂。

二、中西部菜系

中西部菜系（Midwestern Cuisine）风味来自当地移民饮食文化。该地区主要由北欧人组成，包括瑞典人、挪威人、康沃尔人和波兰人。在密西西比和伊利诺伊州主要居住着德国人。同时，该地区菜肴原料丰富，食品种类多。菜肴清淡，不放香料。餐饮服务方式以瑞典自助餐式或家庭式为主。当地特色菜肴有炖牛肉、各式香肠、甜煎饼及奶酪等。历史上，由于德国移民的原因，美国中西部城市的啤酒和香肠质量和特色领先于其他地区，给美国人留下了深刻的印象。

三、东北部菜系

美国东北部称为新英格兰州（New England），其菜系是美国东北地区典型的风味。由于该地区主要居住着英国人，反映了英国人的饮食习惯。历史上该地区从英国进口畜肉、蔬菜并与当地的食品原料结合。例

图 5-1　越橘（Cranberries）

如，玉米、火鸡、蜂蜜、龙虾、贝类、各种越橘（Cranberries）等（见图 5-1）。当地还盛产冷水海产品。该地人习惯食用烩鸡肉蔬菜（Brunswick Stew）、什锦炖肉（Yankee Pot Roast）、波士顿烤菜豆（Boston Baked Beans）、新英格兰鲜贝汤（New England Clam Chowder）。因此，该地区菜系称为新英格兰菜系（New England Cuisine）。其主要代表区域为波士顿（Boston）、普罗维登斯（Providence）和其他沿岸城市。新英格兰菜系风味的最大特点是广泛应用海鲜、奶制品、菜豆和大米。这种风味还受波多黎各、西班牙和墨西哥餐饮文化的影响，经多年发展而成。

著名的特色菜肴还包括印第安布丁（Indian Pudding）、波士顿布朗面包（Boston Brown Bread）和缅因水煮龙虾（Maine Boiled Lobster）及炸香蕉

（Platanos Fritos）等。

四、南部菜系

美国南部地区菜系（Southern Cuisine）被认为是美国家庭式菜系，其特点是油炸食品多，菜肴带有浓郁的调味酱，每餐都带甜点。此外，该地区还突出了非洲美国人的传统菜系。所有南方菜肴在美国其他地区最受欢迎的是炸鸡。除此之外，南部的快餐业发达。南部人习惯食用猪肉，尤其喜爱弗吉尼亚火腿肉、咸猪肉和培根肉（Bacon）。同时，青菜和菜豆常作为菜肴的配料。南部人早餐和正餐习惯食用小甜点和饼干。该地区东南部卡罗来纳州是生产大米的著名地区，那里有着大米的烹调文化，是著名烩菜豆咸饭的发源地。该菜肴以查尔斯顿大米、菜豆和咸火腿肉为主要原料制成。同时，查尔斯顿蟹肉汤（Charleston Crab Soup）是当地著名的海鲜汤之一。此外，卡罗来纳州人喜爱酸甜味菜肴，当地菜肴的少司加入了少量的糖和醋作调味品。该地区的南部喜爱烧烤菜，东南部喜爱炭火烧烤的猪肉或猪排骨，并用青菜、菜豆和玉米饼作配菜。南部菜系的特色甜点有核桃派（Pecan Pie）、鲜桃考布勒（Peach Cobbler）、香蕉布丁（Banana Pudding）和甜土豆派（Sweet Potato Pie）。

五、西南部菜系

西南部受美洲本地人、西班牙人和邻国墨西哥人的影响，菜肴种类繁多，使用当地出产的食品原料及墨西哥的香料和调味品。西南菜系（Southwest Cuisine）代表传统的美洲菜，特别具有墨西哥风味。19世纪40年代，该地区还是以墨西哥人为主要居民。如今尽管是多民族居住，然而许多菜肴原料和烹调方法都接近墨西哥，特别是在菜肴中使用玉米和菜豆及使用辣椒作调味品。该地区辣椒"Chili"、番茄"Tomato"等词来源于16世纪的墨西哥阿兹台克民族语言（Aztec）。在与墨西哥接壤的地区和得克萨斯州还表现出墨西哥和美国混合的餐饮特色。该地区菜系偏辣，人们青睐野外烧烤菜肴。此外，该地区还是著名的沙尔萨少司（Salsa）、烤玉米片带奶酪酱（Nachos）、瓢馅玉米饼卷（Tacos）和瓢馅面饼（Burritos）之乡。西南地区玉米饼仍然属于当地人喜爱的食品。烩菜豆（Pinto Beans Stewed）是当地人们理想的特色菜肴。瓢馅玉米饼（Tamales）是当地人的节日食品。此外，以猪肉和牛肉为原料的菜肴由西班牙人传入该地区后，经口味调整，更适合当地居民的饮食习惯。（见图5-2）新墨西哥州的辣炖猪肉（Carne Adovado）就是典型的例子。亚利桑那州南部墨西哥风味的什锦菜卷（Enchiladas）也都是具有特色的餐饮产品。（见图5-3）

图 5-2　辣烤排骨（Barbecue Spareribs）　　　图 5-3　墨西哥风味什锦菜卷（Enchiladas）

六、新奥尔良菜系

新奥尔良位于美国南部，在密西西比河的河口，受西班牙、法国餐饮文化的影响，其烹调方法是克利奥尔（Creole）烹调方法和法国凯江（Cajun）烹调方法完美的结合。同时，由于使用美洲的调味品，体现了西印度群岛的餐饮文化。新奥尔良菜系（New Orleans Cuisine）频繁地使用油面酱（Roux）、大米和海鲜，制作工艺精细，味道偏辣。此外，保留民间的工艺特色，使用较多的辣调味酱，采用慢速度"炖"的烹调方法。该菜系特色菜肴有秋葵浓汤（Gumbos）和什锦米饭（Jambalayas）等。

第三节　美国菜的特点

一、原料特点

美国的气候与地理环境各异，具有肥沃的田园和广阔的森林。因此，美国食品原料丰富。同时，美国交通设施的发达，使本国任何地方都能得到其他各地的特色食品原料。例如，在美国到处可以购得加利福尼亚和佛罗里达州的柑橘和葡萄柚、缅因州的龙虾和马里兰州的牡蛎和螃蟹。现代美国菜肴最显著的特点是使用较多的水果和蔬菜，尤其是新鲜水果。其目的是摄取较高的营养素。当今，以苹果为原料制成的菜肴就有多种。例如，苹果泥、苹果蛋糕、苹果饺子、炸苹果片、苹果排、糖蜜苹果馅饼、苹果少司等。同时，现代美国菜系的特点是味清淡，低盐，低脂肪。

二、生产特点

由于美国餐饮业管理人员和厨师具有创新精神，使美国菜肴呈现与众不同的鲜明特点和独特的风格。例如，以水果作冷开胃菜的主要原料，将水果作为主菜的配料。所有菜肴的口味趋于清淡，烹调方法以烤、扒、蒸、煮为主。同时，由于美国是经济发达国家，其烹饪与其他国家相比，具有强烈的时代感，菜肴变化和创新的速度快，在一定程度上领导着世界烹饪的新潮流。一些企业家认为，美国菜肴的生产风格正代表着世界烹饪的最高水平，讲究原料的新鲜度，讲究菜肴与季节的适应性，讲究菜肴适应人身体营养需要。当今，美国人越来越重视食品中的维生素和矿物质的含量，追求餐饮的营养互补。餐饮行业认识到，他们必须与各相关行业进行沟通，致力于举办餐饮杂志，在报纸中作餐饮专刊，在广播和电视节目中介绍餐饮生产与烹饪方法以提高本国餐饮的发展水平。

三、传统的美国菜

烤牛肉（Roast Beef）、炸鸡（Fried Chicken）、扒牛排（Grilled Steak）、扒瓤馅火鸡（Stuffed Turkey）、肉卷（Meat Loaf）、烤马铃薯（Baked Potato）、山药（Yams）、土豆沙拉（Potato Salad）、苹果派（Apple Pie）、鲜贝汤（Clam Chowder）、汉堡包（Hamburgers）、热狗（Hot Dogs）等都是人们喜爱的传统美国菜。此外，许多美国风味的餐厅销售香辣鸡翅和烤玉米片（Nachos）。（见图5-4）

水果沙拉
Fruit Salad

扒火腿番茄三明治
Grilled Ham and Tomato Sandwich

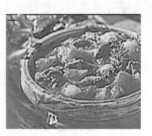
辣烩牛肉
Hearty Beef Stew

图 5-4　美国传统菜

本章小结

美国是讲究餐饮质量和营养的国家，其餐饮业非常发达，在其旅游经济中占有重要位置。美国各地都有自己的特色餐饮。然而，由于美国是多民族组成的国家，历史文化受各民族影响。所以，截至目前还没有任何一种菜系方法能代表美国的餐饮文化和烹饪技艺。现代的美国菜总体而言趋于清淡，保持原料的自然味道。美国各地有各具特色的烹调方法和菜系，因为每个地区菜系都受当地民族文化和食品原料的影响。

思考与练习

1. 判断对错题

（1）由于美国是一个多民族国家，其餐饮文化受各民族影响，截至目前还没有任何一种菜系方法能代表美国的餐饮文化和烹调风格。

（2）由于受当地美洲人影响，美国式西餐原料广泛使用玉米、菜豆和南瓜。

（3）美国东北部菜系称为新英格兰菜系，其主要代表区域为波士顿和普罗维登斯等城市。

（4）由于加州物产的极大丰富和融合了多种移民文化以致加州烹调技术和食品原料互相影响和借鉴，使得加州菜肴和烹调特色高雅、优质，营养丰富，清淡，低油脂。

（5）美国食品原料丰富且交通设施发达，使本国任何地方都能得到其他各地的特色食品原料。

2. 思考题

（1）简述加州菜系的特点。

（2）简述美国人的餐饮习惯。

（3）简述美国餐饮的发展。

（4）论述美国菜的生产特点。

（5）对比分析美国各地菜系的不同特点。

第6章

英国餐饮文化与菜系

本章导读

本章主要对英国西餐文化与菜系的特点进行总结和阐述。包括英国餐饮发展、英国人的餐饮习俗、英国菜的生产特点、英国餐饮文化与著名菜系等。通过本章学习，读者可以具体了解英格兰菜系、苏格兰菜系、威尔士菜系、北爱尔兰菜系文化和特点。

第一节　英国餐饮文化

一、英国地理概况

英国位于西欧，在北大西洋和北海之间，法国的西北部。东部地区和其东南部地区以平原为主，其他区域以丘陵和小山为主。英国有众多的河流。最著名的河流是流入北海的泰晤士河（Thames），长度是 336 公里。英国的海岸线长达 12 429 公里。英国的气候总体温和。但是，受大西洋的影响，天气变化无常。英国人口总数约为 6000 万，英格兰人约占 81.5%，苏格兰人约占 9.6%，爱尔兰人约占 2.4%，威尔士人约占 1.9%。近几年，来自从南亚地区和加勒比海地区的移民不断增加。英国是世界第五大贸易大国。英国人享受着丰富的文化生活，其中包括餐饮文化。历史上，许多英国人在文化和艺术方面取得世界的声望。例如，著名的戏剧家、文学家和诗人——乔叟（Chaucer）、莎士比亚（Shakespeare）和狄更斯（Dickens）等。英国旅游业收入居世界第五位，仅次于美国、西班牙、法国和意大利，旅游业的收入约占国内生产总值的 5%，从业人员约 210 万。

二、英国餐饮发展

英国有悠久的历史，经历了罗马时代、盎格鲁-撒克逊时代、诺曼底人管理时代、亨利时代、伊丽莎白时代及英国大革命等，最后在 18 世纪初建立了英帝国。纵观历史，英国对人类的文化和艺术做出了巨大的贡献，其中包括餐饮文化、下午茶文化、茶点文化。由于英国到处是艺术珍品，因此许多历史学家将英国总结成为一个珍品宝库。其中，包括古堡式饭店和餐厅、世界著名的城堡和教堂（见图 6-1）。尽管英国菜肴和烹饪稍逊于法国，然而近年来英国餐饮文化和烹饪文化不断地发展和提高，这种趋势正在对欧洲各国产生重要的影响。许多餐饮文化研究者和企业家认为，英国菜由多个菜系组成。在历史上，曾受多种餐饮文化的影响，特别是受古罗马人和法国人的影响，尤其是诺曼底人（Frankish Normans）的影响，因此菜肴的制作中使用了较多的调味品和植物香料。其中包括肉桂（Cinnamon）、藏红花（Saffron）、肉豆蔻（Nutmeg）、胡椒（Pepper）、姜（Ginger）和糖等。在 1837 年至 1901 年维多利亚女王时代，传统的油腻菜肴配以进口的调味品，组成了英国传统的风味

图 6-1　英国利兹古城堡
（Leeds Castle）

菜系，一直流传多年。20 世纪 80 年代以后，英国菜以新鲜的水产品和蔬菜为主要原料制成菜肴。其特点是清淡，选料广泛，使用较少的香料和酒，注重营养和卫生。现代英国菜采用本地的优质原材料，将传统工艺与现代人们对餐饮的需求相结合，借鉴欧洲其他地区菜系的特点开发出健康并具有营养和特色的菜肴。

三、英国餐饮习俗

通常，英国人习惯每天四餐。早餐在 7 点至 9 点之间，午餐在 12 点至下午 1 点半之间，下午茶常在下午 4 点至 6 点，正餐在晚上 6 点半至 8 点。周日正餐在中午而不在晚上，晚上吃些清淡的菜肴。周日正餐常包括烤牛肉（Roast Beef）、约克郡布丁（Yorkshire Pudding）和两种蔬菜菜肴。英格兰早餐世界著名，菜肴包括面包、咸猪肉、香肠、煎鸡蛋、蘑菇菜、烤菜豆、咖啡、茶、果汁和水果等。由于英国是工业国家，人们每天工作紧张，因此，午餐讲究营养和效率。根据研究，1860 年至今，英国各餐厅菜肴外卖相当普及。英国人很注重正餐（晚餐）。正餐是英国人日常生活的重要组成部分，他们选择较晚的用餐时间，并在用餐时间进行社交活动，增进人们之间的友情。

第二节　著名的菜系

一、英格兰菜系

英格兰位于英国中部，由多个郡组成。包括林肯郡（Lincolnshire）、康沃尔

郡（Cornwall）和约克郡（Yorkshire）等。然而，这些地方都是具有英格兰风味菜系（England Cuisine）的城市。其中，具有代表意义的菜肴包括各式香肠、黑布丁香肠和猪肉馅饼（Pork Pies）、英格兰传统蛋糕、贝克维尔塔特（Bakewell Tarts）、埃克勒丝酥饼（Eccles Cakes）和伦敦牛排（London Broil）（见图 6-2）。同时，康沃尔郡是世界著名的奶酪生产地，其中，著名的产品——斯迪尔敦（Stilton）享誉世界。该地区沿海城市有众多的海鲜菜肴。其中，当地特产白蚝（White Oysters）是著名的水产品，以这种原料制成的菜肴，味道非常鲜美。约克郡是英格兰历史名城，该城市在歌剧、芭蕾舞、舞蹈等方面世界著名。约克郡是英格兰著名的传统菜系名城，这里传统的茶社、家庭服务式的餐厅比比皆是。经过长时间的发展，约克郡菜已将现代清淡的英格兰菜、传统的民族菜与地方特色菜融合在一起。英格兰西南部德文郡（Devon）的奶茶享誉世界。所谓奶茶包括一壶滚烫的英格兰茶、刚出炉的汉普郡布丁（Scones）及奶油和果酱等。从 14 世纪起，英国西南地区的奶茶和特色菜肴已经具有较高的名气，其原因可以追溯至

图 6-2　伦敦牛排（London Broil）

当时的贸易。那时，该地区从东方国家进口植物香料，并且在茶、菜肴和甜点中使用不同的香料，还从西印度群岛进口具有巧克力和朗姆酒味道的甜点。此外，英格兰的汉普郡（Hampshire）还是盛产优质草莓和苹果的地方，这些水果可作为菜肴和甜点的原料，也可为地区菜肴的特色做出一定的贡献。尤其该地区东部的巴斯市（Bath）的萨利甜饼（Sally Lunns）在 18 世纪已经小有名气，由于放有当地生产的奶油和香菜子而使其味道非常香郁。

二、苏格兰菜系

苏格兰位于英格兰的北部地区。不论它的历史、文化还是各城市中的古建筑都给人们留下了深刻的印象。苏格兰是个美丽的地方，它的湖泊、海滩和高地的美景都使人流连忘返。现代的苏格兰菜系（Scottish Cuisine）融合了传统的美食，结合本地区出产的新鲜海鱼、龙虾和鲜贝、蔬菜、水果及牛肉，并以高超的烹调技艺制成著名的苏格兰菜系。其中，能够代表苏格兰菜系风味的地方是哥拉斯格（Glasgow）。目前该地区已被英国人选为英国第二大美食城市，仅次于伦敦。苏格兰是食品原料著名的生产地，该地区盛产优质的畜肉、水产品和奶制品，还盛产各种各样的糖果。近年来，苏格兰菜肴和烹调方法不断地创新和改进。著名的苏格兰传统菜有羊杂碎肠（Haggis）、炖牛肉末土豆（Stovies）和羊肉蔬菜汤

（Scots Broth）。（见图 6-3）

图 6-3　传统式苏格兰风味餐厅及宴会摆台

三、威尔士菜系

威尔士菜（Welsh Cuisine）历史悠久，具有独特的烹饪文化，是英国有代表性的菜系。该地区许多饭店和餐厅门前都展示威尔士风味（Blasar Cymru）证章，以证明本企业为正宗威尔士风味。威尔士盛产奶制品，尤其是奶酪，是英国著名的奶酪——卡尔菲利（Caerphilly）的生产地。该地区高尔半岛（Gower）出产特色的鲜贝，称作乌蛤（Cockles）。以这种鲜贝为原料制成的菜肴，味道鲜美。当地传统菜肴多以羊肉、鲑鱼和鳟鱼为原料，菜肴中常使用韭葱（Leek）以增加香味。著名的威尔士面点是莱弗面包（Laver Bread），其

图 6-4　威尔士奶酪面包卷
（Welsh Glamorgan Sausages）

中放有当地出产的干海藻和燕麦。巴拉水果面包（Bara Brith）、威尔士奶酪面包卷（Welsh Glamorgan Sausages）、羊肉土豆汤（Cawl）及威尔士奶酪酱（Welsh Rarebit）都是很有特色的菜肴和面点。（见图 6-4）

四、爱尔兰菜系

爱尔兰民族有着悠久的历史。其绵延的海岸线为他们带来了丰富的海产品。此外，当地还盛产畜肉、奶制品和蔬菜。传统的爱尔兰菜系（Irish Cuisine）以新鲜的海产品、畜肉和蔬菜为主要原料，以煮和炖的方法制作菜肴。在炖煮海

图 6-5 爱尔兰炖羊肉（Irish Stew）

鲜时，放入部分海藻，增加菜肴的味道。18世纪后，爱尔兰的烹调技术不断地发展，菜肴中的原料和调味品种类也不断增加。在菜肴制作中，糖作为调味品代替了传统的蜂蜜；人们对茶更加青睐，从而代替了非用餐时间饮啤酒的习惯。18世纪早期，出现了著名的苏打面包（Soda Bread）、苹果塔特（Apple Tart）、酵母水果面包（Barm-brack）、马铃薯面包（Boxty）、爱尔兰土豆泥（Colcannon）、爱尔兰炖羊肉（Irish Stew）、培根肉土豆（Potatoes and Bacon）、都柏林式炖咸肉土豆（Dublin Coddle）等。（见图 6-5）

第三节　英国菜的特点

一、原料特点

英国盛产畜肉、粮食、蔬菜和海产品。其农业用地占国土面积的 77%，其中多为草场和牧场，仅 1/4 用于耕种。农业人口人均拥有土地 70 公顷，是欧盟平均水平的 4 倍。英国还是捕鱼大国，捕鱼量占欧盟的 20%。丰富的食材为英国的餐饮产品生产和开发奠定了良好的基础。

英国人喜爱食用红菜（紫菜根）。传统的英国人认为，一餐中没有紫菜根为原料烹制的菜肴，就不算是完整的一餐。所谓红菜，其叶子为绿色，根部呈紫红色，食用部位为根部，具有清淡的甜味。（见图 6-6）

图 6-6 红菜

二、生产特点

英国菜的烹调方法以煮、蒸、烤、烩、煎、炸为主。现代英国人把各种调味品放在餐桌上，根据自己的口味在餐桌上调味。如盐、胡椒粉、沙拉酱、芥末酱、辣酱油、番茄沙司等。此外，以英格兰早餐为代表的英式早餐鲜嫩、清洁、高雅，受到各国顾客的好评。

三、传统的英国菜

传统的英国菜肴有鸡肉原汤（Chicken Broth）、新英格兰煮牛肉（New

England Boiled Beef）、爱尔兰炖羊肉（Irish Stew）、爱尔兰土豆泥（Colcannon）、英格兰烤鱼块（Baked Pike Fillets English Style）、伦敦牛排（London Broil）、面包黄油布丁（Bread Butter Pudding）、烤牛肉（Roast Beef）、约克郡布丁（Yorkshire Pudding）、康沃尔甜点（Cornish Pasties）、牛肉腰子派（Steak and Kidney Pie）、面包黄油布丁（Bread and Butter Pudding）及其他畜肉类菜肴等。（见图6-7）

约克郡布丁   烤牛肉   汉普郡布丁
（Yorkshire Pudding）   （Roast Beef）   （Scones）

图6-7　英国传统菜

本章小结

　　英国有着悠久的历史并对人类文化和艺术做出了巨大的贡献。许多历史学家将英国总结成为一个珍品宝库，英国到处是艺术珍品。其中包括古堡式饭店和餐厅。尽管英国菜肴和烹饪稍逊于法国，然而近年来英国餐饮文化和烹饪技术不断地发展和提高，这种趋势正在对欧洲各国产生重要影响。许多餐饮文化研究者和企业家总结英国菜由多个菜系组成，在历史上受多种餐饮文化影响，特别是受古罗马和法国的餐饮文化和烹饪技艺影响。英国菜肴使用了较多的调味品和植物香料。其中包括肉桂、藏红花、肉豆蔻、胡椒、姜和糖等。1836年至1961年在维克多利女王时代，传统的油腻菜肴配以进口的调味品，组成了英国传统的风味，一直流传多年。20世纪80年代以后，现代英国菜以新鲜水产品和蔬菜为主要原料制成菜肴。

思考与练习

1.判断对错题

（1）英国人很注重晚餐，而晚餐是英国人日常生活的重要组成部分。

（2）现代英国人把各种调味品放在餐桌上，根据自己的口味在餐桌上调味。

（3）以苏格兰早餐为代表的英式早餐鲜嫩、清洁、高雅，受到各国顾客的好评。

（4）英国菜由多个菜系组成，在历史上受多种餐饮文化影响，特别是受古罗马人和法国人的影响。

（5）苏格兰是食品原料著名的生产地，该地区盛产优质的畜肉、水产品、奶制品和各种各样的糖果。

2. 思考题

（1）简述英格兰菜系的代表地区和特色菜肴。

（2）简述北爱尔兰菜系的特点。

（3）简述英国的餐饮习俗。

（4）简述英国菜的生产特点。

（5）对比分析英国各菜系的不同特点。

第 7 章

俄罗斯餐饮文化与菜系

本章导读

本章主要对俄罗斯餐饮文化与菜系进行总结和阐述。包括俄罗斯餐饮文化、俄罗斯人的餐饮习俗、著名的俄罗斯菜系等。通过本章学习，读者可以具体了解俄罗斯餐饮的发展及中央联邦区菜系、高加索联邦区菜系、伏尔加联邦区菜系和西伯利亚联邦区菜系文化和制作特点等。

第一节　俄罗斯餐饮文化

一、俄罗斯地理概况

俄罗斯联邦共和国，简称俄罗斯，横跨欧洲东部和亚洲北部，是世界国土最大的国家。俄罗斯的气候与加拿大很相近。其大片土地在北纬 50° 以上，距海洋性气候较远，是大陆性气候，因此许多地方寒冷。俄罗斯是一个多民族国家。主要民族是俄罗斯族，约占总人口的 78%。俄罗斯有广阔的森林、众多的湖泊、丰富的野生动物和水产品等资源，是著名的石油和天然气输出国。

二、俄罗斯餐饮发展

俄罗斯是具有悠久历史文化的国家，对世界文化有着重要的影响，其中包括餐饮文化。俄罗斯全国约有 50 000 个图书馆，其中 39 000 个在农村和县城，共藏书 10 亿余册。共有 1500 个博物馆涉及人文、历史、民俗、艺术、自然科学、技术及其他各领域。俄罗斯是一个多民族的国家，官方语言为俄语，其他包括各地方的民族语言。当今，俄罗斯最流行的艺术品是木雕、油画（Bogorodskoe）、艺术陶瓷品（Gzhel）、泥塑（Dymkovo）、装饰盘彩绘（Zhostovo Troitskoe）、铁艺（Veliky Ustiug Silver）、骨雕（Kholmogoli Tobolsk）石雕（Tyva carved Sculpture）等。俄罗斯近年来旅游业不断地发展（见图 7-1）。根据报道，2022 年俄罗斯接待外国旅游者约 890 万人次，带来外汇收入约 40 亿美元。俄罗斯是

图 7-1 莫斯科木制的小教堂

著名的西餐大国之一，其餐饮文化源远流长。根据记载，公元 9 世纪，人们已经掌握了烧烤技术，沙皇和其亲王们经常举办大型宴会。16 世纪，意大利人将香肠、通心粉和各式面点带入俄罗斯。17 世纪，德国人将德式香肠和水果汤带入俄罗斯。18 世纪初期，法国人将少司、奶油汤和法国面点带入俄罗斯。传统的俄罗斯人以熟制的肉类、鱼类及蔬菜类和汤类及黑麦面包为主要食品。薄饼（Blini）是俄罗斯人传统的和青睐的食品。根据需要，薄饼常被填入奶酪、酸奶油、熏鱼、黑鱼子酱及果酱等。18 世纪以后，马铃薯被俄罗斯人青睐。当今，俄罗斯菜肴或俄国菜肴不仅指俄罗斯民族菜肴，它更具有广泛的含义，包括俄罗斯各民族菜肴和附近各国和各地区的菜肴。俄罗斯在多年来与多个欧洲国家的文化交流中，不断融合其他国家和民族的烹饪特点。其中，许多菜肴是由法国、意大利、奥地利和匈牙利等国传入，经与本国菜肴融合形成了独特的俄罗斯菜。俄罗斯人喜爱蘑菇菜肴、馅饼、咸猪肉和泡菜。在喜庆的日子，餐桌上受青睐的菜肴是各种炖肉和盒子。由于俄罗斯是传统文化的国家，因此人们重视每年的各种节日。俄罗斯人喜爱蔬菜、蘑菇、水果和水产品。俄罗斯北部是无边的森林，也是蘑菇的盛产地，蘑菇菜肴在俄罗斯种类很多。俄罗斯多个地区靠近海洋，并有众多江河湖泊，因此盛产水产品。俄罗斯水产品菜肴丰富。俄罗斯菜使用多种植物香料和调味品。因此，开胃菜放有较多的调味品，使用多种调味酱以增加开胃作用。包括辣根酱（Horseradish）、克拉斯酱（Kvass）、蒜蓉番茄酱（Garlic and Piquant Tomato Sauces）。

当今，面包文化是俄罗斯餐饮文化的重要组成部分。传统上，第一次到某俄罗斯家庭去做客，要品尝面包和食盐以增进主人与宾客之间的友谊与信任。传统上，面包和食盐是俄罗斯人最珍贵的食物并具有非常重要的象征意义。俄罗斯食用多种面包，面包的原料可以使用小麦、黑麦和燕麦等。俄罗斯人为了获得更多营养，更喜爱食用黑面包。俄罗斯制作面包的方法比较传统，常以手工操作，工艺复杂，需要在前一天晚上发酵，转天制作。他们认为面包有多种人体需要的维生素、矿物质和纤维素，对人们的健康非常重要，并且面包的外观必须美观，气味芳香。俄罗斯人总结出 200 余种不同的面包香气。他们还常用胡荽（Coriander）和香草（Vanilla）做面包的装饰品。

三、俄罗斯餐饮习俗

由于俄罗斯的地理位置和气候寒冷等原因，俄罗斯菜肴的总体风格和特点是油大和味浓。然而，现代俄罗斯人习惯于清淡的大陆式早餐，喝汤时常伴随黑面包，喜欢食用黄瓜和西红柿制成的沙拉，喜欢食用鱼类菜肴和油酥点心。正餐的主菜常以牛肉、猪肉、羊肉、家禽、水产品为主要原料，蔬菜、面条和燕麦食品为配菜。俄罗斯人擅长制作面点和小吃，包括各种煎饼（Blini）、肉排（Kulebyaka）、瓢馅酥点（Rastegai）、奶酪蛋糕（Cheese Cakes）、香味点心（Spice-cakes）等。俄罗斯古谚语中说道：俄罗斯人的

图 7-2　煎饼（Blini）

一生都伴随着馅饼。每逢重要节日、新年、洗礼、生日、命名日、婚礼等，馅饼是必不可少的菜肴。俄罗斯人认为，馅饼代表"节日"和"丰收"。（见图 7-2）

俄罗斯人每日习惯三餐，早餐、午餐和晚餐。传统的俄式早餐比美式早餐更丰富，包括鸡蛋、香肠、冷肉、奶酪、吐司片、麦片粥、黄油、咖啡和茶等。午餐称为正餐，是一天中最重要的一餐，习惯在下午 2 点进行。包括开胃菜（Zakuski）、汤（Pervoe）、主菜（Vtoroye）和甜点（Tretye）。正餐中，开胃菜非常重要，常包括黑鱼子酱（Caviar）、酸黄瓜、熏鱼和各式蔬菜沙拉。下午 5 点是俄罗斯人的下午茶（Poldnik）时间，人们常食用小甜点、饼干和水果，饮用咖啡或茶。下午 7 点或更晚的时间是晚餐的时间。晚餐的菜肴与午餐很接近。通常比午餐简单，只包括开胃菜和主菜。通常，俄罗斯人的宴请或宴会的第一道菜肴是汤。传统上，俄罗斯的汤称为菜粥（Khlebovo 或 Pokhlyobka），因为汤中常有燕麦片。因此，俄式汤具有开胃的特点，讲究原汤的浓度及调味技巧。著名的俄罗斯汤包括酸菜汤（Schi）、罗宋汤（Borsch）、酸黄瓜汤（Sassolnik）、冷克拉斯汤（Okroshka）和什锦汤（Solyanka）。通常，一餐的最后一道菜是蛋糕、水果或巧克力甜点等。

第二节　著名的菜系

俄罗斯菜常使用禽肉、海鲜、家禽、鸡蛋、奶酪、酸奶酪、蔬菜和水果等为原料。俄罗斯菜有多种口味，包括酸、甜、咸和微辣等味道，并注重以酸奶油调味。其冷菜特点是原料新鲜并生食。例如，生腌鱼、新鲜蔬菜、酸黄瓜等。俄罗斯著名的菜系如下。

一、中央联邦管区菜系

中央联邦区是俄罗斯的 7 个联邦区之一。中央是指政治及历史上的中央而言；在地理上，其实它在整个俄罗斯的西部。中央联邦区菜系有鲜明的特色，广泛使用马铃薯、畜肉、鸡蛋、蘑菇和红菜为主要原料，以制作酸甜味菜肴而著名。著名的中心联邦区风味菜肴有烩酸奶油与奶酪面条（Noodles Mixed with Cottage Cheese and Sour Cream）、烩土豆鲜蘑（Potato and Mushroom）、白菜卷瓤什锦米饭（Golubtsi）、馅瓤葡萄叶（Vine Leaves Stuffed with Rice and Meat）、荞麦饭带脆猪油丁（Buckwheat Kasha with Crackling）、煮奶酪水果馅饺子（Vareniki）、牛肉丸子汤（Galushki）、软炸肉（Fritters）、黄油鸡卷（Chicken with Butter）、酸菜土豆炖猪肉（Kapustnyak）和土豆粥（Komoviks）等（见图 7-3）。

二、高加索联邦管区菜系

高加索联邦区菜系受亚美尼亚和阿塞拜疆等的餐饮文化和烹饪特色影响，经过不断地发展和创新，逐渐形成高加索联邦区菜系。该菜系的特点是色调美观，使用较多的调味品、植物香料和干葡萄酒。肉类菜肴常以青菜作配菜并使用石榴、梅脯和干果为装饰品。高加索菜系以野外烧烤菜肴、酸奶油和特色面点而驰名。

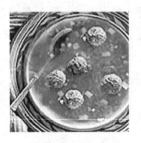

荞麦饭带脆猪油丁　　　　　　牛肉丸子汤　　　　　　　　肉冻
（Buckwheat Kasha with Crackling）　（Galushki）　　　　（Meat Jelly）

图 7-3　中心联邦区特色菜肴

三、伏尔加联邦管区菜系

伏尔加联邦管区菜系有着悠久的历史，菜肴种类繁多，也称为中东风味菜系。该菜系各种菜肴的变化随着季节的原料变化而变化。夏季菜肴充分运用当地生产的新鲜水果和蔬菜制作菜肴。冬季利用蔬菜干和果脯为菜肴配料。当地人们喜爱食用羊肉、牛肉和马肉等菜肴。这一地区菜肴味道丰富，常用的调味品有孜然、辣椒、伏牛花（Barberries）、胡荽（Coriander）和芝麻（见图 7-4）。著名的传统菜肴——什锦米饭（Uzbek PLov）享誉整个东欧地区。该菜肴不仅是当地人喜爱的日常菜肴，更是重要的节假日和宴会必不可少的菜肴。什锦米饭以大米为主要原料，配以各种香料和调味品、葡萄干、青豆和温柏果（Quince）以增加味道和美观。此外，著名的开胃菜马肉香肠（Kasy）享誉俄罗斯。人们传说，面包是当地人青睐的食品。这一地区的人们以传统的工艺制作面包，将面团贴在烤炉内的炉壁上，用自然的明火将面包烤成金黄色。人们携带面包时，将面包放入草篮中，将草篮放在头顶上，以示对面包的尊敬。其中，具有地区特色的面包是扁平的圆饼式面包，称为囊（Patyr）。该面包放有羊油以帮助面团发酵及增加面包的新鲜度和贮存时间。同时，当地人经常将这种面包放入汤中，一起食用。伏尔加联邦管区汤菜别有风味，味道浓郁，常以胡萝卜、白萝卜、洋葱和其他青菜为主要原料，放入牛肉原汤或羊肉原汤中并调以植物香料。著名的风味汤菜有牛肉末蔬菜大米粥（Mastava）和羊肉汤（Shurpa）等。当然，扒羊肉（Shashlyk）和油炸甜饺（Samsa）是伏尔加联邦管区著名而传统的名菜。

图 7-4　伏牛花（Barberries）

四、西伯利亚联邦管区菜系

西伯利亚联邦区菜系有悠久的历史。由于西伯利亚地区气候寒冷，因此该地区菜肴油大，味道浓郁，菜肴中常放入较多的黄油。著名的主菜——水饺（Pelmeni）名誉东欧各国。该菜肴上桌前倒入少量醋，并撒上新磨碎的胡椒。人们在夏季喜爱由奶制品和蔬菜为原料制作的菜肴，而冬季青睐畜肉与酸菜制成的菜肴。西伯利亚菜肴种类较多，制作精细。著名的菜肴有鸡蛋蔬菜沙拉（Okroshka）和牛奶烩鲜蘑（Gruzdianka）等。

第三节　俄罗斯菜的特点

一、原料特点

俄罗斯的主要农作物有小麦、大麦、燕麦、玉米、水稻和豆类。畜牧业主要为养牛、养羊、养猪等。俄罗斯生产土豆、圆白菜、胡萝卜和洋葱等，新鲜的时令蔬菜和水果较少。同时，海产品比较丰富。因此，俄罗斯菜常使用禽肉、海鲜、家禽和鸡蛋、奶酪、酸奶酪、蔬菜和水果等为原料。

二、生产特点

俄罗斯菜肴的特点是选料广泛、讲究制作、加工精细、色泽鲜艳、味道多样、油大、味重。由于俄罗斯人喜欢酸、甜、辣、咸等不同的菜肴味道，因此，在烹调中多用酸奶油、奶酪、柠檬、辣椒、酸黄瓜、洋葱、黄油、小茴香和香叶等作为调味品。俄罗斯菜有多种烹调方法，然而以烤、炖和煎著称。

三、传统的俄罗斯菜

传统的俄罗斯菜肴有黑鱼子酱（Caviar）、什锦肉冻（Holadets）、鱼肉冻（Fish Jelly）、咸鲱鱼（Salted Herrings）、罗宋汤（Borsch）、什锦蔬菜肉汤（Solyanka）、鲜蘑汤（Mushroom Soup）、高加索焗鸡盅（Chakhokhbily）、黄油鸡卷（Chicken with Butter）、串烤羊肉（Lamb Shashlik）、煎牛肉条酸奶鲜蘑汁（Beef Stroganoff）、煎鲑鱼饼（Cotletki Siemgoi）、俄式炸猪肉丸带番茄少司（Russian Croquette Tomato Sauce）、酸菜炖肉（Meat Schi with Sauerkraut）、炖辣牛肉（Beef Goulash）、烩羊肉块（Ushnoye）、黄油煎鸡肉排（Pozharskiye Chops）、烤鹅瓤苹果（Goose with Apple）、焖肉末蔬菜米饭（Golubtsy）、西伯利亚水饺（Pelmeni）、焗鲈鱼（Baked Perch）、炸鲟鱼排（Sturgeon Fried in Portions）、酸苹果煎饼（Apple Pancakes）、烤瓤馅盒子（Kulebiaka）、烤蛋糕（Kulich）、开放式瓤馅排（Rasstegai）等。（见图7-5）

鸡蛋蔬菜沙拉
（Okroshka）

西伯利亚水饺
（Pelmeni）

焗炒牛肉条和鲜蘑
（Beef Stew Stroganoff）

图 7-5　传统的俄罗斯菜

本章小结

　　俄罗斯是具有悠久文化的历史大国，对世界文化有着重要的影响，其中包括餐饮文化。俄罗斯是著名的西餐大国之一，其餐饮文化源远流长。当今，俄国菜肴不仅指俄罗斯民族菜肴，它更具有广泛的含义。其中包括俄罗斯各民族菜肴和附近各国和各地区的菜肴。近年来，俄罗斯在与其他国家的文化交流中，不断融合烹饪技艺和餐饮文化。因此，许多菜肴由法国、意大利、奥地利和匈牙利等国传入俄罗斯，经与本国餐饮原料和烹调技术融合而形成了独特的俄罗斯菜。俄罗斯菜有多种口味，如酸、甜、咸和微辣等，并注重以酸奶油调味。

思考与练习

1. 判断对错题

（1）罗宋汤也称为红菜汤，是俄罗斯著名的菜肴之一。

（2）俄罗斯人喜欢酸、甜、辣、咸等不同的菜肴味道。因此，在烹调中多用酸奶油、奶酪、柠檬、辣椒、酸黄瓜、洋葱、黄油、小茴香和香叶作为调味品。

（3）伏尔加联邦区菜系有悠久的历史，菜肴种类繁多，也称为中东风味菜肴。

（4）俄罗斯人习惯于清淡的大陆式早餐，喝汤时常伴随黑面包，喜欢食用黄瓜和西红柿制成的沙拉，喜欢食用鱼类菜肴和油酥点心。

（5）馅饼对传统的俄罗斯人是节日与喜庆的日子必不可少的菜肴。俄罗斯人认为，馅饼代表"节日"和"丰收"。

2. 思考题

（1）简述俄罗斯人的餐饮习俗。

（2）简述俄罗斯菜的内涵。

（3）简述俄罗斯餐饮的发展。

（4）简述俄罗斯的面包文化。

（5）对比分析俄罗斯各菜系的不同特点。

第8章

其他各国餐饮文化与菜系

本章导读

希腊菜以其营养丰富、健康并具有悠久的历史文化而著名。西班牙菜以其味道清新、色彩丰富且不断地创新而著称。德国菜以制作朴实、口味浓郁而享誉世界。本章主要对希腊、西班牙和德国餐饮文化与菜系进行总结和阐述。通过本章学习，读者可以具体了解希腊、西班牙和德国的餐饮发展、餐饮习俗及其著名的菜系文化与菜肴制作特点等。

第一节 希腊餐饮文化与菜系

一、希腊餐饮文化

1. 希腊地理概况

希腊共和国位于欧洲东南部的南巴尔干半岛，陆地北面与保加利亚、马其顿及阿尔巴尼亚接壤，东部与土耳其接壤，濒临爱琴海，西南临地中海，人口约1000万。希腊拥有悠久的历史，是文明古国，是欧洲文明的发源地。通过雅典和其他地方的历史遗迹，证明了古希腊不朽的文明。公元前1050年至公元前31年，古希腊为人类创造了举世瞩目的艺术、建筑、绘画、雕刻和装饰等艺术作品。古希腊的文明不仅影响本土，而且对爱琴海周围的岛屿、土耳其西部地区、意大利南部地区和西西里岛都有着巨大的影响。公元300年，古希腊的文化和艺术影响到埃及和叙利亚，并在哲理、文学、诗歌、戏剧、石头庙宇和纪念碑、人的雕像和花瓶艺术等方面对欧洲产生了较大的影响。

2. 希腊餐饮发展

尽管希腊的土地面积不大，是个岛屿国家，然而其菜肴特色和烹调风格享誉世界，影响着整个欧洲，并吸引着世界旅游者。希腊菜系作为地中海餐饮的重要组成部分，有着悠久的历史，它的烹调特色受本国的食品原料及土耳其、中东和巴尔干半岛等餐饮文化影响，逐渐形成了自己的菜肴特色。由于希腊盛产海鲜、植物香料、橄榄油、葡萄酒和柠檬等，为希腊菜肴制作打下良好的基础，也为希腊菜肴增添了特色。人们总结说，希腊生产的特色奶酪——新鲜的菲达（Fresh Feta）、罗曼诺（Romano）和恺撒力（Kasseri）配以当天生产的鲜面包是希腊人的享受。在希腊的海边城市，到处是繁忙的酒店、餐厅和游客。厨师们整天忙于烧烤、煎炸和烹制各种海鲜菜肴。希

图 8-1　希腊的古堡式风味餐厅

腊有 4000 余年的烹调史，希腊菜种类繁多，烹调方法灵活多样。历史上世界第一本烹调著作在公元前 330 年，由希腊人——安吉思奎特斯（Archestratos）撰写。希腊菜之所以世界著名，首先归功于它的悠久历史和餐饮文化，其次是优越的地理位置，丰富的食品原料——新鲜的海鲜、水果、蔬菜、畜肉和奶制品，再次，希腊是著名的橄榄油和植物香料出产地。由于希腊菜选用当地的新鲜食品原料，厨师科学地搭配香料和调味品，使希腊菜肴味道丰富、新鲜及有特色，从而受到世界各国人民的好评并成为国际上知名的美食。（见图 8-1）

3. 希腊餐饮习俗

希腊属于地中海气候，温和湿润，阳光充足，雨量充沛，适宜种植豆、麦、葡萄、橄榄等作物。传统上，古希腊人的主食是面包和麦片粥。他们常吃蔬菜、水果、豆类、坚果和鱼；除了饲养的猪和偶尔捕获的鹿、野兔等野味，很少吃其他肉类。他们用芝麻、蜂蜜等作调料（当时糖还没有出现）。一些专家考证，葡萄酒是由希腊人首先发明的，并由罗马人推广至全世界，应当说希腊人是葡萄酒的鼻祖。目前，希腊每年葡萄酒的总产量约 5 亿公升，甜白葡萄酒占了 60%，克里特岛与圣托里尼岛是葡萄酒的两大产地，那里生产的葡萄酒通过其发达的海洋运输送到了世界各地。在古希腊人的生活中，橄榄是相当重要的食材，它也可以作为药物，还可以提炼成化妆品，榨出的油也可作为照明之用。古希腊人的饮食相当简朴，一顿丰盛的希腊大餐仅包括一个热汤或葡萄酒，一道莴笋沙拉，一道热的肉菜或是海产品，加上一小篮面包。

当今，希腊人的早餐比较清淡，午餐包括汤、奶酪、鸡蛋、蔬菜、海鲜和肉类菜肴及面点。希腊人喜爱下午茶。下午茶包括各式蜂蜜皮塔（Fila Pastries）、黄油小点心、希腊浓咖啡等。晚餐（正餐）除了包括各式开胃菜、主菜和甜点，还包括当地出产的新鲜水果。其中主要的品种有无花果、橘子、苹果和西瓜等。希腊人的开胃菜常用黑鱼子、鸡肝、奶酪、热丸子和拌蔬菜等。希腊人喜爱与家人或朋友聚会并一起用餐。他们觉得与家人或朋友用餐是一种享受、休闲和乐趣。在希腊繁忙的餐厅用餐可以体会到希腊人的餐饮社交活动。希腊字"Symposium"有着深刻

和悠久的含义。其含义是与朋友一起用餐，深深表达希腊人的餐饮习惯。

二、著名的希腊菜系

希腊菜系有着悠久的历史及明显的特色。菜肴的味道常随着季节和区域的变化而变化，其生产风格受古罗马及欧洲各国的影响。同时，受古希腊人的清淡餐饮风格的影响。人们总结，希腊菜系的特点来源于地中海地区人们饮食习惯的组合：基于小麦、橄榄油和葡萄酒及少量的海鲜、肉类、丰富的蔬菜和水果为主要原料组成的菜系。这种主要的特色影响到现代希腊菜系的风格。根据调查，希腊菜可分为2个菜系。

1. 传统希腊菜系（Ancient Greek cuisine）

传统希腊菜系也称为希腊农民菜系。其特点是清淡，突出地中海地区的原料特点：小麦、橄榄油和葡萄酒。这种菜系的特点是以蔬菜、豆类、米饭和海鲜为基本原料，将鱼、海鲜、蔬菜和豆类一起炖煮、烘焙或填馅，而生产出别具一格的希腊菜肴。其中，烤全鱼和烤章鱼是很具有代表性的菜肴。

2. 拜占庭菜系（Byzantine cuisine）

拜占庭菜系与法国古典派菜系的特点很相似，其特点受古希腊著名的医生——盖伦（Galen，见图8-2）的影响，菜肴的制作中使用了较多的植物香料。包括肉豆蔻、牛至、柠檬、罗勒等。拜占庭菜系还受益于其发源地的地理位置，距离君士坦丁堡（Constantinople）比较近。该城市当时是全球植物香料的交易中心。在新的食品原料基础上，该菜系结合了希腊传统的清淡风格。此外，该菜系的形成还受到历史上的欧洲东南部和亚洲西南地区及巴尔干半岛地区的餐饮文化影响。

图8-2 盖伦
（Galen）

三、希腊菜的特点

1. 原料特点

根据研究，12世纪，希腊的食品原料不断地丰富和发展，马铃薯、西红柿、菠菜、香蕉、咖啡、茶在希腊广泛地使用。当时，希腊人开发了鱼子酱（Caviar）、鲱鱼（Herring）茄子及树叶肉夹（Dolmades）等菜肴，并使用葡萄叶代替传统的无花果叶。在爱琴海（Aegean）和爱比勒斯（Epirus）地区不断地试制新的奶酪品种。例如，开发了两种著名的奶酪：蜜紫拉（Mizithra）和菲特（Feta）。在东罗马帝国时代，罗马人创造了布丁、蜂蜜大米布丁、橘子酱等。当时还以葡萄酒为原料，放入茴香、乳香等调味品制成利口酒。在各岛屿，特别是奇奥岛（Chios）、莱兹波斯岛（Lesbos）、莉讷兹岛（Limnos）和塞摩斯岛（Samos），希腊人开始种植著名的马斯凯特葡萄。

当今，希腊菜的食品原料很丰富，包括海鲜、羊肉、牛肉、猪肉、家禽、蔬菜、水果和奶制品。同时，希腊是著名的橄榄油和植物香料出产地，橄榄油是希腊饮食的核心之一。当地居民普遍有生吃橄榄的习惯并用橄榄油作为食用油来烹饪和烘烤菜肴及调拌沙拉等。橄榄油富含不饱和脂肪酸，是健康的油脂，有助于降低人的胆固醇水平。希腊盛产调味品，主要包括大蒜、牛至（Oregano）、薄荷（Mint）、罗勒（Basil）和莳萝（Dill）。这些香料在菜肴烹制中可以改善菜肴的色香味形，减少烹饪中的油盐用量，使菜肴变得清淡而健康。

2. 生产特点

根据世界餐饮协会的总结，希腊菜以焗、扒、烤、烩等烹调方法见长。希腊人常将肉类菜肴与各种蔬菜搭配在一起，配以柠檬少司（Avgolemono）或肉桂番茄少司，是希腊烹调的特色。

3. 传统的希腊菜

传统而著名的希腊烤肉讲究原味，先以各式香草、柠檬汁及橄榄油腌渍后再烹调，上桌时肉质嫩、味道清新。其他传统的希腊菜有：烤菠菜与三种奶酪（Baked Spinach with Three Cheeses）、茄子派（Moussaka）、茄子西红柿沙拉（Aubergine Salad）、拌香菜鲜蘑（Mushrooms a la Grecque）、柠檬鸡汤（Greek Lemon Soup）、葡萄叶瓢米饭（Dolmathakia Me Rizi）、咸肉蔬菜汤（SoupaHoriatiki）、烤肉（Souvlaki）、烩羊肉鸡蛋柠檬少司（Arnaki Fricassee me Maroulia）、焗茄子牛肉（Roasted Beef with Aubergine）、焗虹鳟鱼（Psaria Plaki）、焗奶酪菠菜（Spanaki Psimeno）、炖什锦蔬菜（Cretan Vegetable Stew）、炖章鱼条（Ktapothi Me Saltsa）、蔬菜奶酪沙拉（Horiatiki）、蔬菜大米粥（Spanahorizo）、怪味豆泥酱（Hummus Veg）、焗茄子西红柿洋葱（Melitzanes Imam Bayldi）、烤杏仁点心（Amygthalota）、烤核桃酥（Kourabiedes）、蜂蜜酥点（Theepless）、酸奶布丁（Yaourtopita）、松仁曲奇（Halvas Tou Fournou）等。（见图8-3）

烤肉（Souvlaki）　　蔬菜奶酪沙拉（Horiatiki）　　茄子派（Moussaka）

图8-3 传统而著名的希腊菜

第二节　西班牙餐饮文化与菜系

一、西班牙餐饮文化

1. 西班牙地理概况

西班牙位于欧洲西南部，西邻葡萄牙，北濒比斯开湾，东北部与法国及安道尔接壤，南隔直布罗陀海峡与非洲的摩洛哥相望。其海岸线长约 7800 公里，境内多山，是欧洲高山国家之一。西班牙属于经济发达国家，拥有完善的市场经济，国内生产总值（GDP）居欧洲国家前列。其制造业比较发达，是世界最大的造船国和汽车生产国之一。当今，旅游业是西班牙国民经济的重要支柱产业之一。著名的旅游胜地有马德里、巴塞罗那、塞维利亚、太阳海岸和美丽海岸等。

2. 西班牙餐饮发展

根据记载，最早西班牙由腓尼基人、希腊人和迦太基人（Carthaginian）在沿海岸线各地定居，然后罗马人和摩尔人加入，定居的人范围更广泛。根据研究，西班牙传统菜和烹调方法受犹太人、摩尔人（Moors）及地中海各国饮食文化的影响。其中，摩尔人对西班牙的烹调特色和菜肴特点起着重要的作用。历史上，从美洲大陆进口的马铃薯、西红柿、香草、巧克力、菜豆、南瓜、辣椒和植物香料对西班牙的菜肴特色和质量也起着极大的推动作用。由于西班牙生产优质的大蒜，大蒜在西班牙菜肴制作中具有重要作用。著名的大蒜菜肴有炒蒜味鲜虾（Gambas al Ajillo）、大蒜炒鲜蘑（Champignon al Ajillo）、蔬菜大蒜汤（Sopa Juliana）。通常，西班牙菜肴中的少司放入雪利酒（Sherry）以增加菜肴的味道。西班牙是美食家的天堂，每个地区都有著名的饮食文化及特色的餐饮。其菜肴品种繁多，口味各异。

3. 西班牙餐饮习俗

西班牙人早餐常在 8 点至 10 点的任何时候，常食用烤面包片、甜点、热咖啡、巧克力牛奶等。午餐时间约在下午 2 点，食用 2~3 道菜肴；正餐（晚餐）常在晚上 10 点。他们的正餐菜肴常是沙拉、奶酪、焖烩的肉类或海鲜、面包和甜点等。下午约 6 点是下午茶时间，食用一些小吃等。小吃（Sapas）在西班牙饮食文化中占有重要位置。

二、著名的菜系

由于西班牙地理位置和气候原因，各地出产的食品原料不同，使西班牙菜形成多种风味。西北部的加利西亚地区（Galicia）继承凯尔特人（Celtic）的传统餐饮习惯，当地以烹制小牛肉、肉排、鱼排和鲜贝菜肴见长；沿海东部的阿瑟图里亚斯地区（Asturias）以烹制菜豆、奶酪、炖菜豆猪肉（Fabada）为特色；巴斯科人（Basque）居住区以烹制鱼汤、鳗鱼、鱿鱼和干鳕鱼见长。卡特卢那地区（Cataluna）以当地盛产的海产品、新鲜的畜肉、家禽为主要原料，结合蔬菜和水果创建了现代西班牙菜肴。巴伦西亚（Valencia）是著名的大米生产地，当地的海鲜炒饭（Paella）代表了西班牙的特色菜肴，在国际上有很高的知名度。安德鲁西亚（Andalucia）位于西班牙南部，天气炎热、干旱。当地生产葡萄和橄榄。著名的西班牙冷蔬菜汤（Gazpacho）发源于该地。现代西班牙菜肴使用当地生产的原料，融合了以上各地区的烹调特色。

三、西班牙菜的特点

1. 原料特点

西班牙是个资源丰富、经济发达的国家，其园艺业在世界上占有重要地位，同时也是葡萄、橄榄、柑橘、土豆和辣椒的著名产区，其沿海盛产各种鱼类。同时，西班牙还是美食者的天堂，每个地区都有著名的餐饮文化和特色菜肴。猪和牛是西班牙主要的饲养牲畜，头数分别占所有畜类的 41.5% 和 28.1%，其羊肉的产量居欧盟第二位。此外，橄榄种植面积和橄榄油的产量均为世界第一。西班牙捕鱼产量居欧盟国家的前列。

2. 生产特点

西班牙菜肴品种繁多，口味独特，受到各国游客的青睐。在生产中，其特色和味道的形成像其他加勒比海国家一样，与橄榄油和大蒜及植物香料分不开。然而，不同的地区，其菜肴的风味和特色不同。其原因是受到当地的食品原料与人们的用餐习俗与餐饮文化影响。西班牙菜注重原料的选择和调味方法，使菜肴形成软、嫩并具有独特的味道。其常用的调味品包括番茄酱、辣酱、柠檬汁、胡椒粉、香菜酱等。

3. 传统的菜肴

西班牙冷菜汤（Gazpacho Soup）、烤乳羊（Lechazo Asado）、扒乳羊排（Chulletillas）、炸油酥棒（Churros）、西班牙海鲜饭（Paella）和各种小吃都是西班牙著名的传统菜（见图 8-4）。

（1）海鲜饭

西班牙海鲜饭是西班牙人的骄傲，有着悠久的历史。根据研究，大米最早由摩尔人带入西班牙，海鲜饭的制作受摩尔人饮食文化的影响，多年来根据西班牙各地的食品原料与不同的饮食习惯有了很大的发展和变化。因此，西班牙海鲜饭的种类很多。然而，海鲜饭的颜色多为黄色，这是因为海鲜饭中使用了调味和调色的材料——藏红花。藏红花是一种黄色的植物粉末，它不仅充满香味，更可以去除海鲜饭中的腥味。

西班牙海鲜饭
（Paella）

烤乳羊
（Lechazo Asado）

牛肉薄饼卷
（Beef Bean Burritos）

图 8-4 传统且著名的西班牙菜

（2）小吃

西班牙小吃（见图 8-5）是指餐前开胃的小菜或下午茶的各式点心和小食品。

小吃在西班牙的饮食文化中占有重要的位置。西班牙小吃种类繁多，包括肉类、海鲜类和素菜类等。其中，又分冷菜和热菜。冷菜主要包括三明治、腌渍的蔬菜和橄榄、火腿肉等。热小吃基本上是油炸或烤制的菜肴。例如，炸小墨鱼、炸鸡翅膀、烤酥虾、香蒜虾、蒜蓉蘑菇等。

图 8-5 西班牙小吃（Spanish Tapas）

第三节　德国餐饮文化与菜系

一、德国餐饮文化

1. 德国地理概况

德意志联邦共和国，简称德国，位于欧洲中部，北部面临北海、丹麦和波罗的海；东部与波兰和捷克接壤；南部临近奥地利和瑞士；西部与法国、卢森堡、比利时和荷兰连接。城市面积占全国总面积的 85%，农村占 15%。主要民族为日耳曼人，占全国总人数的 96%；其他民族包括土耳其人、波兰人、意大利人等。德国是有着悠久历史和文化的国家，根据历史学家塔西佗（Tacitus）在公元 98 年的记录，德国各族人民在这块土地已经生活了几千

图 8-6 巴伐利亚（Bavaria）夜晚

年。德国有 51 处世界文化和自然遗产，数量仅次于意大利、中国，排名世界第三。（见图 8-6）

2. 德国餐饮发展

德国餐饮在德国的文化中占有重要地位，以传统的巴伐利亚菜系而享誉世界。通过世界著名的神话故事可以证明德国餐饮文化的意义：汉泽尔和格雷泰尔（Hansel and Gretel）兄妹二人在森林中发现了由姜味面包和糖果制成的小屋。18世纪中期，腓特烈大帝二世（King Frederick the Great，1712—1786）将土豆引进了德国，此后，土豆成了德国人的主要食品原料之一。19 世纪 60 年代，在巴伐利亚地区流行以面条、马铃薯丸子和猪肉为原料的菜肴。根据 1847 年烹调书籍的记录，19 世纪，德国人开始制作各种泡菜、香肠及以甜菜为原料制成的菜肴。20 世纪，以面粉、牛奶和猪油为原料的菜肴和面点出现在人们的餐桌上。

3. 德国餐饮习俗

德国由于身处欧洲大陆中心，饮食文化与内陆地区的物产分布紧密相关。整体而言，德国喜爱肉类菜肴，土豆常作为肉类与海鲜或香肠的配菜。德国人每日习惯三餐。早餐和晚餐比较清淡，午餐和早餐的食品都比较丰盛。早餐包括咖啡、茶、各种果汁、牛奶、各种面包、黄油、奶酪、果酱、香肠、火腿、嫩煮的鸡蛋、蜂蜜和麦片粥等。午餐包括肉类菜肴、马铃薯、汤、三明治和砂锅菜（Casserole）。德国人的早午餐时间约在上午 10 点钟，吃一些冷饮或热饮、甜点或小食品。德国人有喝下午茶的习惯，下午茶经常包括香肠、啤酒和小食品等。德国人正餐时间大约在晚上 7 点，正餐菜肴包括奶酪、冷肉类开胃菜、各式主菜、面包、汤和甜点等。德国人的夜餐常包括香肠、奶酪、三明治、甜点和咖啡等（见图 8-7）。一些德国人喜爱酸甜味的菜肴，特别是城市中的德国人。因此，水果常作为肉类菜肴的配菜。德国菜肴常用的食品原料有各种畜肉、海鲜、家禽、鸡蛋、奶制品、水果和蔬菜等。一些菜肴以啤酒为调味品，使菜肴别有风味。此外，德国人喜欢喝啤酒。

图 8-7　德国著名的奶酪与香肠

二、著名的菜系

现代德国菜除了传统的烹调特色，还融合了法国、意大利和土耳其等国家的优秀烹调技艺，根据其各地的食品原料和饮食习惯形成了不同的地方菜系。德国菜系常以地理位置来区分。这是因为不同的地理区域和气候条件，其食品原料和餐饮习惯不同。此外，受邻国的餐饮文化和制作特点等的影响，形成了不同地区的菜系。南部菜系以巴伐利亚（Bavaria）和斯瓦比亚地区（Swabia）菜肴特色为代表，受邻国瑞士和奥地利及捷克等国家的菜肴风格影响，特别是南部的小香肠（Wüstchen）闻名于欧洲各国。西部菜受法国东部地区的影响；在北部地区的汉堡和柏林，鳗鱼汤（Aalsuppe）和烩海鲜（Eintopf）是著名的传统菜。总体而言，德国菜不像法国菜那样有明显的特色。同时，德国菜以酸、咸口味为主，味道较为浓重，菜肴的花样千变万化。

三、德国菜的特点

1. 原料特点

德国是畜肉消费国，尤其是猪肉，其次是牛肉与家禽，羊肉消费量不高。家禽包括鸡、鸭、鹅和火鸡等。德国是香肠消费大国。目前，整个国家的香肠种类约1500种。德国盛产水产品、蔬菜、粮食和水果。德国的莱茵河（Rhine）、易北河（Elbe）和奥的河（Oder）盛产鲑鱼、梭子鱼、鲤鱼和鲈鱼。德国的海产品以鲱鱼和三文鱼而著称。除此之外，德国是世界著名的葡萄酒和啤酒生产国。德国的肉制品丰富，种类繁多，德国菜中有不少是用肉制品制作的菜肴，仅香肠一类就有上百种，著名的法兰克福香肠早已驰名世界。

2. 生产特点

德国菜肴的生产方法源于古代的菜肴烹制方法和植物香料的使用。其生产方法包括腌渍、熏制、酸渍、烤、焖、串烧和烩等，并使用较多的植物香料。例如，酸渍鲱鱼（Matjes），经过醋和红酒腌渍的牛肉并通过烤制成熟（Sauerbraten）。现代的德国菜除了受到法国菜和意大利菜肴的生产特点影响，正朝着清淡和健康的方向发展。

3. 传统的德国菜

（1）德国酸菜（Sauerkraut）

德国酸菜是德国传统的开胃菜肴，以卷心菜或甜菜（紫菜头）经腌制而成。德国酸菜主要用于肉类菜肴如香肠等的配菜，也用于制作汉堡包与三明治。酸菜的制作历史可追溯到古希腊和罗马帝国时期。16世纪，酸菜在东欧国家盛行，随着犹太人的迁徙，西欧北部的一些国家也慢慢接受了酸菜。当今，在德国、荷兰和波兰，酸菜成了冬天必备的食物。

（2）巴伐利亚白香肠（Weisswurst）

巴伐利亚白香肠（见图 8-8）是德国香肠的代表品种之一，由剁碎的小牛肉和烟熏的猪肉为原料制成，调味品包括香芹、肉豆蔻、葱、姜、柠檬和洋葱等。香肠长度约 4~5 英寸。食用这种香肠，首先要去掉肠衣，其次要与甜味的芥末酱一起食用。传统上，这种香肠不添加任何味精和添加剂，采用天然肠衣，表面略为粗糙，外形凹凸不平。因为这种香肠的生产全过程为手工。

图 8-8　巴伐利亚白香肠

（3）史多伦面包（Stollen）

史多伦面包是指德国人在圣诞节食用的果子面包，其名称源自其东部的德累斯顿（Dresden）。这款面包象征着带给耶稣的礼物。德国人在圣诞节来临之际以分享面包的形式，纪念耶稣。史多伦面包的制作常需提前将干果浸泡在白葡萄酒中入味，面团中加入各式香料，烘烤后的面包趁热刷上黄油，冷却后撒上糖粉，使各种浓郁的果香与酒香得以释放。

其他传统的德国菜有蔬菜沙拉（Rohkostsalatteller）、鲜蘑汤（Schwammerl-suppe）、蔬菜烩牛肉（Schmierwurst）、柏林式炸猪排（Fried Pork Berlin Style）、焗鱼排（Fischragout）、红酒焗火腿（Schinken in Burgunder Wein）、嫩炖煮肉（Schweinebraten）、香肠卷心菜（Kohl und Pinkel）、扒香肠（Bratwurst）、土豆盒子（Klöße）、姜味面包（Gingerbread）、哥伦少司（Green Sauce）、瓢馅猪肚（Saumagen）、洋葱咸肉排（Zwiebelkuchen）、图林根小香肠（Thuringian Bratwurst）、咸肉煎饼（Speckpfannkuchen）、炖多味牛肉（Sauerbraten）、煮香肠片配炸薯条（Currywurst）、土豆沙拉（Kartoffelsalat）、烩黑椒牛肉（Pfefferpotthast）等。（见图 8-9）

扒香肠
（Bratwurst）

土豆和酸菜
（Sauerbraten）

炖多味牛肉烤鸡肉卷
（Geflügel-Saltimbocca）

图 8-9　传统且著名的德国菜

本章小结

　　希腊菜系有着悠久的历史，它的烹调特色受本国的食品原料及土耳其、中东和巴尔干半岛等餐饮文化影响，逐渐形成了自己的菜肴特色。由于希腊盛产海鲜、植物香料、橄榄油、葡萄酒、柠檬等，为希腊菜肴制作打下良好的基础，也为希腊菜肴增添了特色。

　　由于西班牙地理位置和气候原因，各地出产的食品原料不同，使西班牙菜形成多种风味。西北部的加利西亚地区继承凯尔特人的传统餐饮习惯，以烹制小牛肉、肉排、鱼排和鲜贝菜肴见长；沿海东部的阿瑟图里亚斯地区以烹制菜豆、奶酪、炖菜豆猪肉为特色；巴斯科人居住区以烹制鱼汤、鳗鱼、鱿鱼和干鳕鱼见长；卡特卢那地区以当地盛产的海产品、新鲜的畜肉、家禽为主要原料，结合蔬菜和水果创建了现代西班牙菜肴。巴伦西亚是著名的大米生产地，当地的海鲜炒饭代表了西班牙的特色菜肴，在国际上有很高的知名度。安德鲁西亚位于西班牙南部，著名的西班牙冷菜汤发源于该地。现代西班牙菜肴使用当地生产的原料，融合了以上各地区的烹调特色。

　　现代德国菜融合了法国、意大利和土耳其等国家的优秀烹调技艺，根据其各地的食品原料特色和饮食习俗形成了不同的地方菜系。德国菜系以地理位置来区分。南部菜以巴伐利亚和斯瓦比亚地区菜肴特色为代表，受邻国瑞士和奥地利及捷克等国家的菜肴风格影响。西部菜受法国东部地区的影响。总体而言，德国菜不像法国菜系那样具有明显的特色，以酸、咸口味为主，味道较为浓重，菜肴的种类千变万化。

思考与练习

1.判断对错题

（1）尽管希腊的土地面积不大，是个岛屿国家，然而其餐饮文化、菜肴特色和烹调风格享誉世界，影响着整个欧洲。

（2）古希腊人的饮食相当简朴，一顿丰盛的希腊大餐仅包括一个热汤或葡萄酒，一道莴笋沙拉，一道热的肉菜或是海产品，加上一小篮面包。

（3）由于西班牙地理位置和气候原因，各地出产的食品原料不同，使西班牙菜形成多种风味。

（4）12世纪，希腊的食品原料不断地丰富和发展，马铃薯、西红柿、菠菜、香蕉、咖啡、茶在希腊广泛地使用。

（5）德国餐饮在德国的文化中占有重要地位，以传统的巴伐利亚菜系而享誉世界。

2. 思考题

（1）简述德国菜的生产特点。

（2）简述西班牙著名菜系的特点。

（3）简述希腊人的餐饮习俗。

（4）简述西班牙海鲜饭的特点。

（5）对比分析希腊不同的菜系及其特点。

第 9 章

西餐食品原料

本章导读

食品原料的种类和质量与西餐菜肴质量和特色紧密相关。本章主要对西餐食品原料进行系统的介绍和总结。通过本章学习，读者可详细了解奶制品的种类与特点及其在西餐中的作用。同时，熟知家禽、鸡蛋、畜肉、水产品、蔬菜、淀粉类原料、水果、香料和常用调味酒的特点及其在西餐中的应用。

第一节　奶制品

奶制品（Milk Products）是西餐不可缺少的食品原料，包括牛奶、奶粉、奶油、黄油和各种奶酪等。奶制品在西餐中的用途广泛，一些食品原料既可以作为原料又可以直接食用；而另一些食品原料仅作为菜肴的原料。

一、牛奶

牛奶（Milk）种类较多，包括全脂牛奶、低脂牛奶和撇取牛奶。它们各有不同的用途，满足不同西餐产品的市场需求。牛奶可制成奶油、脱脂牛奶、奶粉、冰激凌和各式各样的奶酪。未经消毒的奶称为生奶。一般而言，生奶不能直接饮用，必须经过灭菌才能饮用。

（1）全脂牛奶（Whole Milk）是未经撇取奶油的牛奶，含有约 3.25% 的乳脂。全脂牛奶静态时分为两部分：上部是漂浮的奶油，下部是非奶油物质。为了使牛奶的奶油和其他物质融为一体，牛奶通常要经同质处理。所谓同质处理就是将牛奶倒入高速搅拌机进行加工，使奶油和其他物质搅拌为一体。同质后的牛奶冷藏数天后，仍可保持统一的整体。

（2）低脂牛奶（Low-fat Milk）。经过提取部分奶油后的牛奶，通常含0.5%~2%的乳脂。

（3）撇取牛奶（Skim Milk）。提取全部乳脂后的牛奶，几乎不含乳脂。

（4）冷冻牛奶（Ice Milk）。带有糖和调味品的牛奶，经冷冻制成。包含2%的乳脂。

（5）冷冻果汁牛奶（Sherbet）。由牛奶和果汁混合而成，通常包含1%~2%的乳脂。

二、炼乳

炼乳（Evaporated Milk）是指脱去部分水分的全脂牛奶。通常脱去50%的水分，配以白糖制成。

三、奶粉

奶粉（Dry Milk）是指经脱水的全脂牛奶或低脂牛奶，成品为淡黄色粉末，用水调制后与牛奶相似。

四、酸奶

酸奶（Buttermilk），即将乳酶放入低脂牛奶，经发酵制成的带有酸味的液体牛奶。

五、酸奶酪

酸奶酪（Yogurt），即将乳酶放入全脂牛奶中发酵制成的带有酸味的半流体产品。（见图9-1）

图9-1 酸奶酪（Yogurt）

六、奶油

奶油（Cream）是乳黄色的半流体。常用的奶油有四种：普通奶油、配制奶油、浓奶油和酸奶油。奶油和酸奶油广泛用于西餐的各种汤、菜肴和点心。

（1）普通奶油（Regular Cream），称为咖啡奶油或清淡型奶油，含18%的乳脂，用于汤和少司（调味酱）的制作，伴随咖啡等。

（2）配制奶油（Half-and-half Cream），含有10%~12%的乳脂。用全脂牛奶与普通奶油（18%的乳脂）配制而成，伴随咖啡。

（3）浓奶油（Heavy Cream），称为搅拌奶油，含有30%~40%的乳脂，打成泡沫状后，用于制作点心和菜肴。

（4）酸奶油（Sour Cream），是经乳发酵的普通奶油，带有酸味。用于制作少司、汤和面点。

七、冰激凌

冰激凌（Ice Cream）是由奶油、牛奶、鸡蛋、糖类和调味品制成的甜点。它包含约 10% 的乳脂。

八、冷冻奶油

冷冻奶油（Ice Cream）是将奶油、糖和调味品混合冷冻制成的甜点。它包括约 10% 的乳脂。

九、黄油

黄油（Butter）是从奶油中分离出来的油脂，在常温下为浅黄色固体。黄油脂肪含量高，平均 2 千克奶油可制成 0.5 千克黄油。黄油含有丰富的维生素 A、维生素 D 及无机盐，气味芳香并容易被人体吸收，用途广泛，可直接食用或作为调味品。

十、奶酪

奶酪（Cheese）是由牛奶或羊奶制成的奶制品。牛奶在凝乳酶的作用下浓缩，凝固，再经过自然熟化及人工加工制成。奶酪有各种颜色，营养丰富，通常为白色和黄色，呈固体状态。奶酪具有各种奇异的香味、营养丰富，既可直接食用，也可制作菜肴。（见图 9-2）奶酪在西餐制作中用途很广，许多带有奶酪的菜肴、汤、调味酱和甜点很受欧美人的青睐。奶酪还是沙拉和沙拉酱的理想原料。欧美人喜爱带有奶酪的开胃菜、三明治和汉堡包。奶酪应当保鲜并冷藏储存，硬度较大的奶酪比硬度小的品种容易储存。质地柔软的奶酪容易变质，储存期短。经熟化的奶酪可在冷藏箱中储存数个星期。奶酪在常温下味道最佳。为了避免奶酪的黏性增加，烹调时应使用适当的火候，缩短烹调时间。常用的奶酪烹调温度为 60℃。在制作调味酱时，奶酪是最后放入的原料。烹调前应先将奶酪切碎，使其均

图 9-2　荷兰的奶酪市场

匀地溶化。同时，应根据各种菜肴特点选用不同品种的奶酪。三明治选用味厚的天然奶酪；沙拉的装饰品应选用味道温和的奶酪。奶酪有许多种类，分类方法也不同，最简单的方法可将奶酪分为两大类：天然奶酪与合成奶酪。

1. 天然奶酪

天然奶酪是经过成型、压制和自然熟化制成的奶酪。由于使用不同的微生物和熟化方法，使奶酪具有不同的风味和特色。著名的瑞士奶酪（Swiss）、奇德奶酪（Chedder）、歌德奶酪（Gouda）和伊顿奶酪（Edam）等都属于天然奶酪。它们都需要数个月的熟化才能制成。

2. 合成奶酪

合成奶酪是新鲜的奶酪和经过熟化的天然奶酪的混合体，经巴氏灭菌后制成。合成奶酪气味芳香、味道柔和、质地松软并表面光滑。其价格比天然奶酪便宜。合成奶酪有片装和块装。

3. 常用的奶酪品种及其特点

（1）美式奶酪（American）。白色或橘黄色，表面光滑，味中和，质地结实，用途广泛。多用于三明治。

（2）考特丽（Cottage）。产于美国，凝乳状颗粒，质地软，未熟化，白色，气味温和，带有酸味。用于沙拉、开胃菜的调味酱及奶酪点心。

（3）瑞可塔（Ricotta）。产于意大利，白色，略有甜味，质地软，未经过熟化。用于开胃菜、沙拉、甜菜和小食品。

（4）莫扎瑞拉（Mozzarrella）。产于意大利，质地坚固，有韧性，奶油色，未熟化，气味温和。用于小食品、三明治、比萨饼和沙拉。

（5）波利（Brie）。产于法国，表面光滑，奶油色，质地软，熟化期 4 周至 8 周，微辣味。用于开胃菜、饼干及以水果为原料的甜菜。

（6）卡芒贝尔（Camembert）。产于法国，表面光滑，奶油色，质地软，熟化期 4 周至 8 周，微辣味。用于开胃菜和水果类甜点。

（7）伯瑞克（Brick）。产于美国，有韧性，体内有小孔，熟化期 2~4 个月，质地半软，味浓郁。用于三明治和开胃菜。

（8）名斯特（Muenster）。产于德国，半固体，体内有小孔，熟化期 1 周至 8 周，气味芳醇。用于开胃菜、三明治和甜菜。

（9）希达（Chedder）。产于英国，表面光滑，质地坚硬，颜色有白色和橘黄色，熟化期 1~12 个月。熟化期短的品种味香醇；熟化期长的品种味浓郁。用于三明治、热菜、少司和甜菜。

（10）考而柏（Colby）。产于美国，熟化期 1~3 个月，质地坚硬，味温和、香醇。用于三明治和小食品。

（11）爱达姆（Edam）。产于荷兰，半固体，有奶油色和橘黄色两种，外部用红蜡包装，熟化期2~3个月，味香醇。用于开胃菜、小食品、沙拉和甜菜。

（12）歌德（Gouda）。产于荷兰，半固体或固体，黄色或橘黄色，体内有小孔，熟化期2~6个月，味香醇。用于开胃菜、小食品、沙拉和海鲜菜肴的调味酱。

（13）博罗沃隆（Provolone）。产于意大利，固体，坚实，表面光滑，外部呈浅棕色，内部呈浅黄色，熟化期2~12个月，有烟熏味和咸味，香醇，味浓郁。用于三明治和开胃菜。

（14）思维斯（Swiss）。产于美国，质地坚硬，表面光滑，奶油色，体内有较大圆孔。用于三明治、小食品和沙拉。

（15）派米森（Parmesan）。产于意大利，质地坚硬，奶油色或浅棕色颗粒状，熟化期14~24个月，味道非常浓郁，带有辛辣味。用于意大利面条、意大利馅饼和蔬菜。

（16）布鲁（Blue）。产于美国，半固体，带有蓝色花纹，熟化期2~6个月，有怪味，味浓郁、辛辣。用于开胃菜、沙拉、三明治和甜菜。

（17）罗利弗德（Roquefort）。产于美国，半固体，带有蓝色花纹，熟化期2~6个月，有怪味，味浓郁、辛辣。主要用于开胃菜、沙拉、三明治和甜菜。

第二节 畜肉、家禽与鸡蛋

一、畜肉

畜肉（Meat）是指牛肉（Beef）、小牛肉（Veal）、羊肉（Lamb）和猪肉（Pork）。畜肉是西餐的主要原料之一。西餐使用的畜肉以牛肉为主，其次是羊肉、小牛肉和猪肉。畜肉必须经过卫生部门检疫才能食用，经过检疫合格的畜肉应印有检验合格章。

1. 畜肉部位

畜肉烹调是与其部位的肉质嫩度紧密联系的。畜肉通常分为7个较大的部位，每一个部位根据其肉质的嫩度和形状又可以分为不同的肉块和用途。畜肉包括①颈部肉（Chuck）、②接近颈部的后背肉（Rib）、③接近尾部的后背肉（Loin）和里脊肉（Sirloin）、④前胸肉（Brisket）、⑤后腿肉（Round）、⑥中肚皮肉（Plate）和⑦后肚皮肉（Flank）等部位。（见图9-3）

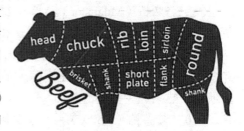

图9-3 牛肉部位

2. 畜肉级别

畜肉可根据肉的质地、颜色、饲养年龄及肉中脂肪的分布等因素划分等级。目前我国商业对牛肉、小牛肉和羊肉尚无等级划分，主要强调它们的部位。在美国将牛肉、小牛肉和羊肉分为 4 个级别：特级（Prime）、一级（Choice）、二级（Good）、三级（Standard 或 Utility）。美国酒店业和餐饮业对猪肉不分等级，只强调猪肉的卫生和检验。我国商业目前对猪肉尚无等级的划分，主要强调猪肉的部位。

二、家禽

1. 家禽概述

家禽（Poultry）是西餐不可缺少的原料。常用的家禽有鸡、火鸡、鸭、鹅、珍珠鸡和鸽等。禽肉的营养素与畜肉很相近。禽肉中含有较多的水分，易于烹调。禽肉的老嫩与它的饲养时间和部位相关。通常，饲养时间长的禽类及经常活动的部位肉质较老。欧美人习惯地将禽肉分为白色肉和红色肉。鸡和火鸡的胸脯及翅膀肉为白色肉，因为这些部位的肉中含脂肪和结缔组织较少，烹调时间短。禽的腿部，包括小腿和大腿为红色肉，因为这一部位的肉质含脂肪和结缔组织较多，烹调时间较长。鸭和鹅所有部位的肉均为红色肉。禽肉像畜肉一样，也要经过卫生检疫，不合格的禽肉不可食用。合格禽肉的包装上常印有卫生合格章。

2. 肉质组成

家禽包括鸡、鸭、火鸡和鸽等。每一种禽类根据饲养年龄和特点又可分为不同的种类。禽肉的主要组成部分是水、蛋白质、脂肪和糖等成分，水占禽肉的75%，蛋白质约占 20%，脂肪约占 5%，糖只占禽肉的很少部分。

3. 家禽级别

家禽肉常分为 3 个等级：A 级、B 级和 C 级。这些级别的划分是以家禽躯体的形状、肌肉和脂肪的含量及皮肤和骨头是否有缺陷等因素为依据的。A 级禽肉体形健壮，外观完整。B 级禽肉体形不如 A 级健壮，外观可能有破损。C 级禽肉外观不整齐。

（1）鸡（Chicken）

种　　类	特　　点
雏鸡（Cornish）	特殊喂养的小鸡，肉质非常细嫩。饲养时间 5 周至 6 周，重量为 0.9 千克以下。
童子鸡（Broiler）	小公鸡或小母鸡，皮肤光滑，肉质鲜嫩，骨头柔软。饲养时间 9 周至 12 周，重量为 0.7 千克至 1.6 千克。
小鸡（Capon）	小公鸡，皮肤光滑，肉质鲜嫩，骨头柔软性差。饲养时间 3~5 个月，重量为 1.6 千克至 2.3 千克。

续表

种　类	特　点
阉鸡（Stag）	阉过的公鸡，肉质嫩味浓，鸡胸部肉丰富，价格高。饲养时间 8 个月，重量为 2.3 千克至 3.6 千克。
母鸡（Hen）	成年母鸡，肉质老，皮肤粗糙，胸骨较硬。饲养时间 10 个月以上，重量为 1.6 千克至 2.7 千克。
公鸡（Cock）	成年公鸡，皮肤粗糙，肉质较老，肉呈深色。饲养时间为 10 个月以上，重量为 1.8 千克至 2.7 千克。

（2）火鸡（Turkey）

火鸡的种类	火鸡的特点
雏火鸡（Fryer-roaster）	年龄最小的公火鸡或母火鸡，肉细嫩，皮肤光滑，骨软。饲养时间仅有 16 周，重量常在 1.8 千克至 4 千克。
小火鸡（Young Hen 或 Young Tom）	童子鸡（Young），饲养时间较短的小母火鸡或小公火鸡，5~7 个月。肉嫩，骨头略硬，重量为 3.6 千克至 10 千克。
嫩火鸡（Yearling）	饲养时间 15 个月内，肉质相当嫩。重量为 4.5 千克至 14 千克。
成年火鸡（Mature turkey）	肉质老，皮肤粗糙。饲养时间 15 个月以上，重量为 4.5 千克至 14 千克。

（3）鸭（Duck）

种　类	特　点
雏鸭（Broiler）	小嫩鸭，嘴部和气管柔软。饲养时间 8 周内，重量为 0.9 千克至 1.8 千克。
童子鸭（Roaster）	小嫩鸭，嘴部和气管刚开始发硬。饲养时间 16 周内，重量为 1.8 千克至 2.7 千克。
成年鸭（Mature）	成年鸭，肉质老，嘴和气管质地硬。饲养时间 6 个月以上，重量为 1.8 千克至 4.5 千克。

（4）鹅（Goose）

种　类	特　点
幼鹅（Young Goose）	肉质嫩，饲养时间 6 个月以内，重量 2.7 千克至 4.5 千克。
鹅（Mature Goose）	成年，肉质老，6 个月以上，重量为 4.5 千克至 7.3 千克。

（5）珍珠鸡（Guinea）

种　类	特　点
幼鸡（Young Guinea）	肉质嫩，饲养时间约 6 个月，重量为 0.34 千克至 0.7 千克。
成年鸡（Mature Guinea）	肉质老，饲养时间约 1 年，重量为 0.45 千克至 0.9 千克。

（6）鸽（Pigeon）

种　　类	特　　点
雏鸽（Squab）	饲养时间短，肉嫩，色浅。饲养时间为 3 周至 4 周，重量为 0.45 千克。
成年鸽（Pigeon）	肉呈深色，肉质老。饲养时间为 4 周以上，重量为 0.45 千克至 0.9 千克。

三、鸡蛋

1. 鸡蛋概述

鸡蛋（Egg）是西餐常用的原料，常作为菜肴主料和少司的配料。鸡蛋由 3 个部分构成：蛋黄、蛋清和外壳。蛋黄为黄色的浓稠液体，重量约占全蛋的 31%，含有丰富的脂肪和蛋白质。蛋清也称为蛋白，其成分主要是蛋白质，重量约占全蛋的 58%。蛋壳包裹着蛋黄和蛋清，重量占全蛋的 11%。蛋壳含有小孔，人们不易观察到，蛋内的湿度会透过小孔蒸发。

2. 鸡蛋种类

（1）标准鸡蛋（Standard Eggs）

室内人工饲养的鸡下的鸡蛋。由于鸡的品种不同，鸡蛋壳有白色和棕色。但是，营养成分相等。（见图 9-4）

（2）散养鸡蛋（Free-range Eggs）

散养鸡蛋是在大自然中放养的鸡下的鸡蛋，饲养成本高，价格高。（见图 9-5）

3. 鸡蛋级别

在美国和欧洲各国，根据蛋白在蛋壳内部体积的比例和蛋黄的坚固度，将鸡蛋分为特级（AA）、一级（A）、二级（B）和三级（C）。特级鸡蛋的蛋白在鸡蛋内的体积最大，蛋黄坚硬，适用于水波（Poach）、煎和煮等烹调方法。一级和二级鸡蛋适用于煮、煎等方法。二级以下鸡蛋不适用煮和煎等方法制作菜肴。在欧美国家，鸡蛋的价格常根据它们体积的大小而定。市场上的鸡蛋分为巨大、特大、大、中、小，体积越大的鸡蛋，价格越高。

图 9-4　标准鸡蛋（Standard Eggs）

图 9-5　散养鸡蛋（Free-range Eggs）

第三节　水产品

水产品（Fish and Shellfish）通常指带有鳍或软壳及硬壳的海水和淡水动物，包括各种鱼、蟹、虾和贝类。水产品是西餐的主要食品原料之一。根据美国餐饮业统计，西餐业全年销售的以水产品为原料制作的菜肴占全国销售各种菜肴总量的 50% 以上。近几年，欧美人对水产品的需求量有上升趋势。

一、淡水鱼

较常食用的淡水鱼（Freshwater Fishes）包括鳟鱼（Lake Trout）、鲈鱼（Perch）、白鱼（Whitefish）、美洲鳗（American Eel）等。（见表 9-1）

表 9-1　淡水鱼的特点与用途

种　类	特点与用途
鳟鱼（Lake Trout）	鳟鱼有湖鳟和虹鳟等品种。颜色有白色、红色和淡青色。全身有黑点。鳟鱼是欧美人喜爱食用的鱼之一。大鳟鱼的重量可达 5 千克，肉质坚实，味道鲜美，刺少。世界上许多地方均出产，以丹麦和日本的鳟鱼最著名。适用于煮、烤、煎、炸等烹调方法。
鲈鱼（Perch）	鲈鱼品种很多，如黄鲈、湖鲈、白鲈等。鲈鱼体长，呈圆形，嘴大，背厚，鳞小，肉丰厚，呈白色，刺少，鱼肉鲜美。其重量从 1 千克至 10 千克不等。世界各地均出产，加拿大和澳大利亚产量最高。鲈鱼适用于炸、煮、煎等烹调方法。
白鱼（Whitefish）	产于加拿大、澳大利亚，平均重量约 2 千克，体呈圆形。白鱼是欧美人喜爱的食用鱼之一，以肉色白、肉质精细而著名。其肉伴有香瓜味，适用于煎、炸等烹调方法。
美洲鳗（American Eel）	可生活在咸水或淡水中。体长可达 1.5 米，鱼肉硬实、细腻，表皮光滑，口味肥厚。熏鳗鱼是十分受欢迎的菜肴。

二、海水鱼

较常食用的海水鱼（Saltwater Fishes）包括海鲈鱼（Sea Bass）、比目鱼（Sole）、鲭鱼（Bluefish）、石斑鱼（Snapper）、金枪鱼（Tuna）、三文鱼（Salmon）、米鱼（Pollack）、鳀鱼（Anchovy）、沙丁鱼（Sardine）、鳐鱼（Skate）、红真鲷（Porgy）、海鳗（Sea Eel）、鲱鱼（Herring）和鳕鱼（Cod）等。（见表 9-2）

表 9-2　海水鱼的特点与用途

种　类	特点与用途
海鲈鱼（Sea Bass）	海鲈包括若干种类，饭店业和西餐业常用 4 种海鲈鱼：黑鲈、花鲈、白鲈和红鲈。黑鲈体积较小，体形像黄鱼，呈黑色。花鲈体形像鲤鱼，背部有黑点。白鲈体形较长。红鲈体形圆，全身呈黑色。鲈鱼是西餐常用的鱼类之一，其肉质坚实，呈白色，味道鲜美，略带甜味，适用于各种烹调方法。

续表

种　　类	特点与用途
比目鱼（Sole）	主要产于大西洋、太平洋、白令海及许多内海地区。它有若干品种，如柠檬鲽、灰鲽、白鲽等。其身体扁平像一个薄片，呈椭圆形，有细鳞，两眼都在右侧，左侧常常朝下，卧在沙底，生活在浅海中。比目鱼肉质细嫩，味美，适用于各种烹调方法。
鲭鱼（Bluefish）	又名鲐鱼，身体呈梭形而侧扁，鱼鳞圆而细小。头尖，口大，青蓝色。其身体最大的特点是在背鳍和臀鳍之间有五个小鳍，西餐业常用的品种有大西洋蓝鲭、西班牙鲭和墨西哥出产的王鲭。大王鲭的重量可达 30 千克左右。鲭鱼肉松软，味道鲜美，适用于烧烤。
石斑鱼（Snapper）	产于热带与亚热带海洋、墨西哥湾、我国东海和南海。其外形与鲈鱼相似，体呈椭圆形，扁侧。其体带有暗褐色横带和红色小斑。石斑鱼肉质较粗，肉味鲜美。适用于煎、烤、炸、蒸等方法。
金枪鱼（Tuna）	属于鲭鱼类，用途广泛，肉质坚实，味道鲜美。其重量可从 300 千克至 1000 千克不等。金枪鱼除了可制作罐头、鱼干、冷菜，还可用于煎、炸、烧烤等方法制作的菜肴。
三文鱼（Salmon）	产于大西洋海岸，肉质坚实，粉红色肉，略带浅棕色，用途广泛，常用于自助餐中的开胃菜，生吃，也可以腌制、熏烤。
米鱼（Pollack 或 Pollock）	产于北大西洋，属于鳕鱼家族，体长，肉厚，眼珠鲜红，无细刺，味道鲜美。
鳀鱼（Anchovy）	又叫银鱼、小凤尾鱼，是一种短而细小、银色的鱼，体形像沙丁鱼和小鲱鱼，约 10 厘米长，肉色粉红，味嫩鲜，常作为西餐菜肴的装饰品和配菜。
沙丁鱼（Sardine）	一般长约 15 厘米，多用于罐头食品，或用于番茄少司或芥末少司的配料。
鲱鱼（Herring）	与鳓鱼同属鲱科，是冷水海洋鱼类，分布于北太平洋和印度洋。我国沿海也有鲱鱼，但数量有限。鲱鱼体侧扁，长约 20 厘米，背青黑色，腹银白色，有眼睑，腹部有细弱棱鳞，含脂肪较高，小鲱鱼常作为沙丁鱼销售。
鳐鱼（Skate）	无鱼鳞，体形圆而平，尾巴与身子一样长，鱼背呈黑色。表皮有许多穗状花纹，鱼鳍像翅膀。常使用煎或烤的烹调方法。
红真鲷（Porgy）	产于大西洋，有红色斑点，尾鳍呈黑色，头大，口小，上下颌前体呈圆锥形。背鳍和臀鳍上部呈刺状。红真鲷体高而侧扁，肉质细嫩，略带甜味。
海鳗（Sea Eel）	体形细长，表面有黏液而光滑，鳞细小，头尖，肉质细嫩。
鳕鱼（Cod）	产于北大西洋，颜色有淡红色和灰色等，肉质细白，是制作鱼肉串的理想原料。体积小，年龄小的鳕鱼称为 Scrod。

三、贝壳水产品

贝壳水产品（Shellfish）的外形和结构与鱼类最大的区别是没有鱼鳍和鱼脊骨。贝壳水产品包括两大类：甲壳水产品（Crustaceans）和软体水产品（Mollusks）。

1. 甲壳水产品（Crustaceans）

这一种类是指带触角的及连体外壳的水产品。包括海蟹（Crabs）、龙虾

（Lobsters）和虾（Shrimp）等。

（1）龙虾是较大的甲壳水产品，形状与大小不等，一些龙虾重量只有 200 克，最大的龙虾有 5 千克至 6 千克。优质的龙虾尾巴比较灵活，四对足，两只大爪，外壳深绿色，烹调后呈鲜红色。龙虾肉除了来自龙虾的身体，还来自龙虾的腿和尾部。龙虾肉呈白色，味鲜美，略有甜味。龙虾子和龙虾肝也可以食用。龙虾新鲜度直接影响菜肴的质量，活的龙虾烹调后，肉质结实，死龙虾烹调后，肉松散。西餐通常以活龙虾或熟制的龙虾肉为原料。龙虾常贮存在养殖缸中，里面放有咸水，水缸中应补充氧气。根据需要，龙虾可以整只烹调或切成不同形状后烹调。烹调整只龙虾，先将龙虾头部放在沸水中，然后按每千克 6 分钟的烹制时间来计算龙虾的熟制时间。（见表 9-3）

表 9-3 常用龙虾的种类、产地和重量

种　类	产　地	重　量
北部（Northern）	缅因（美国）	1 磅至 20 磅
罗克（Rock）	南非、澳大利亚	2 盎司至 12 盎司（ounce）
斯派尼（Spiny）	欧洲、北美	只有数盎司
兰格斯特（Langosta）	佛罗里达（美国）、墨西哥海湾	只有数盎司

（2）虾是西餐常用的原料，体形较大的称为大虾或明虾（Prawn）。虾的种类和名称非常多，这些名称常来自它们的出产地、它们的大小和加工程度等。虾作为菜肴原料必须新鲜，新鲜的虾壳呈浅绿色，肉质白色，气味清淡。虾应在零下 18℃贮存为宜。在西餐制作中，虾头常被切掉，然后剥去虾壳，去掉虾线。再根据烹调需要，切成不同形状。市场上销售的虾有三种：未加工的虾（Green）、去掉虾线的虾（Peeled Deveined，缩写为 P&D）、熟制的虾（Peeled Deveined Cooked，缩写为 PDC）。

（3）螃蟹是西餐菜肴常用的原料，可以用于主菜、沙拉、开胃菜和汤等。市场销售的螃蟹有带壳的活蟹、冷冻的熟蟹腿、蟹肉和整只的软壳螃蟹等。螃蟹作为菜肴原料必须新鲜，新鲜的螃蟹和蟹肉味道清淡，略有甜味，肉丝呈线形。根据烹调需要将硬壳螃蟹用盐水煮熟，去壳，去掉沙包，剥出肉，轧碎蟹腿取出肉并制成各种菜肴；软壳螃蟹应去掉沙包和呼吸器，经外部修整，蘸上面粉糊或面包糊，油炸成熟。

2. 软体水产品（Mollusks）

这种水产品指只有后背骨和带有成对的硬壳海产品。例如，蜗牛（Snail）、鱿鱼（Squid）、蚝（Oysters）、蛤（Clams）、淡菜（Mussels）和鲜贝（Scallops）等。软体水产品在西餐烹调中有着举足轻重的作用。

（1）蚝（见图 9-6），称为牡蛎，带有粗糙和不规则的两个外壳，上面的壳呈扁平状，下面的壳呈碗状。蚝肉细嫩，含有较高的水分。市场出售的蚝共有 3 个种类，带壳的活蚝、剥去外壳的鲜蚝或冷冻蚝、罐头蚝（西餐中很少使用）。蚝的贮存与蚝肉的质量有着一定的联系。将采购的活蚝放入容器中，放在潮湿凉爽的地方，可以贮存一周。将加工过的并去壳的鲜蚝放在零下 1℃的冷藏箱中可以保鲜一周。将冷冻蚝肉放入零下 18℃以下的冷藏箱中，可贮藏较长的时间，直至使用时为止。

图 9-6　蚝（Oysters）

（2）蛤，可分为硬壳蛤和软壳蛤，不论是哪一种，市场上销售的蛤有带壳活蛤、去壳新鲜和冷冻的蛤及罐头蛤肉。新鲜的活蛤经碰击后，贝壳紧闭。没有加工的活蛤或经加工的鲜蛤味道新鲜柔和，不新鲜的蛤有刺鼻的味道。蛤的贮存与蚝的贮存方法相同。

（3）淡菜，指体积小、带有黑色或黑蓝色壳的蛤。淡菜肉很软嫩，呈黄色或橘黄色，西餐常以带壳的活淡菜为原料。经过碰击，贝壳紧闭的淡菜是活的，可以食用。活淡菜味道新鲜、柔和，不新鲜的淡菜有刺鼻的味道。淡菜体积超重，说明其内部充满沙土。相反，重量过轻说明它失去了水分，以上两种情况都说明淡菜已不能食用。淡菜的初加工程序是，先将淡菜放入盐水中，使淡菜吐出内部沙土。然后，将外壳冲洗干净，用蛤刀将淡菜的壳撬开。

（4）鲜贝，肉质鲜嫩，呈奶油白色。优质的冷冻鲜贝味道清新。相反，气味浓、颜色深的鲜贝已变质，不能食用。常用的鲜贝有两个品种，海湾鲜贝（Bay Scallop）和海洋鲜贝（Sea Scallop）。海湾鲜贝形状较小，肉质纤细，每千克约 70~88 个。海洋鲜贝形状较大，肉质不如海湾鲜贝纤细。但是，肉质仍然很嫩，每千克约 22~33 个。这种鲜贝在烹调前常切成片或块。鲜贝的最佳贮藏温度是 ±1℃。

第四节　植物原料

一、蔬菜

蔬菜（Vegetable）是西餐主要的食品原料之一，也是欧美人非常喜爱的食品。蔬菜含有各种人体需要的营养素，是人们不可缺少的食品。蔬菜有多种用途，可生食，可熟食，有很高的食用价值。蔬菜有多个种类，包括叶菜类、花菜类、果菜类、茎菜类和根菜类等。不同种类的蔬菜又可分为许多品种。蔬菜的市场形态可分为鲜菜、冷冻菜、罐头菜和脱水菜。鲜菜一年四季均有。但是，在淡季，价格较高；而在旺季，价格较低，当地生产的蔬菜比外地生产的价格便宜。冷冻蔬菜是收获后，经加工，速冻而成，一年四季均有供应，价格稳定。速冻蔬菜的营养素损失少，颜色和质地与新鲜蔬菜相近。罐头蔬菜是在收获季节经热处理后的蔬菜，罐头蔬菜不像速冻蔬菜和新鲜蔬菜颜色那么鲜艳，水溶性维生素有一定的损失。但是，其他各方面的质量尚符合饭店业和西餐业的质量要求，使用方便。脱水蔬菜的特点是贮存时间长。（见表9-4及图9-7）

表9-4　蔬菜品种

蔬菜类别	蔬菜品种
叶菜类（Leaf）	生菜（Lettuce）、菠菜（Spinach）、卷心菜（Cabbage）、菊苣（Endive）、其他各种青菜（Greens）（见图9-7）
花菜类（Flower）	菜花（Cauliflower）、西蓝花（Broccoli）
果菜类（Fruit）	番茄（Tomato）、茄子（Egg-plan）、辣椒（Pepper）、小南瓜（Squash）
茎菜类（Stem）	西芹（Celery）、鲜芦笋（Asparagus）、洋葱（Onion）、大蒜（Garlic）、韭葱（Leek）
根菜类（Root）	红菜（Beet）、胡萝卜（Carrot）、水萝卜（Radish）
种子类（Seed）	扁豆（Bean）、豌豆（Pea）、嫩玉米（Corn）

菊苣（Endive）　　　　　韭葱（Leek）　　　　　鲜芦笋（Asparagus）

图9-7　菊苣、韭葱、鲜芦笋

二、马铃薯和淀粉类原料

马铃薯和淀粉类原料（Potatoes and Starches）常作为西餐主菜的配菜或单独作为主菜的原料。西餐最常用的淀粉原料是马铃薯、大米和意大利面条。

1. 马铃薯（Potato）

当今，马铃薯在西餐中愈加重要。马铃薯含有丰富的淀粉质和营养素。包括蛋白质、矿物质、维生素B和维生素C等。它适于多种烹调方法，如烤和炸，并可制成马铃薯丸子、马铃薯面条和马铃薯饺子等。在西餐中马铃薯的作用不亚于畜肉、家禽和海鲜。一些国家和地区有经营马铃薯菜肴的餐厅。根据厨师经验，马铃薯菜肴质量与它的贮藏和保管紧密相关。马铃薯贮藏温度应在 7℃~16℃，否则其含糖量和营养素会下降。

2. 大米（Rice）

大米是西餐常用的原料，其种类和分类方法有很多。大米常作为肉类、海鲜和禽类菜肴的配菜，也可以制汤，还可制作甜点。在西餐业，常用的大米有长粒米、短粒米、营养米、半成品米和即食米。下面的表格说明了各种大米的特点与用途。（见表 9-5）

表 9-5 大米的种类、特点与用途

种　类	特点与用途
长粒米（Long-grained Rice）	外形细长，含水量较少。成熟后蓬松，米粒容易分散，是制作主菜和配菜的理想原料。
短粒米（Short-grained Rice）	外形呈椭圆形，含水分较多。成熟后黏性大，米粒不易分开，是制作布丁（Pudding）的理想原料。
营养米（Enriched Rice）	经加工的米，在米粒的外层包上各种维生素和矿物质，用于弥补大米在加工中的营养损失。
半成品米（Converted Rice）	半熟的米，米粒坚硬，易于分散，是酒店业常用的大米。其特点是烹调时间短，味道和质地均不如长粒米。其营养成分仍然保持完好。
即食米（Instant Rice）	煮熟并脱水的大米，使用方便，价格高。常用的烹调方法有三种：煮、蒸和烩。

3. 面粉（Flour）

面粉是制作西点和面包的主要原料。含蛋白质数量不同的面粉，其用途也不同。含量高的品种可做面包，中低含量的面粉适宜做各种西点，全麦粉适用于面包及一些特色的点心。此外，大麦、玉米和燕麦也常用于西餐配料。

4. 意大利面条（Pasta）

意大利面条既可作为主菜的原料，也常作为主菜的配料。它包括数十个品种，以面粉、水及鸡蛋制成。优质意大利面条选用硬粒小麦为原料，其特点是烹调时间长，吸收水分多，产量高。下面的表格说明了各种意大利面条的特点和用途。（见表 9-6 及图 9-8）

表 9-6 意大利面条的种类、特点与用途

品　名	特点与用途
爱康·迪派波（Akin di Pepe）	米粒状，制汤。
爱希尼（Acini）	胡椒粒形状，制作沙拉、冷菜和汤。

续表

品　　名	特点与用途
派菲尔·菲德利尼（Farfalle Fedelini）	蝴蝶形，用作焗菜的原料。
康奇格列（Conchiglie）	贝壳形，制作主菜、沙拉和冷菜。
阿勒伯·马克罗尼（Elbow Macaroni）	空心、短小弯曲、管状，制作冷菜、沙拉和砂锅菜肴。
费德奇尼（Fettucine）	扁平形、较窄的面条，制作主菜。
莱撒格娜（Lasagna）	宽片形，边部卷缩。煮熟后，可在两片面条中镶上熟制的馅。例如，香肠、熟肉和海鲜，配上新鲜的蔬菜及奶酪等。
麦尼格迪（Manicotti）	圆桶状，空心，直径较大，用于瓤馅菜肴，制作主菜。
奴得尔（Noodles）	扁平形、较宽的面条，制作主菜。
斯派各提（Spaghetti）	圆形，细长，实心的面条，制作主菜和配菜。
斯派各提尼（Spaghettini）	细长，圆形，实心的面条，制作面条汤。
斯泰利尼（Stelline）	小五星形状的面条，制作沙拉和汤。
沃米西里（Vermicelli）	非常细的实心圆形面条，制作面汤。
奥择（Orzo）	米粒形的面条，制作沙拉和汤。
恺撒瑞奇（Casarecci）	S形，5.08厘米长，空心，制作主菜与沙拉。

阿勒伯·马克罗尼（Elbow Macaroni）　　　　　　　　莱撒格娜（Lasagna）

图9-8　意大利面条的不同形状

三、水　果

　　水果（Fruit）在西餐中用途甚广，主要用于甜点。例如布丁、水果馅饼和果冻等的食品原料。水果在咸味菜肴中也占有重要位置。例如，在传统法国菜中比目鱼常与绿色葡萄搭配在一起，以协调味道和颜色。多年来，水果在西菜中常作为配菜或调味品，解除畜肉和鱼的腥味，减少猪肉和鸭肉的油腻或增加小牛肉和鱼肉的味道等。同时，水果常与奶酪搭配在一起，作为甜点。下面的表格里是西餐中常用的水果品种。（见表9-7）

表 9-7　水果种类与品种

水果种类	包括的品种
软水果（Soft Fruits）	Strawberry（草莓）、醋栗（Gooseberry）、黑莓（Blackberry）、酸果蔓（Cranberry）。
硬水果（Hard Fruits）	苹果（Apple）、梨（Pear）。
核果（Stone Fruits）	杏（Apricot）、樱桃（Cherry）、李子（Plum）、桃（Peach）、鳄梨（Avocado）。
柠檬果（Citrus Fruits）	甜橙（Orange）、橘子（Mandarin）、葡萄（Grapes）、柠檬（Lemon）。
热带水果及其他品种（Tropic Fruits and Others）	香蕉（Banana）、菠萝（Pineapple）、无花果（Fig）、榴梿（Durian）、杧果（Mango）、荔枝（Litchi）和各种甜瓜（Melons）。

鳄梨（Avocado）　　　　　　榴梿（Durian）　　　　　醋栗（Gooseberry）

图 9-9　不同种类的水果

第五节　调味品

　　调味品（Seasonings）是增加菜肴味道的原料，在西餐中扮演着重要的角色。西餐调味品种类多，西餐生产中，香料和调味酒被认为是两大调味要素。但是，许多西餐专家认为，调味品不应代替或减少食品原料本身的自然味道。当某些食品原料本身平淡无味或有特殊的腥味或异味时，在原料上加些调味品，菜肴味道会得到改善，甚至变得更加丰富。因此，西餐生产离不开调味品。

一、植物香料

1. 植物香料种类与特点

　　植物香料（Herbs）是由植物的根、花、叶子、花苞和树皮，经干制、加工而成。香料香味浓，广泛用于西餐菜肴的调味。香料有很多种类。不同的植物香料，其特色和味道在烹调中的作用不同。下面是各种植物香料的名称、特点及用途。（见表 9-8 及图 9-10）

表9-8 植物香料的名称、特点及用途

名　称	特点与用途
香叶（Bay Leaves）	月桂树的树叶，深颜色，带有辣味，用于制汤和畜肉、家禽、海鲜、蔬菜等菜肴的调味。
大茴香（Anise）	带有浓烈甘草味道的种子，常用于鸡肉和牛排菜肴的调味，也用于面包、面点和糖果的调味。
罗勒（Basil）	植物的树叶和果肉，带有薄荷香味、辣味和甜味，用于番茄少司、畜肉和鱼类菜肴的调味。
牛主属植物（Marjoram）	灰绿色树叶，带有香味和薄荷味，用于意大利风味菜肴，也用于畜肉、家禽、海鲜、奶酪、鸡蛋和蔬菜类菜肴的调味。
麝香草（Thyme）	又名百里香，带有丁香味的深绿色碎叶，用于以沙拉调味酱、汤和家禽、海鲜、鸡蛋、奶酪为原料的菜肴调味。
莳萝（Dill Weed）	带有浓烈气味的植物种子，用于奶酪、鱼类和海鲜等菜肴的调味，也可作为沙拉的装饰品。
茴香（Fennel）	带有大茴香和甘草味，绿褐色颗粒，做面包、比萨饼、鱼类菜肴等的装饰品。
迷迭香（Rosemary）	浅绿色树叶，形状像松树针，带有辣味，略有松子和生姜的味道，常作为面包和沙拉的装饰品，也用于畜肉、家禽和鱼类菜肴的调味。
香草（Savory）	辣味，略带有麝香味的碎植物叶，用于以肉类、鸡蛋、大米和蔬菜为原料的菜肴调味。
藏红花（Saffron）	藏红花的花蕊纤维和碎片，带有苦味，用于鱼类和家禽类菜肴的调味，也用于菜肴着色（浅黄色）。
牛至（Oregano）	植物叶或碎片，与牛主属植物的气味相似，但比牛主属植物的气味浓烈，用于意大利菜肴的调味。
芷茴香（Caraway）	植物种子味道微甜，带有浓香的气味，用于面点、饼干和开胃菜调味汁。
香菜籽（Coriander）	植物种子，带有芳香和柠檬气味，味道微甜。将种子碾成粉状，与其他原料一起制成咖喱粉，是面包、面点及腌菜理想的香料。
小豆蔻（Cardamom）	带有甜味和特殊芳香味的褐色颗粒，是面点和水果的调味品。
洋苏叶（Sage）	带有苦味和柑橘味的灰绿色叶子或粉末。用于畜肉、家禽、奶酪菜肴的调味。
多香果（Allspice）	树的种子，也称作牙买加甜辣椒。其形状比胡椒大，表面光滑，略带辣味。由于它带有肉桂、丁香和豆蔻的三种味道，因此人们称它为多香果。它常用作畜肉、家禽、腌制的酸菜和面点的调味品。
罂粟籽（Poppy Seed）	蓝灰色种子，带有甜味，气味芳香。用于沙拉调味酱中的调味及装饰，也用于面点、面条和奶酪的装饰。
梅斯（Mace）	豆蔻外部的网状外壳，使用时将其磨碎。其味道比豆蔻浓郁，形状比豆蔻粗糙。它的用途广泛，常作为汤类、沙拉调味酱、畜肉、家禽等菜肴的调味品，也用于面点、面包和巧克力中的调味。

香叶（Bay Leaves）　　　　牛主属植物（Marjoram）　　　　藏红花（Saffron）

图 9-10　植物香料

2. 植物香料的运用

在西餐菜肴制作中，不同菜肴配以不同的植物香料。这样可减轻菜肴的腥味，增加菜肴的味道。下面的表格说明了各种菜肴常用的香料。（见表 9-9）

表 9-9　不同的食料及适用的香料

食品原料与菜肴	适用的香料
牛肉、羊肉与猪肉	罗勒、香叶、咖喱粉、大蒜、牛主属、洋葱、麝香草
家禽与海鲜	香叶、莳萝、茴香、大蒜、芥末、欧芹、红辣椒粉、迷迭香、洋苏叶、藏红花、香草、麝香草、梅斯
沙拉酱	香叶、罗勒、莳萝、大蒜、洋葱、牛主属、芥末、牛至、麝香草、梅斯
马铃薯	芹菜籽、洋葱、红辣椒粉、欧芹
面包	罗勒、芷茴香、小豆蔻、莳萝、大蒜、牛主属、洋芹、欧芹、香草、麝香草

二、常用的调味酒

1. 调味酒概述

酒是常用的调味品。由于酒本身具有自己独特的气味和味道，当它们与菜肴的汤汁和某些香料混合后，就形成了独特的气味和味道。调味酒主要用于少司、汤、腌制的畜肉和家禽等的调味。

2. 各种调味酒的特点与用途

（1）干白葡萄酒（Dry White Wine）是无甜味的浅黄色葡萄酒。主要用于鱼和虾类菜肴的调味。

（2）雪利酒（Sherry）是加入了白兰地的葡萄酒，西班牙生产。主要用于汤、畜肉、禽类菜肴的调味。

（3）白兰地酒（Brandy）是以葡萄为原料，通过蒸馏制作的烈性酒，褐色，香味浓郁，主要用于鱼和虾类菜肴的调味。

（4）马德拉红葡萄酒（Madeira）是马德拉岛出产的葡萄酒。其特点是加入了适量的白兰地酒，味道香醇。适用于畜肉和禽肉菜肴的调味。

（5）波特酒（Port）是著名的葡萄酒，葡萄牙生产。该酒加入了适量的白兰地酒，味道香醇。适用于海鲜类菜肴的调味。

（6）香槟酒（Champagne）是法国香槟地区生产的传统葡萄汽酒。适用于烤鸡、焗火腿等菜肴的调味。

（7）朗姆酒（Rum）是以甘蔗及甘蔗的副产品为原料制成的烈性酒，味甘甜，香醇。适用于一些甜点。

（8）利口酒（Liqueur），以烈性酒和植物香料或水果香料混合制成的酒。利口酒有多个品种和多种味道。适用于各种甜点和水果的调味。

本章小结

食品原料是西餐质量和特色的基础与核心。其中，奶制品是西餐不可缺少的食品原料。例如，各种牛奶、奶粉、冰激凌、奶油、黄油和奶酪等。畜肉是西餐的主要原料之一。畜肉必须经卫生部门检疫才能食用，经检疫合格的畜肉应印有检验合格章。家禽是西餐不可缺少的原料。常用的家禽有鸡、火鸡、鸭、鹅、珍珠鸡和鸽等。禽肉的营养素与畜肉很相近。禽肉中含有较多的水分，易于烹调。鸡蛋是西餐常用的原料，它既可作为菜肴的主料，又可以作为菜肴和少司的配料。水产品是指带有鳍的或软壳及硬壳的海水和淡水动物，包括各种鱼、蟹、虾和贝类。蔬菜是欧美人喜爱的食品。马铃薯和淀粉类原料常作为西餐主菜的配菜或单独作为主菜原料。调味品是增加菜肴味道的原料，它在西餐中起着重要的作用。

思考与练习

1. 名词解释题

奶酪（Cheese）、酸奶酪（Yogurt）、植物香料（Herb）。

2. 思考题

（1）简述植物香料的运用。

（2）简述奶制品的种类与特点。

（3）简述海产品的种类与特点。

（4）简述调味品的种类与特点。

（5）对比分析天然奶酪与合成奶酪各自的特点。

第10章

西餐生产原理与工艺

本章导读

　　西餐生产原理和工艺是西餐经营管理的基础。西餐生产工艺与西餐质量和营销有着紧密的联系。本章主要对西餐生产原理与工艺进行总结和阐述。通过本章学习，读者可掌握食品原料选择、食品原料初加工、食品原料切配和挂糊原理，了解热能在西餐生产中的作用和热能传递原理，掌握水热法和干热法等生产工艺。

第一节　原料初加工与切配

一、食品原料的选择

　　优质的西餐菜肴首先从选择原料开始。所谓优质的食品原料是指新鲜卫生、没有化学和生物污染的原料。同时，具有菜肴生产需要的营养价值并在质地、颜色和味道方面达到产品需要的标准。因此，选择食品原料时，首先需进行感官检查和物理检查。包括食品原料的颜色、气味、弹性、硬度、外形、大小、重量和包装等。通过这些检查确定原料的新鲜度、规格和质量水平。其次，按照加工和烹调要求选用适合的品种和部位。例如，不同品种和脂肪含量的鱼适用于不同的生产工艺。又如畜肉有不同的部位，各部位的肉质老嫩不同。因此，生产畜肉菜肴，必须按照畜肉部位特点进行加工和生产，如此才能烹制出理想的菜肴。

二、食品原料初加工

　　食品原料初加工是指食品原料的初步加工。所谓初步加工包括剖剥、整理、洗涤、初步热处理等环节。食品原料初加工是西餐生产中不可缺少的环节，它与菜肴的质量有着紧密的联系。合理的初加工可以综合利用原材料，降低成本，增加营业效益，并使原材料符合烹调要求，保持原料的清洁卫生和营养成分，增加菜肴的颜色和味道，突出产品的形状特点。在初加工中，不同的食品原料有不同的加工方法。当今，在旅游发达国家，酒店业在菜肴生产中，初加工工作越来越少。因为，供应商已完成大部分原料的初加工。

1. 蔬菜初加工

蔬菜是西餐常用的原料。由于蔬菜种类及食用部位不同，因此其初加工方法也不同。但是无论西餐以任何蔬菜做原料，基本上都从整理、洗涤开始，然后切成理想的形状，保持蔬菜的营养素。蔬菜初加工时，常遵循以下程序。

（1）将叶菜类蔬菜老根、老叶、黄叶去掉，清洗干净。

（2）剥去根茎类蔬菜的外皮。

（3）去掉果菜类蔬菜的外皮和菜心。

（4）剥去豆荚上的筋络或剥去豆荚。

（5）剥去花菜类的外叶、根茎和筋络。

2. 畜肉初加工

当今在旅游发达地区，酒店业使用经过加工和整理好的牛肉、羊肉和猪肉。因此，购进的畜肉已切成所需要的各种形状。然而，在某些国家和地区，仍然有一些酒店购进带骨、带皮的畜肉，需要初加工。首先，去掉骨头。其次，根据部位的用途进行分类，清洗、沥去水分。最后，将初加工的畜肉放入容器，冷冻或冷藏。

3. 水产品初加工

水产品在切配和烹调前需要初加工工作，如宰杀、刮鳞、去腮、去内脏、清洗等。在旅游发达地区，水产品初加工工作基本上由供应商完成，供应商根据西餐烹调要求将整条鱼切成不同的形状。

4. 禽类初加工

西餐业常购进经过宰杀和整理好的家禽原料。例如，经开膛去内脏的鸡和鸭、鸡大腿、鸡翅和鸡脯肉等。然而，以上家禽原料仍需再次初加工。这些工作包括整理和清洗。

三、食品原料切配

食品原料切配是将经初加工的原料切割成符合烹调要求的形状和大小并根据菜肴原料的配方，合理地将各种原料搭配在一起，使之成为完美的菜肴，这就需要运用不同的刀具和刀法将原料切成不同的形状。

1. 常用的切割方法

（1）切（Cut），将原料切成统一尺寸和较大块状。

（2）劈（Chop），将食品原料切成不规则块状。

（3）剁（Mince），将食品原料切成碎末状。

（4）片（Slice），将食品原料横向切成整齐的片状。

2. 食品原料形状

（1）末（Fine Dice），3 毫米正方形的颗粒。（见图 10-1）

（2）小丁（Small Dice），6 毫米正方形。

（3）中丁（Medium Dice），1 厘米正方形。

（4）大丁（Large Dice），2 厘米正方形。

（5）小条（Julienne），6 毫米 ×6 毫米 ×4 厘米形状。（见图 10-2）

（6）中条（Batonnet），3 毫米 ×3 毫米 ×8 厘米形状。

（7）大条（French Fry），0.75 厘米至 1 厘米 ×8 厘米至 10 厘米形状。

（8）片（Slice），3 毫米至 8 毫米厚形状。

（9）楔形（Wedge），西瓜块形状。

（10）圆心角形（Daysanne），将长圆形原料顺刀切成四瓣或三瓣，然后切成片。

（11）椭圆形（Tourne），任何尺寸的椭圆形。

图 10-1　切成末（Mince）

图 10-2　小条（Julienne）

3. 配菜原则

配菜是根据菜肴的质量和特色要求，把经过刀工处理的各种食品原料进行合理的搭配，使它们成为色、香、味、形等各方面达到完美的菜肴。此外，现代西餐讲究营养搭配以满足不同顾客的需求。一些酒店，其菜单上注明每个菜肴中的蛋白质含量和菜肴所含的热量。配菜中，厨师常遵循以下原则：

（1）注意原料的数量协调，突出主料数量，配料数量应当少于主料。

（2）注意各种原料颜色配合，每盘菜肴应有 2~3 个颜色，颜色单调会使菜肴呆板，颜色过多，菜肴不雅。

（3）突出主料的自然味道，用不同味道的原料或调料弥补主料味道。

（4）将相同形状的原料搭配在一起，使菜肴整齐和协调。如果配菜和装饰菜的形状与主料不同，也会增加菜肴的美观。

（5）将不同质地的食品原料配合在一起以达到质地互补。例如，马铃薯沙拉中放一些嫩黄瓜丁或西芹丁，在菜泥汤或奶油汤中放烤过的面包丁等。

四、挂糊原理

挂糊（Coating）是将食品原料的外部包上一层糊的过程。在西餐生产中，尤其是通过油煎、油炸工艺制成的菜肴，常在原料外部包上一层面粉糊、鸡蛋糊、面包屑糊以增加菜肴的味道、质地和颜色。

1. 面粉糊工艺（Dredging）

先在食品原料上撒少许细盐和胡椒粉，然后再蘸上面粉。（见图 10–3）

2. 鸡蛋糊、牛奶糊工艺（Batters）

将原料蘸上鸡蛋液或牛奶面粉糊。挂糊前，在原料上撒少许细盐和胡椒粉。

3. 面包糊工艺（Breading）

先在原料上撒少许细盐和胡椒粉，然后蘸上面粉、鸡蛋，再蘸上面包屑的过程。

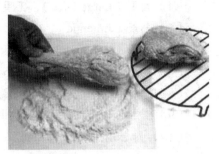

图 10–3　面粉糊工艺（Dredging）

第二节　厨房热能选择

热能在西餐生产中起着重要的作用，它直接影响菜肴质量、特色、质地和成熟度并影响生产成本。合理选择热能是西餐生产的一项基础工作。

一、热能在菜肴生产中的作用

菜肴由不同食品原料构成，而食品原料含有蛋白质、脂肪、碳水化合物、水和矿物质等。菜肴受热时，其各种成分会发生变化，表现在菜肴质地、颜色和味道等方面。

1. 热能对蛋白质原料的影响

畜肉、海鲜、禽肉和鸡蛋是含有丰富蛋白质的食品原料。蛋白质原料受热后会收缩和凝固。受热越多，失去的水分就越多，使菜肴变得越坚硬。经过试验，含有蛋白质的食品原料在 85℃ 的温度下就会凝结。因此，含有较多的结缔组织的蛋白质原料不适宜高温烹制，应用低温烹调。例如，牛腱子肉等使用低温和煮的方法使其质地达到理想的程度。根据试验，在烹调蛋白质食品中，放一些柠檬汁、番茄酱或醋会帮助溶解畜肉的结缔组织。

2. 热能对碳水化合物原料的影响

含有碳水化合物的食品原料主要有粮食、水果和干果等。这些原料受热后会有两种主要的变化：焦糖化和胶体化。因此，在使用嫩煎方法制作菜肴或烤面包时，食物表面会变成金黄色。这一变化是原料的焦糖化。在制作调味汁时，汁中的淀粉受热后，调味汁稠度增加，这就是酱汁胶体化的过程。

3. 热能对纤维素原料的影响

纤维素是指水果和蔬菜中的结构和纤维。含有纤维素的蔬菜和水果受热后，其质地会受到一定的损失。通常在烹调水果和蔬菜中放一些糖会使蔬菜外形整齐。

4. 热能对油脂的影响

油脂在烹调中有着非常重要的作用。通常畜肉、海鲜和奶制品含有较多的油脂。某些植物原料也含有油脂。大多数油脂在室温下呈液体状态，然而某些油脂呈固体状态，如黄油（Butter）。在烹调中，油脂受热后会产生烟雾，高质量的油脂烟雾点高。

5. 热能对食品的矿物质、维生素、色素和气味的影响

矿物质和维生素是菜肴的基本营养素，色素和气味组成菜肴的外观和口味。然而，以上因素都与食品原料受热的程度和受热的时间有一定的联系。因此，适当地选择烹调方法和烹调温度可减少菜肴营养素的流失，有利于保持菜肴的口味与外形。

二、热能传递原理

菜肴只有加热才能成熟，而热量从热源传递给菜肴常以不同的方式进行。通常是通过传导、对流和辐射三种方式。根据菜肴成熟原理，热的传递速度越快，菜肴所需要的烹调时间越短。此外，西餐生产常使用两种或两种以上的传热方法。因此，了解热能传递原理，可以充分利用厨房设备和烹调热源以提高生产效率。

1. 热传导

热传导是通过振荡碰撞方法将热量由高温物体传递给低温物体或由物体的高温部分传递给低温部分。在西餐生产中，热源将热量传递给炒锅等容器，然后炒锅再将热量传送至菜肴，使菜肴成熟。例如，厨师使用平底锅烹调菜肴，食品原料通过热传导方式成熟。

2. 对流传热

对流传热比传导方式传热过程复杂，传导是对相互接触的固体而言，而对流传热是依靠水、食油、空气和蒸汽等流体的流动进行传热。对流是一种间接传热方法。在西餐生产中，热源先将容器内的空气、食油或液体等介质加热，再将热量传送至食品表层，然后逐渐深入食物内部组织的过程。例如，油炸菜肴，食油受热后以对流传热方式使菜肴成熟。

3. 辐射传热

辐射传热不像以上两种传热方式。这种传热方法既不需要固体接触，也不需要固体之间的液体流体。在传热中，不需要传热介质，而是通过电磁波、光波等形式进行。因此，物体表面的热反射和吸收性能很重要，供热物体或热源与受热物体的相对尺寸和形状及它们之间的距离和温度也很重要。例如，烤和扒都是通过热辐射的方法制成菜肴。此外，微波炉加热过程也是辐射传热的过程。

4. 食品内部传导

内部传导是指通过介质将热传递到食品的表面，再继续传递到食品内部的过程。食品原料内部传导对菜肴的色、香、味、形起着关键作用。热从食品表面传递到食品内部的热度不仅取决于传递介质的热度，还取决于食品原料本身的特点。实践表明，当食品原料质地嫩、形状薄、内部水分多时，热传导的速度快。相反，原料质地老，形状大，内部水分少，传导的速度慢。一块3斤多的牛肉，在沸水中约煮一个半小时后，牛肉内部的温度仅接近70℃。

5. 水、蒸汽和食用油的传热特点

在西餐生产中，除以金属烹调锅常作为传热介质外，还有水、蒸汽和食用油。水是生产西餐的常用传热介质。水受热后，其温度很快升高，通过对流作用将热传递给菜肴。水的沸点是100℃，如果将盛水容器密封，使锅内的压力增加，水的沸点会增加至102℃。这样，压力锅中的食物成熟速度会提高，从而节约了热源。水蒸气是汽化的水，将水蒸气做传热介质是生产西餐常用的方法。在常压下，蒸汽的温度为100℃，压力蒸箱的蒸汽温度常高于100℃，其成熟速度超过普通蒸箱，因而节约了热源。食油常作为传热介质，通过对流方式将热传递给食物。由于油的沸点比水高，将油作为传热媒介，不仅使菜肴成熟速度快而且用途广泛。现代压力油炸炉已经被广泛应用。压力油炸炉不仅烹调速度快，节约能源，而且产品质量优于普通炸炉。

三、西餐热能选择

生产西餐常用的热能有电、天然气、煤气和蒸汽。电是一种高效热能，它广泛用于西餐生产。电作为热能，其特点是效率高，使用简便、安全、清洁和卫生。电在燃烧中不产生任何气体与灰尘，不消耗厨房中的氧气。因此，将电作为西厨房的热能常以干净和舒适而受到厨师的欢迎。电的应用很广泛，许多西厨房设备都以电为动力，如扒炉、烤炉、炸炉、煮锅和西餐灶等。除此之外，电还用于冷藏设备和加工设备。但是，厨房选用电，必须装有配套设备，其基本建设费用较高。

天然气和煤气是方便型燃料，起燃快，火势容易控制，无烟无尘。在西厨

房，许多烹调设备都以天然气或煤气为燃料，如烤箱、西餐灶、扒炉和炸炉等。但是，以天然气或煤气为热能，必须经常打扫炉灶燃烧器，保持其清洁。否则，天然气或煤气在燃烧中部分热量会损失。

蒸汽是汽状的水，常由管道输送至烹调设备中。在西厨房，蒸箱和大型煮锅常以蒸汽为热能。当然，蒸汽只适用于部分烹调方法，如蒸和煮。

西厨房选择热能应考虑多方面，包括实用性、安全性、方便性、成本和经济效益。同时，还应考虑到，菜肴制作及菜肴的工艺应体现菜肴特色。当然热能选择常受到企业所在地的能源种类、价格及地方管理法规的限制，还受厨房生产人员的使用习惯的影响。一些厨师根据他们的经验选择不同的能源以保证菜肴的质量。此外，热能选择要考虑成本，包括设备成本、安装成本、市政设施费、使用费、保养费及保险费等。一般而言，西厨房常选择两种以上热能，使能源达到优势互补。

第三节　生产原理与工艺

一、西餐生产概述

西餐生产工艺是指对食品原料实施不同的初加工、加热、调味和装饰等方法，使菜肴具有理想的色、香、味、形的过程。多年来，西餐厨师们利用各种调味品和烹调方法，创作出各式各样的风味菜肴。西餐有着多种生产工艺，不同的工艺使菜肴具有不同的颜色、质地、风格和特色。

二、水热法工艺（Moisture Method）

1. 煮（Boil）

在一般的压力下，食品原料在100℃的水或其他液体中进行加热成熟的工艺称为煮。煮又可分为冷水煮和沸水煮，冷水煮是将原料放入冷水中，然后煮沸成熟，而沸水煮是水沸后，再放原料，煮熟。煮鸡蛋和制汤都是使用冷水煮的工艺；煮畜肉、鱼、蔬菜和面条通常选用沸水煮。煮蔬菜时，先在锅内放入清水、香料和调味品，水沸后，放蔬菜。根据各种蔬菜的特点，掌握烹调时间。煮鱼时，先将水煮沸，再将鱼放入水中。待水沸腾后，煮锅离开热源，鱼在沸水中浸三四分钟，才能起锅和装盘。注意，鱼必须全部浸在水或汤汁中，保证其整体受热。煮畜肉时，为了保持原料的鲜味，经沸水煮几分钟后，改用小火煮，需要不断地除去汤中的泡沫。

2. 水波（Poach）

水波也是将食品原料放在液体中加热成熟的方法。与煮不同的是，水波使

用水的数量少，水的温度低，一般保持在
75℃~98℃，适用这种方法都是比较鲜嫩的原
料，如鱼片、海鲜、鸡蛋和绿色的蔬菜。这种
方法也适用于某些水果，如杏子、桃子和苹果
等。水波工艺最大的特点是保持原料的鲜味
和色泽。同时，保证了菜肴原来的质地特点。
（见图10-4）

图10-4 水波鸡蛋

3. 炖（Simmer）

炖与煮、水波的生产原理非常相似，也
是将食品原料放入汤汁加热成熟的方法。炖
的温度比煮的温度低，比水波温度高，约为
90℃~100℃。在西餐菜单中，炖常代替煮。（见
图10-5）

4. 蒸（Steam）

蒸是通过蒸汽将食品加热成为菜肴的过
程。该工艺烹调速度快。在常压下，100℃的
水蒸气释放的热量比100℃的水多得多。使用

图10-5 炖牛肉

该方法应控制温度和时间，以免使菜肴烹调过熟。使用压力蒸箱时，箱内的温度
常超过100℃。蒸，广泛用于鱼菜、贝类、蔬菜、肉菜、禽类和淀粉类菜肴的熟
制。其优点是营养成分损失少，保持菜肴的原汁原味。

5. 焖（Braise）

焖，先将食品煎成金黄色。然后，在少量汤汁中加热成熟。这种工艺使原料
及其汤汁着上理想的颜色和味道。应当注意，主料在放入汤汁前应将胡萝卜、洋
葱、西芹、香叶等下锅炒至金黄色，加番茄酱，呈枣红色后，将汤倒入焖锅内，
加葡萄酒、辣酱油和少许清水，放主料，用旺火煮沸后，改为小火慢慢焖烂。最
后将焖熟的肉取出，保温并将原汁过滤。上桌前将成熟的肉切成厚片，装盘，浇
上原汁即成。用该工艺制作蔬菜菜肴时，只需将蔬菜稍加煸炒，然后放入少量汤
汁即可。不要用汤汁将原料完全覆盖，因为原料是依靠锅内的蒸汽加热成熟的。
一般情况下，汤汁的高度只覆盖蔬菜的1/3~2/3即可。这样，菜肴成熟后味道浓
鲜。制作肉类菜肴时，可在西餐灶上进行，也可在烤箱内进行，将锅盖盖上，放
在烤箱内。这种成熟工艺的优点是，菜肴受热面积大，火候均匀，不需要特别精
心照料，可减轻西餐灶的工作负担。

6. 烩（stew）

烩与焖的工艺基本相同，烩使用的原料形状比焖小。通常将原料切成丝、

片、条、丁、块和球等形状，将原料煎成金黄色，放入汤中熟制。

三、干热法工艺（Dry Method）

1. 烤（Roast）

烤是将食品原料放入烤炉内，借助四周热辐射和热空气对流，使菜肴成熟的工艺。现代西厨房，将大块肉类或整只家禽放在烤箱内烤熟。传统方法将铁签叉入食品原料内，用明火将原料烤熟。

2. 纸包烤（en Papillote）

食品原料外边包着烹调纸或锡纸，通过热辐射将纸包内的原料烤熟的过程。

3. 焗（Broil 或 Bake）

焗，实际也是烤，它是在焗炉中，直接受上方的热辐射成熟的工艺。焗的特点是温度高、速度快，适用于质地纤细的畜肉、家禽、海鲜及蔬菜等原料。食品在焗炉中可以通过调节炉架、温度，将菜肴制成理想的成熟度和颜色。同时，对大块食品原料应当用较低的温度，长时间的烹调方法；而小块食品原料应当用较高的温度、短时间的烹调方法。在西餐生产中，一些菜肴已制成半熟或完全成熟，然后需要表面着色（au Gratin）。这时，在菜肴表面撒上奶酪末或面包屑，放焗炉内，将菜肴表面烤成金黄色。例如，焗意大利面条和焗法国洋葱汤等。（见图 10-6）

图 10-6　菜肴在焗炉中

4. 炸（Deep Fry）

炸是将食品原料完全浸入热油中加热成熟的工艺。使用这种方法，应掌握炸锅中的油与食品原料的数量比例，控制油温和烹调时间。薄片形、易熟的食品通常在 1~2 分钟成熟；而体积较大、不易熟制的食品原料，需要较长时间生产，使原料达到外焦里嫩的标准。通常，烹制较大形状的食品原料，可将原料的外部炸成金黄色。然后，送至烤炉内烤熟。炸，具有许多优点，食品吸收的油很少，食品本身损失的水分也少，菜肴外部美观。油炸的程序是，先将原料挂糊，再通过热油炸熟。这样，食品不直接接触食油，其效果既增加了菜肴的颜色和味道，又保护了它的营养和水分。

5. 压力油炸（Pressure Frying）

压力油炸指将食品原料放入带有锅盖的油炸炉内进行烹调。这种油炸炉在烹调时可保存菜肴释放的蒸汽，增加炉内的压力，从而减少食品成熟的时间，达到外观和质地理想的产品。

6. 煸炒（Saute）

煸炒的含义是用少量食油作为传热媒介，通过将原料翻动使菜肴成熟的工艺。这种方法制出的菜肴质地细嫩。其操作程序是将平底锅预热，放少量的植物油或黄油，放食品原料，通过平底锅的热传导将菜肴制熟。煸炒较大块的食品原料，应在原料中撒上少许盐和胡椒粉，蘸上面粉，然后再煸炒。使用这一方法，每次生产的数量不宜过多，否则会降低烹调锅的温度。煸炒肉类菜肴时，除了在原料上撒些干面粉使菜肴着色均匀以防止原料粘连，同时，菜肴接近成熟时应放少量葡萄酒或高汤，旋转一下炒锅。这样可溶化炒锅内浓缩的菜汁以增加菜肴的味道。这一操作过程在西菜烹调中称为稀释（Deglazing）。上菜时，把被稀释的汤汁和菜肴一起装盘。在西餐烹调中，Saute 和 Pan-fry 两个词含义相近，可以互相代替。

7. 煎（Pan-fry）

在平底锅中放食油，加热后，将原料放入，再加热成熟。煎用的食油较少，需要低温，长时间烹调，有时需要运用几种火力或不同的温度。操作前将锅烧至七八成热，油热后，再将原料下锅。先煎一面，待原料出现金黄色后再煎另一面。有些菜肴下锅的温度较低，通常在五成至六成油温下锅，而且在烹调中原料不翻面。例如，煎鸡蛋只煎一面，并且一边煎，一边用煎锅中的热油向鸡蛋表面上浇，直至鸡蛋表面变为白色为止。使用煎这一方法应注意两个问题：第一，煎锅中的食油数量应以原料品种为依据。如煎鸡蛋应使用少量食油，而煎鸡肉的油量就应多一些，油的高度以不超过 3 毫米为宜；第二，在菜肴生产中至少翻面一次（个别菜肴除外），有时个别的菜肴需要翻转数次才能成熟。

8. 黄油煎（A la Meuniere）

食品原料两边用盐和胡椒粉调味，蘸上面粉，用黄油煎成浅金黄色。上桌时，浇上柠檬汁和溶化的黄油，再撒上香菜末。

9. 扒（Grill）

扒，也称为烧烤，是一种传统的烹调方法，源于美洲印第安人。15 世纪由西班牙探险队将这种烧烤方法带到欧洲。两个世纪后，烧烤工艺受到欧洲各国人们的青睐。19 世纪，烧烤又返回发源地，在北美洲广泛流传。扒是通过下方的热源使原料成熟的方法。这一烹调方法需要在铁扒炉上进行。铁扒炉的结构是，炉上端有若干根铁条，铁条直径约 2 厘米，铁条间隙 1.5 厘米至 2 厘米，排列在一起。扒炉的燃料或热源有三种，即煤气、电或木炭。烹制时，先在铁条上喷上或刷上食油。然后，将食品原料也喷上植物油，撒上少许盐和胡椒粉调味。烹调时，先烤原料的一面，再烤原料的另一面。扒熟后的菜肴表面呈现一排焦黄色花纹。制作时，可用移动原料的位置的方法来控制烹调温度。（见图 10-7）

10. 串烤（Brochette）

串烤，实际上也属于扒的烹调范围。串烤的食品原料形状小。串烤时，用铁钎将一片片的畜肉、禽肉、海鲜、鲜蘑、青椒和洋葱等原料穿在一起，撒上盐和胡椒粉，再喷上植物油，放在铁扒炉上烤熟。食用时，抽去铁钎，装在餐盘上。

图 10-7　扒炉中的牛排

本章小结

> 西餐生产工艺是指对食品原料实施不同的初加工、加热、调味和装饰等工艺，使菜肴具有理想的色香味形的过程。多年来，西餐厨师们利用各种调味品和烹调方法，创作出各式各样的风味菜肴。西餐有着多种生产工艺。主要包括水热法和干热法，不同的工艺使菜肴具有不同的颜色、质地、风格和特色。
>
> 优质的西餐首先从选择食品原料开始。食品原料初加工是西餐生产不可缺少的环节，它与菜肴质量有着紧密的联系，合理的初加工可以综合利用原材料，降低成本，增加效益并使原材料符合烹调要求。热能在西餐生产中起着重要的作用，它直接影响着菜肴质量、特色、质地和成熟度并影响生产成本。合理地选择热能是西餐生产的一项基础工作。

思考与练习

1. 名词解释题

煮（Boil）、水波（Poach）、炖（Simmer）、蒸（Steam）、焖（Braise）、烩（stew）、烤（Roast）、焗（Broil）、炸（Deep Fry）、煸炒（Saute）、煎（Pan-fry）、扒（Grill）。

2. 思考题

（1）简述食品原料的选择。

（2）简述食品原料的初加工。

（3）简述食品原料的切配。

（4）论述西厨房热能选择。

（5）分析干热法与水热法工艺各自的特点。

第11章

开胃菜与沙拉

本章导读

本章主要对开胃菜和沙拉的生产原理与工艺进行总结和阐述。包括开那批类开胃菜、鸡尾类开胃菜、迪普类开胃菜，沙拉和沙拉酱生产原理与工艺。通过本章学习，读者可掌握各种开胃菜的组成与制作程序；了解沙拉的组成、沙拉种类和沙拉制作案例；掌握法国沙拉酱、马乃司沙拉酱和熟制沙拉酱等的制作方法。

第一节　开胃菜

一、开胃菜概述

开胃菜（Appetizers）也称作开胃品、头盆或餐前小吃。它包括各种小份额的冷开胃菜、热开胃菜和开胃汤等。开胃菜是西餐中的第一道菜肴或主菜前的开胃食品。开胃菜的特点是菜肴数量少，味道清新，色泽鲜艳，带有酸味和咸味，并具有开胃作用。

二、开胃菜的种类

根据开胃菜的组成、形状和特点，开胃菜常被分为以下几种。

1. 开那批类开胃菜

开那批（Canape）是以小块脆面包片、脆饼干或脆嫩的蔬菜等为底托，上面放有少量熟制的冷肉、冷鱼、鸡蛋片、酸黄瓜、鹅肝酱或鱼子酱等为主要的食品原料的冷开胃菜。许多西餐专家们直接称开那批为开放型的小三明治。此外，以鸡蛋为底托的小型开胃菜也称作开那批。开那批类开胃菜主要的特点是：食用时不用刀叉，也不用牙签，直接用手拿取入口。开那批的形状美观，有艺术性，并

图 11-1　开那批与浓味鸡蛋
（ Canape and Deviled Eggs ）

常用一些配菜做装饰。（见图 11-1）

2. 鸡尾类开胃菜

在西餐中，"Cocktail"一词不仅代表鸡尾酒，而且是指西餐的开胃菜。鸡尾类开胃菜常以海鲜或水果为主要原料，配以酸味或浓味的调味酱制成。鸡尾类开胃菜颜色鲜艳、造型独特，有时装在餐盘上，有时盛在玻璃杯子里。此外，鸡尾类开胃菜的调味酱既可放在菜肴的下面，也可浇在菜肴的上面，还可单独放在另一容器内并放在盛装鸡尾菜餐盘的另一侧。鸡尾类开胃菜可用绿色的蔬菜或柠檬制成装饰品。在自助餐中，鸡尾类开胃菜常摆放在碎冰块上以保持新鲜。鸡尾类开胃菜的制作时间应接近开餐时间，以保持其色泽和卫生。

3. 迪普类开胃菜（Dip）

迪普类开胃菜是由英语字"Dip"音译而成，它由迪普酱与脆嫩的蔬菜（主体菜）两部分组成，食用时将蔬菜蘸调味酱后食用。迪普开胃菜常突出主体菜的新鲜和脆嫩，配上浓度适中并有着特色的调味酱，装在造型独特的餐盘中，具有很强的开胃作用。

4. 鱼子开胃菜（Caviar）

鱼子是指黑鱼子、黑灰色鱼子和红鱼子等，主要取自鲟鱼和鲑鱼的卵，最大鱼子的体积像绿豆。有些鱼子取自其他大鱼的卵。鱼子加工和调味后制成罐头，作为开胃菜。常用的每份数量为 30 克至 50 克。使用时，将鱼子放入一个小型的玻璃器皿或银器中。然后，再将容器放入带有碎冰块的容器中。鱼子开胃菜常与酥脆的蔬菜或饼干一起食用，以洋葱末和鲜柠檬汁作调味品。（见图 11-2）常用的鱼子品种有：

图 11-2　黑色鲑鱼鱼子
（Black Whitefish Caviar）

（1）白露格（Beluga）

产自俄罗斯和伊朗的白色鲟鱼，卵呈灰色至黑色，尺寸是鱼卵中最大的，被认为是世界上质量最好、价格最高的鱼子。

（2）马鲁莎（Malosol）

产自俄罗斯，是用少许盐腌制的鲜鱼卵。

（3）欧赛得（Oscietr 或 Osetra）

产自俄罗斯的白色鲟鱼卵，被认为是世界上最好的鱼卵之一，有黑色、棕色和金黄色。

（4）赛沃佳（Sevruga）

产自俄罗斯的小鲟鱼，鱼卵的尺寸最小，呈黑色、黑灰色或深绿色，味道鲜美。

（5）希普（Ship）

产自杂交的鲟鱼卵，质地坚硬，味道鲜美。

（6）斯特莱特（Sterlet）

以鲟鱼名命名的鱼子。这种鲟鱼尺寸小，味道鲜美。

5. 批类开胃菜（Pate）

"批"是法语 Pate 的音译。这种开胃菜由各种熟制的肉类和肝脏制成。经搅拌机搅碎，放入白兰地酒或葡萄酒、香料和调味品，然后放入模具，经冷冻后成型，切成片，配上装饰菜。

6. 开胃汤（Appetizer Soup）

有开胃作用的清汤。常由原汤、配菜与调味品制成。

7. 其他类开胃菜（Others）

（1）整体形状的开胃菜（Hors d'ouvres）

这类开胃菜包括生蚝、奶酪块、肉丸等，常配上牙签，方便食用。整体形状的开胃菜有冷热之分。冷菜包括奶酪块、奶酪球、火腿、西瓜球、肉块、熏鸡蛋等。热菜包括肉丸子、烤肉块、热松饼等。（见图 11-3、图 11-4）

图 11-3　意大利火腿肉
（Prosciutto）

奶酪蔬菜迪普　　　　炸奶酪三文鱼排（热开胃菜）　　焗牛肉丸（热开胃菜）
（Cheesy Salsa Vegetable Dip）　（Salmon Balls with Camembert）　（Meatballs）

图 11-4　各种开胃菜

（2）各种小食品（Light Snacks）

这类开胃菜包括爆米花、炸薯片、锅巴片、水萝卜花、胡萝卜卷、西芹心、酸黄瓜、橄榄。

（3）胶冻开胃菜（Jelly）

由熟制的海鲜肉或鸡肉与胶冻制成的液体和调味品，经过冷藏制成的胶冻菜。

（4）火腿卷（Ham Roll）

由鲜芦笋尖或经过腌制的蔬菜等外面包上一片非常薄的冷火腿肉组成。

（5）奶酪球（Cheese Ball）

切成圆形的各种小块奶酪，冷藏后，外面蘸上干果末或香菜末。

（6）浓味鸡蛋（Deviled Eggs）

煮成全熟的鸡蛋切成两半，将鸡蛋黄掏出后，搅碎，加入芥末酱、辣椒酱、调味酱。然后，瓤入鸡蛋中，上面摆上装饰品。

（7）蔬菜沙拉、海鲜沙拉及特色沙拉等。

三、经典的开胃菜案例

例 1，熏三文鱼开那批（Smoked Salmon Canape）（生产 20 块）

原料：白土司面包片 5 片，熏三文鱼片 100 克，鲜柠檬条 20 条，开那批酱（奶油、奶酪和调味品搅拌而成）200 克。

制法：①将烤成金黄色土司片去四边，平均切成四块。

②在每块面包片上，均匀地抹上调味酱。

③将熏三文鱼片摆在面包片上。

④将两条柠檬条放在一块开那批上，做装饰品。

例 2，鲜蘑鱼酱开那批（Mushrooms Stuffed with Tapenade）（生产 50 片）

原料：希腊黑橄榄 240 克，白鲜蘑 50 片，续随子 30 克，熟鳀鱼 30 克，熟金枪鱼 30 克，芥末酱 50 克，橄榄油 75 克，柠檬汁 5 毫升，香菜末 7 克，百里香、盐、胡椒粉、多香果各少许。

制法：①将续随子、鳀鱼、金枪鱼、芥末酱、橄榄油、柠檬汁、香菜末、百里香、盐、胡椒粉放入搅拌机，搅拌成鱼肉酱，冷藏几个小时。

②将鲜蘑洗净，去根。用小匙将冷藏过的鱼肉酱镶在鲜蘑上，上面放少量的黑橄榄做装饰。

例 3，鸡肉蘑菇开那批（Chicken Mushroom Patties）（生产 10 份，每份 1 个）

原料：小脆饼 10 个，熟鸡肉丁 400 克，熟蘑菇丁 200 克，鸡少司（鸡肉浓汤与黄油面粉酱及调味品制成）500 毫升，新鲜奶油适量，盐和胡椒粉各少许，洋葱丁 50 克，黄油 50 克，白葡萄酒 100 毫升，柠檬汁适量。

制法：①将鸡少司重新加热，待用。

②低温煸炒洋葱丁，不要着色，放鸡肉丁和蘑菇丁，煸炒 5 分钟。

③在鸡丁中，放白葡萄酒、鸡少司，煮沸，再加入鲜奶油、盐、胡椒粉和柠檬汁调味。

④将烹制好的鸡肉丁和蘑菇丁放入一个容器内，将容器放入热水池里保温，在鸡肉表面上洒些黄油，防止干燥。

⑤上菜之前，把小脆饼稍加烘烤使其酥脆。然后，放到主菜盘里，在小脆饼

上面放满煸炒熟的鸡肉蘑菇丁。

例 4, 鱼子酱开那批（Caviar in New Potatoes with Dilled Creme Fraiche）（生产 10 份，每份 4 块）

原料：直径 2.5 厘米的土豆 20 个，黄油 60 克，酸奶油 140 克，新鲜莳萝末 30 克，鱼子酱 100 克，冬葱片（Chives）适量。

制法：①把土豆烤熟，切成两半，用匙将中心挖出后，抹上黄油。

②把挖出的土豆制成泥状，与莳萝末和酸奶混合在一起填回土豆的凹处。在每片土豆上加上半茶匙鱼子酱。

③在鱼子酱上撒些冬葱片。

例 5, 虾仁鸡尾杯（Shrimps Cocktail）（生产 10 份，每份约 80 克）

原料：虾仁 600 克，碎西芹 100 克，煮熟的鸡蛋黄 1 个，色拉油 50 克，细盐和胡椒粉各少许，千岛沙拉酱 150 克，柠檬 2 个。

制法：①虾仁洗净，用水煮熟，放凉。

②将少许色拉油、细盐和胡椒粉、西芹、部分千岛沙拉酱与虾仁一起搅拌，装入 10 个鸡尾杯中。

③将鸡蛋黄捣碎，撒在虾仁上，再浇上另一部分千岛沙拉酱。

④杯边用一块鲜柠檬做装饰品。

例 6, 鸡尾海鲜（Seafood Cocktail）（生产 10 份，每份 110 克）

原料：去皮熟大虾（切成丁）250 克，新鲜鱼丁 400 克，生菜（撕成片）300 克，鸡尾菜少司 500 毫升，煮熟的蘑菇丁 80 克，芹菜丁 80 克，柠檬汁 20 毫升，盐和胡椒粉各少许，柠檬角 10 个。

制法：①把鱼丁放入浓味原汤中汆熟。捞出后，放入冷水中。

②把虾肉丁、芹菜丁、蘑菇丁和鱼丁放入容器内，加入鸡尾少司并轻轻搅拌在一起。

③用盐、胡椒粉和柠檬汁调味。

④把生菜片放在鸡尾菜的杯中，将搅拌好的海鲜和鱼丁放在生菜上，再浇上鸡尾菜少司，把柠檬角放在鸡尾菜少司上。

例 7, 布鲁奶酪迪普酱（Blue Cheese Dip）（生产 1 升迪普酱，约 20 份，每份 50 克）

原料：软奶酪 375 克，牛奶 150 毫升，马乃司（Mayonnaise）180 克，辣椒酱 30 毫升，辣酱油 3 毫升，柠檬汁 30 毫升，洋葱末 30 克，布鲁奶酪（Blue）末 300 克，各种洗净并切好的西芹、胡萝卜、西蓝花、黄瓜、甜辣椒适量，再配上炸薯片做主体菜。

制法：①把软奶酪放在搅拌机内，搅拌柔软光滑。加牛奶，慢速度继续搅拌，再加入马乃司、辣椒酱、辣酱油、柠檬汁、洋葱末和布鲁奶酪末等所有配料继续搅拌，直至搅拌均匀为止。用盐和胡椒粉调味制成迪普酱，冷藏。

②上桌时，将制好的迪普酱放在一个小容器内，该容器放在开胃菜盘的中央，四周摆放好新鲜的蔬菜和炸薯片。

例 8，冷鱼子酱（Cold Caviar）（生产 10 份，每份 5 片鸡蛋）

原料：罐头红鱼子酱（鲑鱼产）或黑鱼子酱（鲟鱼产）1 罐（约重 250 克），新鲜鸡蛋 10 个，蛋黄沙拉酱（Mayonnaise）50 克，柠檬 2 个。

制法：①将鸡蛋煮熟，剥去外壳。每个鸡蛋切去两端，分切成 5 片。

②在每片鸡蛋上抹上些沙拉酱，分装在 10 个餐盘中。

③用茶匙将鱼子酱分装在蛋片上。

④将柠檬切成瓣形，分装在鱼子酱旁边。食用时将柠檬汁挤在鱼子酱上即可食用。

例 9，明虾冻（Cold Prawn in Jelly）（生产 4 份，每份约 120 克）

原料：明虾 4 只，鸡清汤 300 毫升，牛奶 100 毫升，明胶粉 30 克，番茄 1 个，煮熟的鸡蛋（切成片）1 个，柠檬（切成块）1 个，青生菜叶（切成丝）4 张，盐和胡椒粉适量。

制法：①明虾煮熟，冷后剥壳，将肉切成片待用。

②明胶粉放少量水使之软化。鸡清汤与牛奶一起加热，适当调味。将软化的明胶放入清汤牛奶中，煮沸，制成胶冻的液体，放凉。先在模具内倒一层胶冻液体，稍加凝固后，放一片煮鸡蛋片、一片番茄片、一片明虾片，将胶冻液体灌满模具。按这种方法制成 4 个虾冻。放入冰箱冷冻成型。

③上桌时将模具放在热水中加热，将胶冻体拿出，装盘。周围用青生菜丝、柠檬片装饰。

例 10，火腿片甜瓜球（Prosciutto and Melon Balls）（生产量随意）

原料：甜瓜，莱姆汁（Lime，青柠檬），熟火腿肉。

制法：①用一把球形刀，把甜瓜切成小球状。

②在甜瓜球上洒上莱姆汁，腌制 10 分钟。

③用切片机把熟火腿肉切成薄片，把大片肉切成两半。

④上桌前，将每片火腿肉片包住一个甜瓜球，用牙签固定住。

例 11，莱姆橄榄油少司三文鱼（Marinated Salmon with Lime and Olive Oil Vinaigrette）（生产 10 份，每份鱼 60 克）

原料：橄榄油 240 毫升，莱姆汁（Lime）50 毫升，柠檬汁 25 毫升，葡萄酒醋（Wine Vinegar）30 毫升，冬葱末 40 克，红辣椒末 15 克，盐和胡椒粉各少许，白葡萄酒 480 毫升，青葱 18 克，生三文鱼薄片 600 克。

制法：①将鱼片与各种调味料混合在一起，腌制。

②上菜前，将腌制好的三文鱼片冷藏 15 分钟。

例 12，焗蜗牛（Baked Snails）（生产 12 个）

原料：罐头蜗牛肉 12 个，蜗牛壳 12 只，洋葱 10 克，蒜泥 5 克，香菜末 5 克，黄油 100 克，百里香少量，白兰地酒 5 毫升，盐和胡椒粉少许。

制法：①将黄油稍加热，呈酱状后放入洋葱末、蒜泥、香菜末及少量盐、胡椒粉调匀，制成黄油酱。

②将蜗牛肉用少量黄油煸炒，放百里香、白兰地酒翻炒，用盐、胡椒粉调味。

③先将黄油酱的 50% 分装入蜗牛壳内，再分别装入蜗牛肉，最后将余下的黄油酱封口，将蜗牛壳分入蜗牛盘中，入焗炉焗熟。

例 13，焗蚝卡西诺少司（Oysters Casino）（生产 12 份，每份 3 个）

原料：生蚝 36 个，黄油 230 克，青椒末 60 克，甜椒末（Pimiento）30 克，冬葱末（Shallot）30 克，香菜末 15 克，柠檬汁 30 毫升，白胡椒少许，盐 30 毫升，咸肉条（Bacon）9 条。

制法：①用蚝刀撬开生蚝，将上面的蚝壳扔掉，放在一个比较浅的烤盘中。

②把黄油放入搅拌器里搅拌，直到柔软发亮时为止，加青椒末、甜椒末、香菜末和柠檬汁，混合，直到完全拌匀为止。用盐和胡椒粉调味，制成卡西诺少司。

③将咸肉条放在烤箱里烤至半熟，除去里面的汁。把每条咸肉切成 4 片。

④把混合好的卡西诺酱分别放在生蚝上面，每个生蚝上面放一片咸肉。

⑤把生蚝放在焗炉（Broiler），焗到生蚝热透，咸肉的表面变成金黄色为止，不要过火。

例 14，奶酪卡斯德布丁（Gorgonzola Custards）（生产 6 份，每份 100 克）

原料：黄油适量，洋葱末 115 克，奶油 360 毫升，新鲜鸡蛋 4 个，奶酪末（Gorgonzola 或其他味道浓郁的品种）85 克，盐和胡椒粉少许。

制法：①将洋葱末加黄油煸炒至半透明状，冷却。

②在容器中将熟洋葱、奶油、鸡蛋、奶酪末混合，用盐、胡椒粉调味，制成奶油鸡蛋糊。

③将鸡蛋糊放入涂有黄油的模具中，蒸熟。

④上桌时，经过造型，可以热食或冷食。

例 15，奶酪咸肉排（Cheese and Bacon Tart）（生产 1 个排，切成 8 块）

原料：发粉面团 300 克，奶酪末 150 克，五花咸肉 100 克，洋葱末 100 克，鲜奶 100 毫升，鲜鸡蛋 2 个，盐、胡椒粉、豆蔻、辣椒粉各少许，黄油 200 克。

制法：①把面团擀成 5 毫米厚的片，放在直径为 24 厘米的圆烤盘中，放入冰箱搁置 30 分钟。

②咸肉去皮，切成条状和洋葱丁一起稍微煸炒，放凉。

③把鲜奶、鲜奶油和鸡蛋搅拌在一起，加盐、胡椒粉、豆蔻和辣椒粉，制成奶油鸡蛋糊。

④将奶酪末、咸肉条、洋葱丁搅拌在一起，然后倒在面片上，再把奶油鸡蛋糊倒在上面，约 5 毫米厚，不能超过排的边缘。

⑤将排放在 180℃的烤箱中，大约用 30~35 分钟将排烤熟。

⑥从烤箱中把排拿出来，放在一个较温暖的地方约 10 分钟，再放入平盘中，切成 8 块，每块排与排之间用排纸分隔开。

例 16，勃艮第小空心饼（Miniature Gougere Puffs）（生产约 160 片）

原料：合好的空心饼面团 1.1 千克，哥瑞尔奶酪末（Gruyere）220 克，鸡蛋液适量。

制法：①将空心饼面团与奶酪末搅拌在一起，然后装入面点挤花袋中。

②在烤盘上挤出长方形小面团（1 厘米宽，3 厘米长），刷上鸡蛋液。

③用 200℃的温度，将小长方形面点烤制膨胀，表面变为金黄色。需 20~30 分钟。

④在每个空心饼的一侧开一个小口，使内部蒸汽蒸发，然后，把空心饼放在烤炉烘干为止。服务时应保持空心饼的热度。

例 17，炸西蓝花奶酪酥（Broccoli and Cheddar Fritters）（生产 10 份，每份 100 克）

原料：多用途面粉 340 克，新鲜鸡蛋 4 个，牛奶 340 克，发粉 15 克，盐、辣酱油、辣酱各少许，煮好的西蓝花（切成末）455 克，干达奶酪末（Cheddar）225 克。

制法：①把面粉、鸡蛋、牛奶、发粉、盐、辣酱油、辣酱混合在一起，搅拌均匀，制成润滑的奶油鸡蛋面糊。

②在面糊中加入西蓝花和奶酪，混合好后，倒入装有约 375℃热油的炸锅中，炸成金黄色为止。

③用漏勺把炸好的馅饼捞出，沥干油，放在吸油纸上，吸净油，立即上桌。

例 18，腌烤辣椒片（Marinated Roasted Peppers）（生产 8 份，每份 3 片）

原料：各种颜色的辣椒（烤熟的、去籽、去皮，切成两半）12 个，橄榄油 240 毫升，大蒜 1 瓣制成泥，盐和胡椒粉各少许，醋 60 毫升，新鲜香菜末 10 克，派米森奶酪片 12 片。

制法：①把烤过的辣椒放在一个陶制的容器里。

②除了奶酪片和香菜末，将剩下的原料倒入辣椒中。然后把它们放入冰箱，腌制一夜。

③上桌时，每份装 3 个辣椒，保持各种颜色。用新鲜香菜末和奶酪装饰。

第二节 沙 拉

一、沙拉概述

沙拉（Salad）一词来自英语音译，其含义是一种冷菜。传统上，作为西餐的开胃菜，主要原料是绿叶蔬菜。现代沙拉在欧美人的饮食中起着越来越重要的作用，可作为开胃菜、主菜、甜点、辅助菜。沙拉的原料从过去单一的绿叶生菜发展为各种畜肉、家禽、水产品、蔬菜、鸡蛋、水果、干果、奶酪，甚至谷物等。

二、沙拉组成

沙拉常由 4 个部分组成：底菜、主体菜、装饰菜或配菜、调味酱。通常，4个部分可以明显地分辨出来，有时混合在一起，有时底菜或装饰菜被省略。

1. 底菜

底菜是沙拉中最基本的组成部分，它在沙拉的最底部，通常以绿叶生菜为原料。底菜的三大作用是衬托沙拉的颜色，增加沙拉的质地，约束沙拉在餐盘中的位置。沙拉应摆放整齐，不要超出底菜的边缘。一些沙拉用深盘子盛装，由于它的高度和形状，再加上沙拉本身的造型，使这道菜看更加美观。

2. 主体菜

主体菜是沙拉的主要部分。它由一种或几种食品原料组成。主体菜可以由新鲜的蔬菜，熟制的海鲜、畜肉，淀粉原料及新鲜的水果等组成。通常，沙拉的名称就是根据主体菜的名称命名。主体菜摆放在底菜上部，应摆放整齐。例如，马铃薯沙拉中的主体菜是马铃薯，应当切成丁，尺寸应当规范，而不是泥状物质。

3. 装饰菜或配菜

装饰菜是沙拉上面的配菜，它不像主体菜那么重要。但是，它在质地、颜色、味道方面为沙拉增添了特色。沙拉中的装饰菜应选择颜色鲜艳的原料。常用的沙拉装饰菜有樱桃番茄、番茄片、青椒圈、黑橄榄、香菜、水田芹（Watercress）、薄荷叶、橄榄、水萝卜、腌制的蔬菜、鲜蘑、柠檬片或柠檬块、煮熟的鸡蛋（半个、片状、三角形）、樱桃、葡萄、水果（三角形）、干果或红辣椒等。由于这些原料具有颜色、形状和味道的特点，因此作为装饰菜给人们留下了深刻的印象。但是，如果沙拉主体菜的颜色很鲜艳，装饰菜则可以省略。

4. 调味酱

沙拉酱是沙拉的调味品，常由醋或柠檬汁、植物油（色拉油）、盐、芥末酱、辣酱、番茄酱、新鲜鸡蛋黄等制成。不同种类的沙拉酱所用的食品原料不同。其作用是，为沙拉增添了颜色和味道，带来润滑。调味酱有着多种味道和颜色，不同的沙拉配不同的沙拉酱。通常，沙拉酱与沙拉有一定的内在联系，这些联系表现在颜色、味道、浓度和用餐习惯等方面。例如，绿叶蔬菜沙拉习惯上配酸味沙拉酱——鞑靼酱（Tartar Dressing）；而水果沙拉配甜味沙拉酱。例如，鲜奶油、可可粉和糖粉制成的调味酱等。

三、沙拉种类

通常，人们以两种方式将沙拉分类。一种方法是通过沙拉在一餐中的作用将沙拉分类。如具有开胃特点的沙拉，具有主菜性质的沙拉，辅助菜沙拉，一餐最后的甜点沙拉。另一种方法是将沙拉的食品原料分类。例如，绿叶蔬菜沙拉、一般蔬菜沙拉、组合原料沙拉、熟食品沙拉、水果沙拉和胶冻沙拉等。

1. 开胃菜沙拉（Appetizer Salad）

开胃菜沙拉作为西餐传统的第一道菜，具有开胃作用。其特点是数量少、质量高、味道清淡、颜色鲜艳等。例如，青菜沙拉、海鲜沙拉、什锦香菜沙拉等。

2. 主菜沙拉（Main Course Salad）

主菜沙拉作为餐中的主要菜肴，份额大，常选用蛋白质或淀粉原料，颜色和味道很有特色。例如，鸡肉沙拉、厨师沙拉、瓤番茄沙拉等都是人们在午餐中常选用的主菜沙拉。

3. 辅菜沙拉（Side-dish Salad）

辅菜沙拉常在主菜后食用。辅菜沙拉的质地、颜色和味道应区别于顾客选用的主菜，其特点应与主菜形成鲜明的对比和互补。辅菜沙拉常以清淡、数量少、有特色而著称。在欧美人的午餐中，辅菜沙拉可以替代其他蔬菜菜肴，是欧美人喜爱的一道菜肴。

4. 甜点沙拉（Dessert Salad）

甜点沙拉也称为甜品沙拉，是一餐中的甜点，也是一餐中的最后一道菜。甜点沙拉的特点是味甜，以新鲜水果、罐头水果或果冻为原料。有时，加入奶油和木司等，很受人们的欢迎。

5. 绿叶蔬菜沙拉（Leafy Green Salads）

绿叶蔬菜沙拉使用新鲜的生菜或其他绿叶青菜为原料，包括生菜、苣菊（Endive）、菠菜和水田芹等。（见图 11–5）这些原料可以单独使用，也可以混合在一起使用。制作沙拉常用的生菜品种包括：

（1）爱斯伯格（Iceberg），也称作冰山菜，外形像卷心菜，叶子较松散，绿白色，非常酥脆，味道较浓，是制作绿叶蔬菜沙拉首选的品种。

（2）罗美尼（Romaine），外形像松散的大白菜，根部白色，叶部绿色，味道很浓郁，有甜味。

（3）比伯（Bibb），外形像小型的卷心菜，叶子较松散光亮，质地纤细，深绿色或黄绿色，略有甜味。

（4）波士顿（Boston），与比伯很相似，根部稍大，甜味稍差，除了用于青菜沙拉的主要原料，还适宜作其他沙拉的底菜。

（5）松散的绿叶类生菜（Loose Leaf），有多种类型，外观松散，像小白菜，叶卷曲，呈绿色，茎白绿色。有时菜叶的边缘会出现暗红色，质地酥脆。

（6）苣菊，是制作绿叶生菜沙拉的主要原料。常用的品种有菊苣，也称为卷曲形的苣荬菜，外形细长，叶子卷曲，呈深绿色，根茎白绿色。由于味苦，经常与其他生菜混合使用。比利时苣菊（Belgian Endive），外观像大白菜。但是，体积小，长约10厘米至15厘米，黄绿色，略有苦味。

（7）菠菜（Spinach），形状小，松散，细长，叶子大，呈深绿色，茎较短，脆嫩，有味道。

（8）水田芹（Watercress），小型深绿色的叶子，茎较长，有辣味，常与其他绿叶蔬菜一起作为沙拉的主体菜。

图 11-5　各种生菜和苣菊

6. 普通蔬菜沙拉（Vegetable Salads）

普通蔬菜沙拉常由一种或几种非绿叶蔬菜作为主要原料，绿叶蔬菜可作为这种沙拉的底菜。一般蔬菜沙拉将原料切成各种美观又方便食用的形状。常用的原料有卷心菜、胡萝卜、西芹、黄瓜、青椒、鲜蘑、洋葱、水萝卜、番茄和小南瓜等。

7. 组合原料沙拉（Combination Salads）

由两种或多种不同种类原料组成的沙拉主体菜，称为组合式沙拉。例如，以蔬菜和熟肉组成的沙拉；以熟海鲜、水果和蔬菜为原料组合的沙拉等。组合原料沙拉常作为开胃菜和主菜。其原料品种及数量搭配没有具体规定。但是，它们的味道、颜色和质地必须适合组合在一起，而且应互补和协调。

8. 熟制原料沙拉（Cooked Salads）

以熟制的主料制成的沙拉称为熟制原料沙拉。其特点是主料必须熟制，而且习惯于单一的原料作为主体菜。例如，意大利面条沙拉、马铃薯沙拉、火腿沙拉和鸡肉沙拉等。这种沙拉经常选用质地脆嫩蔬菜为配料以丰富沙拉的口感，如西芹、洋葱、泡菜。这类沙拉的调味酱可有各种选择以提高熟食原料沙拉的质量和口味。熟制原料沙拉常选用马铃薯、火腿、米饭、禽肉、意大利面条、海鲜、鸡蛋、虾肉和蟹肉等为主要原料。

9. 水果沙拉（Fruit Salads）

当今，以水果为主要原料制作的沙拉愈加受到人们的欢迎。水果沙拉应选用新鲜、高质量原料，选择颜色鲜艳的品种并且切成美观和方便食用的形状，使沙拉呈现自然美。常用的水果原料有苹果、杏、鳄梨、香蕉、草莓、菠萝、西柚、葡萄、橙子、梨、桃、猕猴桃、杧果、甜瓜和西瓜等。

10. 胶冻沙拉（Gelatin Salads）

胶冻沙拉制作简单，常受到人们欢迎。它主要包括透明胶冻沙拉（Clear Gelatin Salad），由吉利与水制成的胶冻体，与其他原料搭配而成。果味胶冻沙拉（Fruit Gelatin Salad）由吉利与具某种水果味道的液体制成的胶冻体组成。其特点是甜味大，有自己独特的味道和颜色。肉冻或蔬菜冻胶体沙拉（Aspic）由肉类或海鲜味的原汤、吉利、番茄、香料及其他调味品制成的胶冻体制成。蔬菜冻胶体沙拉与肉冻胶体沙拉的原料几乎相同，只不过将其中的原汤变成了清水。

四、经典沙拉案例（见图 11-6）

例 1，什锦蔬菜沙拉（Mixed Green Salad）（生产 4 份，每份约重 80 克）

原料：4~5 个品种绿叶生菜 180 克，胡萝卜、黄瓜、番茄、青椒各 15 克，法国沙拉酱 80 克。

制法：①将绿叶生菜洗净，用手撕成片，尺寸应方便食用，长和宽约为 1 寸。②将撕好的生菜存入冷藏箱，准备随时使用。③食用时，均匀地拌上法国调味酱，放在沙拉盘上。④将黄瓜、胡萝卜、番茄、青椒切成片，搅拌，放在生菜上，做装饰品。

例 2，普通绿叶蔬菜沙拉（Basic Green Salad）（生产 25 份，每份 90 克）

原料：爱斯伯格（Iceberg）生菜 2 个（净料约 1 千克），罗美尼（Romaine）生菜 2 个（净料约 1 千克），经过选择的水田芹 500 克，番茄块 25 块，黑橄榄 25 个，法国沙拉酱（French Dressing）适量。

制法：①将各种生菜和水田芹洗干净，生菜撕成方便食用的块，沥干水分，轻轻地搅拌均匀，各种生菜均匀地一起放在塑料袋内，放入冷藏箱冷藏。

②上桌时，将生菜放在沙拉盘内，浇上法国沙拉酱，放上番茄块和黑橄榄做装饰品。

例3，德国蔬菜沙拉（Rohkostsalatteller）（生产16份，每份150克）

原料：白酒醋（White Wine Vinegar）240毫升，酸奶油500克，盐20克，糖粉2克，青葱末7克，胡萝卜450克，辣根（Horseradish）25克，黄瓜625克，水90毫升，鲜莳萝末2克，白胡椒少许，西芹茎575克，柠檬汁50毫升，浓奶油150毫升，盐、白胡椒各少许，波士顿绿叶生菜（撕成3厘米长的片）900克，番茄块16块。

制法：①用醋180毫升，酸奶油，盐10克，糖粉2克，青葱末混合在一起制成酸奶油沙拉酱，放在一边，待用。

②胡萝卜去皮切丝，与辣根放在一起，放入180毫升的酸奶油沙拉酱搅拌制成胡萝卜沙拉待用。

③将黄瓜去皮，切成薄片，用少许粗盐腌制1~2小时，然后，将黄瓜挤出少许汁后，洗去盐分，与醋60毫升、水、糖、莳萝末和白胡椒混合在一起，制成黄瓜沙拉。

④将芹菜茎切成粗丝，与柠檬汁混合在一起，加入奶油、盐、白胡椒粉制成芹菜沙拉。

⑤将酸奶油沙拉酱与生菜混合在一起，放在沙拉盘中央。在生菜的周围放胡萝卜沙拉、黄瓜沙拉和西芹沙拉。生菜上面放一块番茄。

例4，厨师沙拉（Chef's Salad）（生产1份，每份重250克）

原料：生菜叶60克，火腿25克，奶酪25克，煮鸡蛋1个，小番茄2个，黑橄榄1个，熟火鸡肉25克，青椒条15克，胡萝卜15克。

制法：①将生菜在盘中垫底。

②将火腿、奶酪、火鸡肉、胡萝卜、熟鸡蛋切成条，摆在生菜上。

③将青椒切成青椒圈，摆在沙拉上面。

④将黑橄榄放在沙拉顶端，做装饰品。

⑤可配法国沙拉酱、俄罗斯沙拉酱、千岛沙拉酱等任何适用的沙拉酱。

例5，法式尼斯沙拉（Salad Nicoise）（生产25份，每份约重250克）

原料：煮熟的带皮马铃薯700克，煮熟的菜豆600克，绿叶生菜1500克，罐头熟金枪鱼1700克，橄榄50个，煮熟的鸡蛋50个，番茄片100片，熟鳀鱼片25片，法国沙拉酱1250克。

制法：①将马铃薯去皮，切成小薄片，存入冷藏箱，待用。

②将菜豆切成5厘米长的段，存入冷藏箱，待用。

③将生菜洗净，用手撕成碎片，约 1 寸见方，冷藏后分在 25 个沙拉盘中。

④将马铃薯和菜豆混合后，分别放在 25 个沙拉盘的生菜上，每份约 90 克。

⑤将金枪鱼分成每份 45 克，放在沙拉（马铃薯和菜豆）的中心。

⑥将鳀鱼、橄榄、鸡蛋块、番茄片分别放在沙拉上。

⑦将香菜末撒在沙拉上，放入冷藏箱冷藏，上菜时，从冷藏箱中取出，浇上法国沙拉酱。

例 6，西撒沙拉（Caesar Salad）（生产 25 份，每份约重 100 克）

原料：生菜 2300 克，白面包片 340 克，橄榄油 60~120 毫升，鸡蛋黄 4 个，大蒜末 4 克，柠檬汁 180 毫升，奶酪末（Parmesan Cheese）60 克，细盐少许。

制法：①将生菜去掉老叶，洗净，用手撕成约 1 寸见方的小块放在冷藏箱内。

②将面包片去掉四边，放在平底锅内，烤成金黄色，待用。

③用搅拌机搅拌鸡蛋黄，慢慢放橄榄油，直至将鸡蛋黄搅拌稠，放蒜末、细盐、奶酪末和适量的柠檬汁，制成沙拉酱。

④上桌时，将沙拉酱与生菜轻轻地搅拌在一起，放在经过冷藏的沙拉盘上，上面放烤好的面包丁。

例 7，美国沃尔道夫沙拉（Waldorf Salad）（生产 10 份，每份重量约 90 克）

原料：带皮熟土豆 150 克，苹果 500 克，熟鸡肉 100 克，西芹 100 克，核桃仁 100 克，生菜叶 10 片，马乃司沙拉酱 200 克，鲜奶油 50 克，糖粉、胡椒粉适量。

制法：①将土豆去皮，苹果去皮去籽，西芹和鸡肉切成丁，放入容器内，加 50 克核桃仁、胡椒粉、鲜奶油、糖粉、马乃司沙拉酱，拌匀，制成苹果沙拉。

②上桌时，将生菜叶平摊在沙拉盘中，上面放拌好的苹果沙拉，再撒上核桃仁，即成。

例 8，阿尔曼德沙拉（Salad a la Allemande）（生产 10 份，每份 80 克）

原料：熟土豆片 250 克，紫萝卜片 250 克，酸黄瓜片 150 克，熟咸鲱鱼条 120 克，生菜叶 10 张，胡椒粉少许，阿尔曼得少司（Allemande Sauce，以蛋黄奶油制成的少司）150 克，法国沙拉酱少许。

制法：①将土豆、萝卜和酸黄瓜片、咸鲱鱼条混合，加胡椒粉、蛋黄奶油少司拌匀，制成沙拉。

②上菜时，先将生菜叶放在盘里，再将沙拉分别装在有生菜叶的餐盘上，浇上法国沙拉酱，即成。

例 9，火腿沙拉（Ham Salad）（生产 25 份，每份 100 克）

原料：生菜叶 25 片，熟火腿肉丁 1.4 千克，芹菜丁 450 克，腌制的咸菜末（酸甜味的）230 克，黄瓜丁 500 克，洋葱末 60 克，马乃司 500 毫升，醋 60 毫升，番茄或煮熟的鸡蛋适量。

制法：①把咸菜和洋葱末、马乃司和白醋放在容器中，轻轻搅拌，制成沙拉酱，放入冷藏箱备用。

②在每个冷藏过的沙拉盘放 1 片嫩生菜叶，将火腿和黄瓜丁轻轻地混合后，放在生菜叶上。

③用番茄片或煮熟的鸡蛋片做装饰菜。

④上桌时，浇上适量的沙拉酱。

例 10，鸡肉与奶酪核桃沙拉（Chicken Salad with Walnuts and Blue Cheese）（生产 10 份，每份 120 克）

原料：鸡脯肉 450 克，鸡肉原汤适量，鲜蘑片 450 克，法国沙拉酱 500 毫升，香菜末 7 克，各式绿色生菜叶（撕成片）共计 500 克，核桃末 90 克，布鲁奶酪末（Blue Cheese）90 克。

制法：①把鸡脯肉用低温快速地煮一下，冷却，切成条放盐和胡椒粉调味。

②把鲜蘑片与香菜放在一起，加 100 毫升法国沙拉酱，轻轻地搅拌在一起。

③在每个冷却的沙拉盘中放 50 克生菜垫底，在生菜上面的一端放鲜蘑片，另一端放鸡肉条，沙拉的上方撒上核桃末和奶酪末。

④上桌前，每份沙拉浇上 30 毫升沙拉酱。

例 11，番茄瓤鸡肉沙拉（Stuffed Tomato Salad with Chicken）（生产 24 份，每份 1 个番茄，约重 110 克）

原料：番茄 24 个，生菜叶 24 片，细盐少许，香菜末少许，鸡肉沙拉（熟鸡肉丁、西芹丁、马乃司沙拉酱、柠檬汁、细盐、胡椒粉搅拌而成）1500 克。

制法：①将番茄洗净，从根部挖去它们的内心。

②在番茄的内部撒少许细盐，然后根部朝下，沥去水分。

③将 60 克鸡肉沙拉瓤在番茄内。

④在每个沙拉盘中放一片生菜叶，将瓤好的番茄放生菜叶上，撒上香菜末做装饰品。

例 12，马铃薯沙拉（Potato Salad）（生产 25 份，重量约 110 克）

原料：洗净的生菜叶 25 片，甜味的红色辣椒条 50 条，煮熟的带皮鸡蛋 200 克，煮熟的带皮马铃薯 3000 克，熟火腿肉丁 200 克，芹菜丁 100 克，酸黄瓜丁 20 克，洋葱末 50 克，马乃司沙拉酱 200 克，法国沙拉酱 120 克，精盐 8 克，白胡椒粉 8 克。

制法：①将生菜叶分别放在 25 个冷藏的沙拉盘中，每盘一片，放在沙拉盘的中部，做底菜。

②将凉马铃薯去皮，切成 1 厘米边长的丁，与法国沙拉酱、盐、胡椒粉轻轻地搅拌在一起。

③将煮熟的鸡蛋去皮，切成丁。

④将鸡蛋丁、火腿肉丁、芹菜丁、洋葱丁、酸黄瓜丁与用沙拉酱搅拌好的马铃薯轻轻地搅拌在一起，制成马铃薯沙拉。

⑤将马铃薯沙拉放在 25 个沙拉盘中，放在生菜叶的上面。

⑥在每盘沙拉的顶部放两条红色甜辣椒，做装饰品。

例 13，素什锦沙拉（Salad Macedoine）（生产 10 份，每份 90 克）

原料：熟土豆 400 克，熟胡萝卜 200 克，熟白萝卜 200 克，熟青豆 100 克，煮鸡蛋 3 个，酸黄瓜 50 克，法国沙拉酱 150 毫升，精盐少许，胡椒粉少许。

制法：将土豆、胡萝卜、白萝卜、煮鸡蛋都切成 1 厘米正方的丁，加青豆、盐、胡椒粉、酸黄瓜丁、法国沙拉酱拌匀装入冷藏的沙拉盘内，即成。

例 14，橙子沙拉（Orange Salad）（生产 4 份，每份重量约 180 克）

原料：大甜橙 3 个，小菠萝 1 个，白糖粉 60 克，可可粉 120 克。

制作：①将甜橙剥皮，撕去筋络，切成薄片。

②将菠萝剥下皮，去籽，切成块。

③将白糖粉与可可粉混合，制成可可糖粉。

④在盘中或杯中放一层甜橙片，再码一层菠萝片，每层都撒上适量的可可糖粉，冷藏两小时后食用。

例 15，番茄胶冻沙拉（Tomato Aspic）（生产 6 份，每份约重 250 克）

原料：番茄 500 克，西芹 100 克，细盐 10 克，白糖粉 50 克，香叶 1 片，柠檬皮末 30 克，洋葱 50 克，辣酱 5 克，吉利粉（Gelatin）50 克，辣酱油 10 克，酸奶酪 500 克，鲜菠萝末 10 克，生菜叶少许。

制法：①将番茄、西芹、洋葱、香叶洗净切成小块，约煮 20 分钟，放盐，煮烂后，放入搅拌机中，搅成泥。

②将 350 克热水与吉利粉混合，约 5 分钟后，吉利粉溶化。

③将番茄、西芹、洋葱泥过滤后，与白糖粉、柠檬汁、辣酱和辣酱油混合均匀。

④将番茄、西芹混合物与吉利粉溶液放入锅内，搅拌均匀后，用低温煮成稠液体。

⑤将煮好的番茄混合物放入 6 个胶冻沙拉模具中，冷却后，放在冷藏箱中，约 4 个小时后凝固成型。

⑥将酸奶酪、鲜菠萝末与柠檬皮末搅拌好，制成调味汁放在碗内，用保鲜纸封住，冷藏 10 分钟。

⑦将成型的番茄胶冻分别放在沙拉盘中，四边镶上生菜叶，胶冻上面浇上酸奶酪调味汁。

甜菜沙拉（Beet Salad）

番茄奶酪沙拉（Mozzarella & Tomato Salad）

梨与奶酪沙拉（Pear Gorgonzola Salad）

沃尔道夫沙拉（Waldorf Salad）

图 11-6　各种沙拉

第三节　沙拉酱

一、沙拉酱概述

沙拉酱是为沙拉调味的汁酱，通常人们也称它为沙拉少司或沙拉调味汁。沙拉酱在沙拉中起着非常重要的作用，它可美化沙拉的外观，增加沙拉的味道。沙拉酱有无数个品种。但是根据它们的特点，可以将沙拉酱分为法国沙拉酱、马乃司沙拉酱和熟制沙拉酱（Cooked Salad Dressing）3 个种类。

二、法国沙拉酱（French Dressing）

法国沙拉酱又名法国少司（Vinaigrette）或醋油少司（Vinegar-and-oil Dressing）。它是由植物油、酸性物质和调味品混合而成。传统的法国沙拉酱的主要特点是酸咸味，微辣，乳白色，稠度低，实际上它呈液体状态。通常，法国沙拉酱的含义是以传统法国沙拉酱为基础原料制作的各种味道、各种颜色、各种特色和各种名称的沙拉调味酱。

法国沙拉酱常由橄榄油或纯净的蔬菜油、玉米油、花生油或核桃油，加入酒醋（Wine Vinegar）[或苹果醋（Cider Vinegar）或白醋（White Vinegar）或任何醋与柠檬汁（Lemon Juice）]，再加入调味品（精盐和胡椒粉）制成。法国沙拉酱配方的特点是，酸性原料与植物油的重量比例常是 1∶3。制作法国沙拉酱时，应当用手摇动它的配料，使沙拉酱成为悬浮体后，才能使用。一般而言，当法国沙拉酱被放置一段时间后，油和醋会呈分离状态。因此使用时，必须用手摇动。通常，在法国沙拉酱内放入一些乳化剂。例如，适量的糖、奶酪或番茄酱等。这样，沙拉酱的混合性和味道会有明显的改善。

1. 传统法国沙拉酱

传统的法国沙拉酱也称为基础法国沙拉酱（Basic French Dressing），是以植物油、白醋为主要原料，加入食盐和胡椒粉调味而成。这种沙拉酱呈乳白色，带有酸和微辣味道。它的用途很广泛，既可直接为沙拉调味，还可以作为其他沙拉酱的原料，放入其他原料和调料后，可成为更有特色的沙拉酱。

例，传统的法国沙拉酱（生产 2 升）

原料：色拉油 1500 克，白醋 500 克，食盐 30 克，胡椒粉 10 克。

制法：①将以上各种原料混合在一起，搅拌均匀。

②每次使用前，搅拌均匀。

2. 特色法国沙拉酱

以传统的法国沙拉酱为基本原料，放入适当的调味品制成。例如，芥末法国沙拉酱（Mustard French Dressing）、罗勒法国沙拉酱（Basil French Dressing）、意大利法国沙拉酱（Italian French Dressing）[简称意大利沙拉酱（Italian Dressing）]、浓味法国沙拉酱（Piquante Dressing）、奇芬得沙拉酱（Chiffonade Dressing）、鳄梨沙拉酱（Advocade Dressing）。

3. 美式法国沙拉酱（American French Dressing）

在传统法国调味酱中放洋葱末、熟鸡蛋末、酸黄瓜末、香菜末、香料末、续随子末、胡椒末、辣椒酱、芥末酱、糖、蜂蜜、辣酱油、鳀鱼酱、大蒜末、柠檬汁、莱姆汁、奶酪末（Roquefort Cheese，Parmesan Cheese）等。

例 1，芥末法国调味酱（生产 2 升）

原料：传统的法国调味酱 2 升，芥末酱 60 毫升至 90 毫升。

制法：将法国调味酱与芥末酱混合在一起。

例 2，罗勒法国调味酱（生产 2 升）

原料：传统的法国沙拉酱 2 升，罗勒 2 克，香菜末 60 克。

制法：将法国沙拉酱与罗勒、香菜末混合在一起。

例 3，意大利法国沙拉酱（生产 2 升）

原料：传统的法国沙拉酱 2 升，大蒜末 4 克，香菜末 30 克，碎牛至叶 4 克。

制法：将法国沙拉酱与大蒜末、香菜末、牛至叶混合在一起。

例4，浓味法国沙拉酱（生产2升）

原料：传统的法国沙拉酱2升，干芥末粉4克，洋葱末30克，红辣椒粉9克。

制法：将法国沙拉酱与干芥末粉、洋葱末、红辣椒粉混合在一起。

例5，奇芬得法国沙拉酱（生产2升）

原料：传统的法国沙拉酱2升，煮熟的鸡蛋4个（切成末），煮熟的红菜头（切成末）230克，香菜末15克，洋葱末15克。

制法：将法国沙拉酱与鸡蛋末、红菜头末、香菜末、洋葱末混合在一起。

例6，鳄梨法国沙拉酱（生产3升）（见图11-7）

原料：传统的法国沙拉酱2升，鳄梨酱1000克，细盐适量。

制法：将法国沙拉酱与鳄梨酱混合在一起，用少许细盐调味。

例7，美式法国沙拉酱（生产2升）

原料：洋葱末120克，植物油1升，白醋350毫升，番茄酱600毫升，白糖120克，大蒜末2克，辣酱油15毫升，红辣酱（Tabasco）少许，白胡椒少许。

制法：将以上各种原料放在一个大容器内，混合在一起，搅拌均匀。

图11-7　鳄梨沙拉酱
（Advocade Dressing）

三、马乃司沙拉酱

马乃司沙拉酱是一种浅黄色的、较浓稠的沙拉酱，其名称是根据法语Mayonnaise的音译而成。它由植物油、鸡蛋黄、酸性原料和调味品混合制成。人们常把马乃司沙拉酱称为蛋黄少司或马乃司等。这种沙拉酱最大的特点是混合牢固，原料不分离。由于这种沙拉酱中增加了乳化剂——鸡蛋黄，从而将马乃司沙拉酱中的植物油和醋均匀地混合在一起。通常，马乃司沙拉酱不仅做沙拉调味酱，还是其他的沙拉酱的基本原料。例如，著名的千岛沙拉酱（Thousand Island Dressing）、布鲁奶酪沙拉酱、俄罗斯沙拉酱（Russian Dressing）都是以马乃司沙拉酱为基本原料加上调味品配制的。它们都属于马乃司沙拉酱类。

1.传统马乃司沙拉酱

传统的马乃司沙拉酱实际上就是马乃司，它是一种浅黄色的、较浓稠的沙拉酱。其味道鲜美，粘连度好，沙拉配上马乃司沙拉酱后，不仅味道好，还利于顾客食用。

2.特色马乃司沙拉酱

以马乃司沙拉酱为基本原料，加入不同的调味品或奶酪可制出不同颜色和风味的马乃司沙拉酱，这种沙拉酱称为特色马乃司沙拉酱。著名的特色马乃司沙拉酱有千岛沙拉酱、路易士沙拉酱（Louis Dressing）、俄罗斯沙拉酱、奶油马乃司沙拉酱（Chantilly Dressing）、洛克伏特沙拉酱（Creamy Roquefort Dressing）及鲜莳萝沙拉酱（Dill Dressing）等。

常用的特色马乃司沙拉酱调味品有酸奶油、抽打过的奶油、鱼子酱、火腿末、水果末、洋葱末、熟鸡蛋末、蔬菜末、酸黄瓜末、香菜末、香料末、续随子末、胡椒粉、辣椒酱、芥末酱、辣酱油、鳀鱼酱、大蒜末、柠檬汁、莱姆汁、水果汁、不同风味的醋、不同品牌的奶酪末。

例 1，马乃司沙拉酱（生产 2 升）

原料：新鲜鸡蛋黄 10 个，精盐 10 克，色拉油 1.7 升，白醋 70 毫升，芥末粉 4 克，柠檬汁 60 毫升。

制法：①将鸡蛋黄放进电动搅拌机内，一边搅拌，一边滴入植物油，开始一滴一滴地放入蛋黄内，然后，逐渐加快，使蛋黄变成较稠的蛋黄溶液。

②加入精盐和芥末粉，然后慢慢加醋和柠檬汁，注意其味道和稠度。

例 2，千岛沙拉酱（生产 2.3 升）

原料：马乃司沙拉酱 2 升，番茄少司 150 克，辣酱 150 克，胡椒粉 20 克，柠檬汁 30 克，酸黄瓜末 100 克，煮熟鸡蛋 5 个切成末，洋葱末 100 克，香菜末 30 克，白醋 50 毫升。

制法：将鸡蛋末、洋葱末、酸黄瓜末、香菜末放入容器内，加入马乃司沙拉酱、番茄少司、白醋、辣椒酱、柠檬汁和胡椒粉搅拌均匀。

例 3，路易士沙拉酱（生产 2.3 升）

原料：千岛沙拉酱 2 升，浓奶油 300 克。

制法：在制作千岛沙拉酱时，不要放入鸡蛋末。然后，放入浓奶油，搅拌均匀。

例 4，俄罗斯沙拉酱（生产 2.4 升）

原料：千岛沙拉酱 2 升，辣酱 400 毫升，洋葱末 60 克。

制法：将以上各种原料搅拌均匀。

例 5，奶油马乃司沙拉酱（生产 2.3 升）

原料：千岛沙拉酱 2 升，抽打过的浓奶油 300 毫升。

制法：将以上各种原料搅拌均匀，尽量在接近开餐的时间制作。

四、熟制沙拉酱（Cooked Salad Dressing）

熟制沙拉酱是一种较稠的液体，由牛奶、鸡蛋、淀粉和调味品制成，它的外观与马乃司很相似。通常这种沙拉酱在双层煮锅内加热而成。制作这一类沙拉酱应当细心，防止出现烧焦或结块。

例，熟制的沙拉酱（生产 2 升）

原料：白糖 120 克，面粉 120 克，盐 30 克，芥末粉 6 克，辣椒粉 0.5 克，新鲜鸡蛋 4 个，新鲜鸡蛋黄 4 个，牛奶 1200 克，黄油 120 克，白醋 350 克。

制法：①将白糖、面粉、芥末粉、辣椒粉放入容器内搅拌，加入鸡蛋和鸡蛋黄抽打。

②将牛奶放入双层煮锅内，用小火煮开，牛奶逐渐倒入鸡蛋混合液中，不断抽打，然后倒入锅内加热。用小火，不断地搅拌、抽打，直至看不到生面粉为止。

③离开火源，加黄油、白醋制成沙拉酱，然后放入不锈钢容器内。

本章小结

开胃菜也称作开胃品、头盆或餐前小吃。它包括各种小份额的冷开胃菜、热开胃菜和开胃汤等。开胃菜是一餐中的第一道菜肴或主菜前的开胃食品。开胃菜的特点是菜肴数量少，味道清新，色泽鲜艳，带有酸味和咸味并具有开胃作用。沙拉一词来自英语音译，其含义是一种冷菜。传统上，作为西餐的开胃菜，主要的原料是绿叶蔬菜。现代沙拉在欧美人的饮食中起着越来越重要的作用，可作为开胃菜、主菜、甜菜和辅助菜。沙拉的原料从过去单一的绿叶生菜发展为各种畜肉、家禽、水产品、蔬菜、鸡蛋、水果、干果、奶酪，甚至谷物等。

思考与练习

1. 名词解释题

开那批类开胃菜（Canape）、鸡尾类开胃菜（Cocktail）、迪普类开胃菜（Dip）、鱼子酱开胃菜（Caviar）、沙拉（Salad）。

2. 思考题

（1）简述开胃菜的种类与特点。

（2）简述沙拉的组成。

（3）简述沙拉的种类。

（4）简述法国沙拉酱工艺。

（5）简述马乃司沙拉酱工艺。

第 12 章

主菜与三明治

本章导读

　　本章主要对主菜和三明治的生产原理与工艺进行总结和阐述。通过本章学习，读者可掌握畜肉的结构与烹调效果之间的联系、畜肉部位特点、畜肉成熟度与内部温度、畜肉生产工艺；了解家禽生产原理与工艺；了解鱼的脂肪及水产品生产原理；掌握谷物、豆类和意大利面条生产原理与工艺；了解蔬菜特点与生产之间的联系；掌握三明治的组成、种类与特点、生产原理与工艺等。

第一节　畜肉类主菜

一、畜肉组成及其生产原理

　　畜肉菜肴常作为西餐的主菜。畜肉含有很高的营养成分，用途广泛，由水、蛋白质和脂肪等成分构成。畜肉的含水量约占肌肉的 74%，畜肉中的蛋白质很多，约占肌肉的 20%，遇热会凝固。蛋白质凝固程度与畜肉的生熟度有密切联系，畜肉失去的水分越多，其蛋白质凝固程度就越高。脂肪是增加畜肉味道和嫩度的重要因素，约占肌肉的 5%。一块带有脂肪的牛肉，如果脂肪结构像大理石花纹一样，其味道会非常理想。这种网状脂肪结构会将肌肉纤维分开，易于人们咀嚼。烹调时，脂肪还可以充当水分和营养的保护层。此外，畜肉含少量糖或碳水化合物，尽管含量低，却扮演着重要的角色。畜肉经过扒、烤或煸炒后，其颜色和香味通常来自糖的作用。

　　畜肉中的瘦肉由肌肉纤维组成。肌肉纤维决定着畜肉的质地。质地嫩的畜肉其肌肉纤维细，反之纤维粗糙。构成肌肉纤维的连接物质是畜肉中的蛋白质，称为结缔组织。家畜越是经常活动的部位，其结缔组织就越多。通常，家畜的腿部比背部的结缔组织多。畜肉常有两种结缔组织，白色胶原和黄色的弹性硬蛋白。在西餐烹调中，常用炖和烩等方法烹调带有胶原的畜肉。如果在烹调前，在畜肉中放入嫩化剂则可使畜肉胶质嫩化。

二、畜肉部位特点

1. 颈部肉（Chuck）

这块肉可分为两个部位。一是接近颈部的肉，肉质比较老，常使用煮和焖等方法熟制。

二是接近后背中部的肉块（Rib），肉质比较嫩，使用烤和扒等干热法烹调。

2. 后背肉（Loin 和 Rib）

后背肉，也称为腰肉、通脊肉，肉质最嫩。这一部位的结缔组织很少，其内部有像大理石花纹一样的脂肪，该部位由 3 个部分组成：前膀肉（Rib）、后背中部肉（Rib Short Loin）和后背中后部肉（Sirloin）。其中，后背中后部肉最嫩，适用于扒、焗、煎和炸等烹调方法。

3. 后腿肉（Round）

后腿肉，靠近背部比较嫩，适用烤或扒的方法。接近腿部的肉，有结缔组织，嫩度稍差，需用煮、炖和烩等水热法煮烂肉中的胶原体。

4. 肚皮肉（Belly）

肚皮肉有 3 个部分：靠近前腿肚皮肉（Brisket）、中部肚皮肉（Plate）和后腿肚皮肉（Flank）。肚皮肉的肉质比较老，适合炖和焖等方法，也可制馅。

5. 小腿肉（Shank）

小腿肉的纤维素多、结缔组织多，肉质较老，适合于炖、煮和烩等方法。

当今，由于西餐烹调技术的提高和使用嫩化剂等方法，可以将较老的肉块嫩化。同时，养殖业的发展和家畜养殖技术的提高，畜肉的嫩度也不断地提高，肉类各部位嫩度的差别将越来越小。

三、畜肉成熟度与内部温度

畜肉的成熟度常与肉内部温度紧密联系。通常厨师使用温度计测量肉的内部温度或厨师观看肉的外部颜色及测量畜肉弹力等方法测量畜肉的成熟度。（见表12-1）

表 12-1　畜肉成熟度与肉内部颜色、内部温度对照表

畜肉成熟度	畜肉特点
三四成熟（Rare）	畜肉内部颜色为红色，压迫畜肉时没有弹力，仅留有痕迹，肉质较硬。牛肉的内部温度是 49℃~52℃，羊肉的内部温度是 52℃~54℃。三四成熟的猪肉不能食用，猪肉必须全熟。
五六成熟（Medium）	畜肉的内部颜色为粉红色。压迫时，没有弹力，留有很小痕迹，肉质较硬。牛肉的内部温度是 60℃~63℃，羊肉的内部温度是 63℃，五六成熟的猪肉不能食用。
七八成熟（Well-done）	畜肉内部颜色没有红色，用手压迫，没有痕迹，肉质硬，弹力强。牛肉的内部温度是 71℃，羊肉的内部温度是 71℃，猪肉的内部温度是 74℃~77℃。

四、畜肉生产工艺

常用的畜肉烹调工艺有烤（Roasting）、焗（Broiling）、扒（Grilling）、煎（Panfrying）、炖（Simmering）、焖（Braising）和烩（Stew）等方法。在生产前，应当注意畜肉的嫩度与烹调方法之间的关系，根据各部位的嫩度选择适合的烹调方法。

五、经典畜肉菜肴案例（见图 12-1）

例1，烤牛前膀原汁少司（Roast Rib of Beef au Jus）（生产25份，每份180克）

原料：带骨牛前膀肉 9 千克，洋葱 250 克，西芹 125 克，胡萝卜 125 克，棕色原汤 2 升，细盐、胡椒粉各少许。

制法：①将带有脂肪的牛前膀肉面朝上，摆放在烤盘内，将温度计插入牛肉内。烹调时间约在 3~4 小时。烤炉的温度需要 150℃，七八成熟，其内部温度约在 54℃时即可。在切割前，将烤好的牛肉在烤炉内停留 30 分钟。

②将牛肉从烤盘内取出，去掉约 1/2 的烤肉滴下的牛油，放洋葱、西芹和胡萝卜。

③用高温将洋葱、西芹和胡萝卜烤成棕色后，撇去浮油，放 500 克棕色原汤，用高温将棕色原汤与烤肉原汁融合在一起。

④将混合好的烤肉原汁与剩下的 1.5 升棕色原汤放在少司锅中，混合在一起，用高温加热，蒸发约 1/3 的液体后，过滤，用细盐与胡椒粉调味制成原汁少司。

⑤上桌时，去骨头，将牛肉切成片，分为 25 份，每份放约 45 毫升的原汁少司。

例2，烤羊脊背肉（Roast Rack of Lamb）（生产8份，每份肉带有两根肋骨）

原料：羊脊背肉两块（每块带有 8 根肋骨），细盐、胡椒粉、百里香各少许，大蒜（剁成碎末）2 瓣，棕色原汤 500 毫升。

制法：①将修整好的羊脊背肉放在烤盘内，将带有脂肪的一面朝上。

②将烤炉的温度调至 230℃，将羊肉烤至五六成熟，大约需要 30 分钟。

③将烤好的羊肉从烤盘中取出，放在温暖的地方。

④将烤箱的温度调至中等温度，将蒜末放在烤羊肉的原汁中，加热一分钟后，放棕色原汤，用高温继续加热，直至蒸发一半的水分后，用胡椒粉和盐调味，制成原汁少司。

⑤在每根肋骨的位置将烤好的羊肉切片，每份羊肉两片并带有两根肋条骨。每份烤羊肉放 30 毫升的原汁少司。

例3，扒牛排马德拉少司（Grilled Sirloin Steak with Madeira Sauce）（按需要生产，每份约 170 克牛肉）

原料：西冷牛排（Sirloin Steak）数块（根据需要），每块约170克，植物油、马德拉少司（由棕色少司、马德拉葡萄酒与调味品制成）、棕色少司适量，淀粉类和蔬菜配菜适量。

制法：①修整好牛排并将牛排放入植物油的容器中，沥干多余的油。

②将牛排放在预热的扒炉上，当牛排约有1/4的成熟度时，将牛排调整一下角度，使牛排的外观烙上菱形的烙印（约调整60°角）。

③当牛排半熟时，将牛排翻面，扒制牛排的另一面，直至全部成熟。

④将牛排放在热的主菜盘中，放上淀粉类配菜（米饭或土豆等）和蔬菜配菜。上桌时，将马德拉少司浇在牛排的下方或放在少司容器中与牛排一起上桌。

例4，罗马式火腿牛排（Saltimbocca alla Romana）（生产16份，每份90克）

原料：小牛肉排32块（每块约45克），盐和白胡椒粉各少许，与小牛排直径相等的火腿肉片32片，洋苏叶32片，黄油110克，白葡萄酒350毫升。

制法：①把扇形小牛排拍松，加盐和白胡椒粉调味。然后，把火腿片和洋苏叶均匀地放在每个牛排的顶部，用牙签把它们固定。

②用黄油将牛排的两边煎成金黄色。

③加白葡萄酒，直至肉熟，白葡萄酒减少一半时为止。

④装盘时，每盘装2块牛排，带有火腿的面朝上，每块牛排上面浇一小匙原汤。

例5，意大利瓤馅牛排（Costolette di Vitello Ripieno alla Valdostana）（生产6份，每份1块牛排）

原料：小牛的肋牛排16块，芳迪娜奶酪（Fantina）340克，白胡椒粉少许，盐少许，面粉、鸡蛋液和面包屑各适量，黄油适量，迷迭香末1.5克。

制法：①用刀将肋骨排整理，将粘连在牛排的筋和软骨去掉，仅留下肋骨。

②牛排横切一个小口，形成口袋状。用木槌轻轻地将小牛排拍平，小心不要将牛排拍散。

③将奶酪切成薄片，填满牛排上的切口，保证所有奶酪都填在切口内，不要散落到外面并将切口轻轻捏紧。用少许盐和胡椒粉撒在牛排上。

④准备一块面板，将迷迭香末与面包屑搅拌，将小牛排蘸面粉和鸡蛋液，再蘸上面包屑。

⑤将牛排放在平底锅中，用黄油煎熟，立即上桌。

例6，那波利炖猪排（Lombatine di Maiale alla Napoletana）（生产16份，每份110克）

原料：意大利青椒或灯笼椒（红色或绿色）6个，蘑菇700克，番茄1.4千克，橄榄油180毫升，大蒜瓣（剁成泥）2个，猪排16块，盐、胡椒粉少许。

制法：①把青椒放在炉上烤，直到表面变成褐色，在流动水下去掉褐色的皮和籽，把青椒切成条状。

②把蘑菇切成薄片。把番茄去皮去籽，切成条。

③在平底锅放橄榄油。油热后，加蒜末，煸炒，直到变成淡黄色。然后，取出扔掉。

④用胡椒粉和盐将猪排调味，放入油中煎成金黄色。完全变色后，取出，待用。

⑤在油中放辣椒条和蘑菇条，煸炒，把肉排和番茄丁放入锅中，盖上锅盖，放在烤箱里烤，温度不要太高，不断地检查锅中的水分，防止干锅，直至肉块成熟。

⑥肉块炖熟后，从锅中取出，保持热度。汤汁煮稠，调味。上桌时，猪排上放汤汁及汤中的蔬菜。

例 7，布鲁塞尔红烩牛排（Beef Steak Bruxelloise）（生产 10 份，每份 150 克）

原料：嫩牛肉 1.5 千克，洋葱丁 100 克，西芹丁 50 克，胡萝卜丁 50 克，煮熟的胡萝卜块 100 克，煮熟的白萝卜块 100 克，卷心菜 100 克，煮熟的青豆 50 克、植物油 100 克，红葡萄酒 100 克，香叶 1 片，番茄酱 50 克，油面酱（Roux）50 克，盐、胡椒粉、辣酱油少许。

制法：①将牛肉切成 10 块，用木槌拍松，撒上盐和胡椒粉，用油煎成金黄色，放入烩肉锅。

②将平底锅烧热，放植物油，放洋葱丁、西芹丁、胡萝卜丁、香叶，煸炒成金黄色，放番茄酱，煸炒后，倒入牛肉锅内，加适量的清水、少许辣酱油，煮沸后，盖上锅盖，用低温炖 2 小时，直至牛肉酥烂，取出待用。将牛肉锅中的原汁与油面酱均匀地混合在一起，用盐和胡椒粉调味，制成调味汁。

③将炖好的牛肉放在调味汁中，加入胡萝卜块、白萝卜块、卷心菜，炖 5 分钟。上桌时，将每餐盘放一块牛肉，放一些蔬菜和煮熟的青豆做配菜，上面浇上一些调味汁。

例 8，烩牛肉（Carbonnade a la Flamande）（生产 16 份，每份 180 克）

原料：洋葱 0.5 千克，胡萝卜 0.5 千克，卷心菜 0.5 千克，植物油适量，面粉 170 克，盐 10 克，胡椒粉 2 克，牛前膀肉（切成 2.5 厘米长的正方形块）2.3 千克，黑啤酒 1.25 升，棕色牛原汤 1.25 升，调味袋（内装香叶 2 片、百里香 1 克、香菜茎 8 根、胡椒 8 粒）1 个，蔗糖 15 克，煮熟的马铃薯适量。

制法：①把洋葱剥皮，切成块，将胡萝卜和卷心菜切成块，用油将洋葱煸炒成浅金黄色后，放胡萝卜和卷心菜一起煸炒并放置一边待用。

②在面粉中放少量盐和胡椒粉调味，撒在肉块上，把过多的面粉从肉上筛下去。

③将肉块煸炒成金黄色，每次不要摆放太多的肉块，当肉块呈金黄色时，把它们放在盛有蔬菜的锅内。

④将啤酒、调味袋、原汤放入牛肉和蔬菜锅中。烧开后，放入烤箱内，加热至160℃，直至肉熟烂。大约需要2~3小时。

⑤去掉浮油，调匀调味汁，如汤汁浓度差可加高温，使其蒸发部分水分；若汤汁太稠可放一些棕色原汤。调味后，与煮熟的马铃薯一起上桌。

图12-1　扒牛排带咖啡威士忌酒少司
（Grilled Beef Teaks with Espresso–Bourbon Sauce）

第二节　家禽类主菜

家禽在西餐中扮演着重要的角色，尽管家禽生产与其他食品生产工艺有许多相同点，然而，由于家禽肉质较嫩，其生产工艺有着自己的特点。

一、整只家禽生产原理与工艺

烹调整只家禽，鸡胸肉成熟的速度比家禽腿肉成熟的速度快。这样，鸡腿肉完全成熟时，鸡胸肉已经过火了。尤其是使用烤的方法生产整只家禽表现得更为明显。通常在整只家禽的外部刷上一层植物油可以保护禽肉的外皮完整和美观，又可保护家禽的胸肉中的水分。此外，用绳子将整只家禽的翅膀和大腿进行捆绑，然后再烤制，家禽的各部位成熟度才能均匀。

二、非整只家禽生产原理与工艺

为了充分利用家禽本身的优点或特点，保持内部水分和嫩度，增加菜肴的味道，不同的部位可采用不同的生产方法。例如，鸡胸肉可以煸炒、火鸡的翅膀可以烧焖等。

三、家禽成熟度

根据卫生检疫，家禽菜肴烹调至十成熟时才能食用，因为家禽肉含有沙门氏菌。因此，保持适当的成熟度和防止家禽过火通常是矛盾的。为了保证家禽菜肴嫩度，一方面凭借生产经验，另一方面应通过禽肉内部温度区分成熟度。对于较大形状的家禽，可以将温度计插入大腿部，当温度计显示 82℃时，表示家禽已经完全成熟。对于家禽翅膀和大腿等非完整的家禽的成熟度的鉴别可以通过以下措施。

（1）家禽的各部位互相呈松散状，说明完全成熟。

（2）用烹调针插入禽肉后观察内部的肉汁呈透明状，没有红色或粉红色，说明完全成熟。

（3）肉与骨头分离时，说明完全成熟。

（4）用手按压禽肉时呈现结实状，说明完全成熟。

四、经典家禽菜肴案例（见图 12-2）

例 1，烤火鸡苹果少司（Roast Turkey with Apple Sauce）（供 10 人用）

原料：火鸡一只约 3500 克，苹果少司 300 克，熟红菜头丁 250 克，豌豆 250 克，加工好的菜花 250 克，栗子 500 克，黄油 250 克，烤熟的小土豆 20 个，西芹、胡萝卜、洋葱各 100 克，香叶 2 片，胡椒粉 5 克，盐 20 克，香槟酒 15 毫升，生菜 500 克。

制法：①将火鸡洗净后用线绳捆绑好，使它受热均匀。

②在火鸡外皮撒上盐、胡椒粉，用手搓匀，抹上黄油，鸡脯朝上，放在烤盘内。

③将胡萝卜块、洋葱块、西芹块和香叶放在火鸡内及它的外边四周。在烤盘内放水和香槟酒。然后，将火鸡送炉内，炉温为 200℃。待火鸡烤至金黄色时，降低炉内温度，直至成熟。

④将栗子煮熟捞出，剥去皮，加黄油、砂糖和牛奶焖熟待用，将豌豆煸炒熟，待用，将菜花放入鸡原汤中煮熟，待用。

⑤将烤好的火鸡装入大浅盘中，将烤好的马铃薯摆在火鸡周围，将栗子放在盘中间，将菜花、豌豆、红菜头丁交叉着摆成堆。用少许生菜叶围边。

⑥将烤火鸡原汁过滤，上火烧开，浇在鸡腿上，苹果少司分装在两个容器内，一起上桌。

例 2，烤整鸡原汁少司（Roast Chicken With Natural Gravy）（生产 24 份，每份 1/4 只鸡）

原料：嫩肉鸡 6 只（每只约 1.4 千克~1.6 千克），洋葱丁 180 克，西芹丁 90 克，胡萝卜丁90克，细盐、胡椒粉各少许，浓鸡汤3升，玉米粉69克，冷水60毫升。

制法：①用胡椒粉与细盐涂抹鸡的内部和外皮，捆绑好，在外部刷上植物油。

②将西芹、洋葱和胡萝卜丁放在烤盘上，在烤盘上放上烤架，将鸡放在烤架上，鸡胸脯部朝下。

③将预热的烤炉调至230℃，约烤15分钟，调至165℃，约45~60分钟后，翻面，鸡胸脯朝上，将烤盘滴下的鸡油浇在鸡胸脯上，约45分钟后，成熟，取出后，放在温热的地方。

④用高温将洋葱、西芹和胡萝卜烤成浅棕色，撇去浮油，放入鸡汤中，将混合好的鸡原汤和烤鸡原汁一起倒入煮锅中，加热，使其浓缩，蒸发掉1/3的水分。

⑤将玉米粉与冷水混合在一起，倒入浓缩的鸡原汤中，放盐和胡椒粉调味，用低温炖，使其浓缩，过滤，制成少司。

⑥上桌时，每份烤鸡放60毫升的原汁少司。

例3，煎面包糊鸡排（Chicken Supremes Marechale）（生产1份，每份110克）

原料：去皮鸡脯肉一块（约120克），鸡汁少司60毫升，煮熟的鲜芦笋尖3根，块菌（Truffle）1个（切成片），少许食盐和胡椒粉，鸡蛋2个（搅拌均匀），面包渣、面粉适量，植物油300克。

制法：①将鸡肉稍加修整，用木槌拍松，使其厚度均匀。

②将盐和胡椒粉撒在鸡肉上并将鸡肉两面蘸上面粉、鸡蛋液和面包渣。

③将挂好糊的鸡肉放在煎锅内煎熟。

④将鸡汁少司加热后，浇在鸡肉上，配上芦笋和块菌。

例4，扒茴香鸡脯（Grilled Chicken Breast with Fennel）（生产1份，约110克）

用料：去皮鸡脯肉1个（约110克），大蒜瓣1个，新鲜茴香20克，小洋葱5克，橄榄油、黄油各适量，法国茴香酒、盐、胡椒粉，压碎的茴香籽等少许。

制法：①将大蒜和小洋葱切碎。

②橄榄油、蒜末、茴香籽、盐和胡椒粉搅拌在一起。

③将鸡脯肉整理好，用木槌拍松，放在橄榄油中腌渍片刻。

④将腌好的鸡脯肉放在扒炉上烤，边烤边浇些橄榄油。

⑤将法国茴香油、盐和胡椒粉兑成汁，浇在餐盘上，上面摆放扒好的鸡脯肉。

⑥将鲜茴香煸炒后，摆放在鸡脯肉上做装饰品。

例5，串烤鸡片（Chicken Brochette Clermont）（生产1份，每份80克）

用料：鸡脯肉50克，猪火腿肉30克，洋葱20克，蘑菇10克，棕色少司15克，胡椒粉、植物油少许。

制法：①将鸡脯肉、猪火腿肉、洋葱和蘑菇切成一寸见方或圆形片。

②用扦子将鸡肉、猪火腿肉、蘑菇、洋葱片穿好。

③在鸡肉片上，撒上胡椒粉，喷上食油，放在扒炉烤熟后取下，装盘。

④浇上棕色少司。在鸡肉两旁放一些蔬菜作为装饰品。

例 6，嫩煎鸡脯肉带鲜蘑少司（Sauteed Breast of Chicken with Mushroom Sauce）（生产 10 份，每份 110 克）

原料：带皮去骨的鸡脯肉 10 块，约 1.6 千克，溶化的黄油 60 克，面粉 60 克，白鲜蘑片 280 克，柠檬汁 30 毫升，奶油鸡少司（Supreme Sauce）600 克，盐和胡椒粉各少许。

制法：①将黄油放在平底锅中，加热，用盐和胡椒粉将鸡肉抓一下调味，蘸上面粉。然后，将鸡脯肉放在平底锅中嫩煎，皮朝下。

②将鸡脯肉煎成半熟，皮成为浅棕色后，翻至另一面，继续煎，直至成熟。

③将煎熟的鸡脯肉，皮朝上，放在热的主餐盘上。

④将鲜蘑片放在平底锅中，煸炒成金黄色，放柠檬汁和奶油鸡少司，炖几分钟后，直至减少部分水分，达到理想的浓度，制成鲜蘑少司。

⑤每份鸡肉浇上约 60 毫升的鲜蘑少司，旁边放上淀粉类配菜和蔬菜。

例 7，炸黄油鸡卷（Chicken Kiev）（生产 4 份，每份 125 克）

原料：去骨去皮鸡脯肉 4 块（每块 125 克），黄油（室温）60 克，大蒜 2 瓣剁成泥，青葱末 1 克，蛋黄奶油少司（Allemande Sauce）、盐、胡椒粉各少许。

制法：①将大蒜末和黄油混合在一起，制成 4 个重量相等的长方形的条，约 5（厘米）×1（厘米）。

②将鸡脯肉放入两层烹调纸之间，用木槌将鸡肉拍松，拍成约 5 毫米的厚度。

③将每个黄油条放入每个鸡脯肉的中间，将鸡脯肉卷起，紧紧地包住黄油。

④将包裹好黄油的鸡肉卷蘸上细盐、胡椒粉，蘸上面粉、鸡蛋液、面包屑，冷冻起来。

⑤需要时，将鸡卷放入热油中，炸成金黄色，直至炸熟，上桌时，带上蛋黄奶油少司，旁边放上淀粉类配菜和蔬菜。

例 8，焖浓味鸡块（Chicken Chasseur）（生产 10 份，每份 1/2 只鸡）

原料：鸡（每只约 1 千克）5 只，洋葱丁 60 克，鲜蘑片 230 克，白葡萄酒 200 毫升，浓缩的棕色原汤 750 毫升，鲜番茄丁 300 克，盐、胡椒粉各少许，香菜末 7 克。

制法：①将每只鸡切成 8 块，用少许细盐和胡椒粉调味。

②将调好味的鸡块放入大平底锅中，煸炒，使其着色。然后，从锅中取出，放入容器内，保持热度。

③在平底锅中加洋葱丁和鲜蘑片，煸炒，不要着色，加白葡萄酒，用高温加

热，使其蒸发，减少 1/4 后，加入浓棕色原汤和番茄丁，煮沸，使其蒸发部分水分，加少许盐和胡椒粉调味，制成少司。

④将煸炒好的鸡块放入少司中，盖上锅盖，炉温调至 165℃，慢慢炖，约 20 分钟，直至炖熟。

⑤炖熟后，从锅中捞出，用高温将炖鸡的原汤的水分蒸发一部分，放入香菜末，用盐和胡椒粉调味，制成少司。每份半只鸡（4块），浇上约 80 毫升少司。

白炖辣味鲜蘑鸡块　　　　　焗火鸡意面　　　　　　烤鸭串带猕猴桃
（White Chicken Chili）　　（Turkey Rotini Casserole）　（Roast Duck & Gold Kiwi Fruit）

图 12-2　家禽类主菜

第三节　水产品主菜

水产品指带有鳍或带有贝壳的海水和淡水动物，包括各种鱼、蟹、虾和贝类。水产品是西餐常用的食品原料，水产品肉质细嫩，没有结缔组织，味道丰富，烹调速度快。鱼是带有鳍的海水动物，市场上出售的鱼有各种不同形状，这些不同形状的鱼是根据烹调需要加工形成的。因此，厨房对鱼的初加工和切配程序常根据采购后的形状而定。市场上出售的鱼的形状包括整条未加工的鱼（Whole Fish 或 Round Fish）、取出内脏的鱼（Drawn Fish）、经过修饰的鱼（Dressed Fish）、鱼排（Fish Steak）、蝶形鱼扇（Butterfly Fillet）、单面鱼扇（Fish Fillet）和鱼条（Fish Stick）等。

一、鱼脂肪与生产工艺选择

根据鱼的脂肪的含量，鱼可分为脂肪鱼（Fat Fish）和非脂肪鱼（Lean Fish），西餐厨师非常重视鱼肉脂肪的含量，其原因是鱼的脂肪含量与烹调方法紧密相关。

1. 脂肪鱼的生产方法

含有 5% 以上脂肪的各种鱼称为脂肪鱼。脂肪鱼的颜色常比非脂肪鱼深。脂肪鱼适于煎、炸和焗等干热法，也适于水波、蒸等水热法。然而，由于脂肪鱼的脂肪含量高，因此干热方法是脂肪鱼的最佳选择。常见的脂肪鱼有鲭鱼（Mackerel）、三文鱼（Salmon）、箭鱼（Swordfish）、鳟鱼、石斑鱼（Snapper）和白鱼等。

2. 非脂肪鱼的生产方法

脂肪含量少于 5% 的鱼类称为非脂肪鱼。非脂肪鱼适用蒸和水波等水热法。为了保证菜肴的鲜嫩，如果烹调非脂肪鱼选用干热法，应在鱼肉上面涂上面粉或食油。常见的非脂肪鱼有偏口鱼（Flounder）、比目鱼、金枪鱼、鲈鱼、鳕鱼（Cod）、鲆鱼（Turbot）、鲇鱼（Catfish）和河鲈（Perch）等。

二、水产品生产工艺

1. 烤（Baking）

烤是把经过加工或成形的水产品，特别是鱼，放在刷有植物油的烤盘内，借助四周的热辐射和热空气对流，在约 175℃ ~200℃ 的温度下使菜肴成熟的过程。

2. 焗（Broiling）

焗的方法是将水产品，特别是鱼，用盐、胡椒粉或其他调味品调味，刷上黄油或植物油后，放在焗炉中与上面的热源距离约 12 厘米，在直接高温热辐射下烹调成熟的工艺。这种烹调方法使食物成熟速度快。由于脂肪鱼的脂肪含量高，在较短的烹调时间内不会使鱼肉干燥。因此，可在鱼肉的表面刷少量的黄油或植物油后，通过焗的方法将菜肴制熟。然而，非脂肪鱼和贝壳类水产品必须在烹调前涂上较多的黄油或植物油，甚至在刷油前蘸上面粉以保持原料内部的水分。

3. 扒（Grilling）

先将鱼通过盐和胡椒粉调味，两边刷上黄油或植物油，然后放在扒炉上，通过下方的热辐射成熟的过程。非脂肪鱼最好先蘸上面粉，再刷油。这样，更容易保持鱼块的完整。这种烹调方法比焗的方法速度慢，而且要特别注意鱼的成熟度和保持鱼的完整，避免鱼块破碎和干燥。鱼排最适合使用扒的方法进行生产。

4. 煸炒和煎（Sauteing 和 Pan-frying）

在水产品菜肴制作中，煎与煸炒两种方法很相似，多用于鱼肉菜肴的制作。两种方法都是将鱼肉调味后，蘸上面粉，用平底锅煎熟的过程。但是，煸炒有翻动和颠锅的动作，而煎却没有。由于鱼肉的质地比较纤细，在烹调中容易松散，因此在煎鱼前，将鱼肉用少量的盐、胡椒粉和植物香料调味后挂上面粉、鸡蛋或面包糊以保持它的形状完整。同时，也避免了鱼肉和平底锅发生粘连。

5. 炸（Deep-frying）

炸是将水产品原料完全浸入热油中加热成熟的方法。使用这种工艺，应掌握炸锅中的油与食品原料的数量比例，控制油温和烹调时间。原料应在热油中下锅，待食品原料达到六七成熟时应当逐步降低油温，才能使菜肴达到外焦黄里嫩熟的标准。炸的程序是先将虾肉、蛤肉、鲜贝肉或鱼条调味，挂鸡蛋糊或面包屑糊，放入热油中，使水产品的肉不直接接触食油。这样，既增加了菜肴的颜色和味道，又保护了菜肴的营养和水分。

6. 水波（Poaching）

这种制作方法多用于鱼的烹调。它是将鱼放在液体中加热成熟的过程。水波使用的水比较少，温度比较低，一般保持在 75℃~90℃，适用这种方法的原料都是比较鲜嫩和精巧的，如鱼片和海鲜。水波的最大特点是保持原料本身的鲜味、色泽和质地。水波鱼的制作工艺是，将原料放入调过味的原汤中或带有葡萄酒的鱼汤中，将汤加热到 100℃，然后降至 75℃~90℃，将鱼放入汤中，煮至嫩熟。这样，鱼通过水波后会增加鲜味而去掉腥味。

7. 炖（Simmering）

炖与水波的烹调原理非常相似，它是将水产品放入液体中加热成熟。炖的温度比水波的温度略高，约为 85℃~95℃，而放入的原汤很少。炖的方法首先是将水产品放在平底锅中嫩煎，然后放入少量的水或原汤，加上调料，盖上锅盖。通过汤汁和蒸汽的热传导和对流使菜肴成熟。

8. 蒸（Steaming）

蒸是通过蒸汽加热使水产品成熟。该工艺可用于鱼和贝壳水产品的烹调。通过该方法制作水产品菜肴必须严格控制烹调时间，避免使用压力蒸锅，菜肴的汤汁不要扔掉，可以制成调味汁。

三、经典水产品菜肴案例（见图 12-3）

烤龙虾巴尔乃斯少司 　　　　　　咖喱鱼块 　　　　　　水波三文鱼带蔬菜
（Roasted Lobster with Béarnaise Sauce）　（Fish Curry）　（Poached Salmon with Vegetables）

图 12-3　水产品主菜

例 1，白酒少司比目鱼（Sole Vin Blanc）（生产 1 份，每份 110 克）

用料：去皮比目鱼 110 克，黄油 5 克，小洋葱末 4 克，白葡萄酒 15 克，奶油 20 克，鱼原汤适量，柠檬汁、食盐和白胡椒粉各少许。

制法：①将去皮比目鱼，顺着鱼方向切成条，宽度约为 1 寸。

②将小洋葱末和黄油放入平底锅，稍加煸炒，将鱼叠成卷形，放入锅内。放白葡萄酒、鱼原汤，鱼汤高度以超过鱼为宜。

③取一张烹调纸，抹上黄油，剪成圆形与平底锅尺寸相同，抹油的一面朝下，作为锅盖。

④将锅放在西餐灶上，炉温 200℃，将汤烧开后再用小火煮 5 分钟。

⑤将鱼汤倒入另一锅，再用大火将鱼汤煮浓，大约减少 1/4 后，加奶油，再煮沸片刻以减少水分。然后放入盐、白胡椒粉和柠檬汁，制成白酒少司。将鱼装在餐盘后，浇上少司。

⑥上桌前，将制好的鱼摆放在主餐盘上，旁边配米饭和蔬菜。

例 2，烤纸包鱼片（Fillet of Fish en Papillote）（生产 1 份，每份 170 克）

原料：去骨鱼扇 170 克，黄油 30 克，鲜蘑 30 克，菲葱 15 克，冬葱 2 克，白葡萄酒 25 克，鱼原汤 60 毫升。

制法：①将油纸剪成心形，其大小以包住鱼扇为宜。

②将煎锅烧热，放入黄油。

③用少量盐和胡椒粉涂在鱼肉上，将鱼煎成金黄色，捞出。

④将剪好的心形油纸制成口袋，装入煎好的鱼。然后，放适量的鱼原汤、白酒和鲜蘑，将口袋封严，放在热烤盘上。

⑤将装了鱼的烤盘放入热烤箱，烤 5~8 分钟即可。

例 3，炸西法鱼排（Fried Breaded Fish Fillets）（生产 25 份，每份 110 克）

原料：面粉 110 克，生鸡蛋（搅拌好）4 个，牛奶 250 毫升，干面包屑 570 克，鱼排 25 块（每块 110 克），嫩香菜茎 25 根，柠檬块 25 块，鞑靼少司（Tartar Sauce）700 毫升。

制法：①将面粉放入 1 个浅容器内，将鸡蛋与牛奶搅拌在一起呈糊状，放在宽口的容器内，把面包屑放在另一个浅的容器内。

②把鱼排在盐和白胡椒粉中抓一下，入味。然后，蘸上面粉，蘸上鸡蛋和牛奶糊，外面紧拍一层面包屑。

③将鱼排放在 170℃的热油中，炸至金黄色。

④滤去油后，趁热上桌，在每个鱼排上浇上 30 克鞑靼少司，装饰一根香菜和 1 个柠檬块，配上蔬菜和淀粉类原料。

例 4，扒鱼排（Grilled Fish Steak）（生产 10 份，每份 175 克）（见图 12-4）

原料：鱼排 10 个（每个 175 克），植物油适量，细盐、胡椒粉各少许，柠檬 1 个（榨成汁），辣椒粉少许（可选择）。

制法：①将鱼排两边撒上胡椒粉和细盐，刷上植物油。

②将扒炉铁棍刷上植物油，将鱼排放在铁棍上，用中等温度扒，待一边烤成金黄色后，翻面，再扒另一面，直至成熟。

③上桌时，放上淀粉类和蔬菜配菜。

图 12-4　扒鱼排
（Grilled Fish Steak）

例 5，意大利浓味鱼块（Pesce con Salsa Verde）（生产 16 份，每份鱼 110 克）

原料：洋葱片 110 克，芹菜末 30 克，香菜茎 6 根，香叶 1 片，茴香籽 0.5 克，细盐 8 克，白葡萄酒 500 毫升，水 3 升，去皮白面包 3 片，酒醋（Wine Vinegar）125 毫升，香菜叶 45 克，大蒜 1 瓣，续随子 30 克，鳀鱼肉 4 块，煮熟的鸡蛋黄 3 个，橄榄油 500 毫升，盐、胡椒粉各少许，鱼 16 块（每块 110 克）。

制法：①把洋葱片、西芹末、香菜茎、香叶、茴香、盐、白葡萄酒加上 3 升水煮开，然后用低温煮 15 分钟，制成浓味原汤。

②把面包浸在醋里 15 分钟，然后把醋挤掉，制成面包末。

③把香菜叶、大蒜、续随子、鳀鱼肉放在切菜板上剁成碎末。

④把鸡蛋黄和面包末放在碗里，与香菜、大蒜、鳀鱼等碎末混合，直到混合均匀，然后放入植物油，慢慢搅拌，当所有的油加入后，调味汁的质地像奶油，加盐和胡椒粉调味，制成浓味少司。

⑤将鱼块放在浓味原汤中，煮熟后，捞出，放入餐盘。

⑥在每一份鱼上浇 45 毫升浓味少司，放配菜，立即上桌。

例 6，焗龙虾（Broiled Lobster）（生产 1 份，每份 1 只龙虾）

原料：活龙虾 1 只（约 500 克），溶化的黄油 60 克，面包屑 30 克，冬葱（Shallot）末 15 克，香菜末、食盐、胡椒各少许，柠檬 2 块。

制法：①将龙虾由头至尾竖切成两半，去掉虾的内脏和黑线，肝脏洗净，切成碎末。

②将洋葱放在黄油中煸炒嫩熟，放龙虾的肝末，煸炒成熟。

③把面包屑放入黄油中煎成浅褐色，取出，加入香菜末，用盐和胡椒粉调味。

④把龙虾放在平底锅中，皮朝下，再把面包屑放入龙虾的体腔内。注意不要放到虾尾肉上，在虾尾上刷上溶化的黄油。

⑤把虾腿放在腹腔的填料上面，尾部向下弯，防止虾尾烤干。

⑥把龙虾放在西餐焗炉中，距离焗炉上部的热源 15 厘米，直至龙虾上面的面包屑全部烤成浅褐色。

⑦此时，龙虾并没完全成熟，需要把放有龙虾的烤盘放到烤炉里，直至烤熟为止。

⑧当龙虾熟透，从烤炉中取出，放在餐盘中，餐盘中放一小杯溶化的黄油，盘中放 2 块柠檬角做装饰品，配上炸薯条等淀粉类食品和蔬菜。

例 7，炒番茄鲜贝片（Sauteed Scallops with Tomato，Garlic）（生产 10 份，每份 110 克）

原料：经过整理的大鲜贝片 1.2 千克，橄榄油 60 毫升，加热后纯化的黄油 60 毫升，面粉适量，大蒜末 4 克，番茄丁（去籽、去水分）110 克，香菜末 15 克，盐少许。

制法：①用吸水纸巾将鲜贝水分吸干。

②将黄油与橄榄油放在一起，加热，直到很热。

③将面粉撒在鲜贝片上，然后放在筛子里晃动，把多余的面粉筛掉，放在平底锅里快速地煸炒，经常晃动平底锅，防止鲜贝粘锅。

④当鲜贝片炒半熟的时候，加大蒜末，继续煸炒，直至变成金黄色。

⑤加番茄丁和香菜末，煸炒，直至将番茄煸炒成熟，加上少许盐调味，立即上桌。

例 8，香炒虾仁（Saute Spicy Shrimps）（生产 10 份，每份 110 克）

原料：虾仁 1.2 千克，辣椒粉 2 克，红辣椒末 0.5 克，黑胡椒粉 0.5 克，白胡椒粉 1 克，百里香 0.25 克，罗勒 0.25 克，洋葱片 170 克，盐 3 克，蒜末少许，经过纯化的黄油适量。

制法：①将辣椒粉和所有的香料及盐混合在一起，制成混合调料。将虾仁放在吸水纸巾上吸去水分，然后与混合调料搅拌。

②将洋葱和蒜放在平底锅中，放少许黄油煸炒成金黄色，从锅中取出，放在一边待用。

③在平底锅加少许黄油，将虾仁放在锅中煸炒成嫩熟，将洋葱和蒜末放在虾仁中，稍加煸炒。装盘时，配上大米饭。

例 9，烩渔夫海鲜（Fisherman's Stew）（生产 10 份，每份约 140 克海鲜）

原料：去骨去皮的鱼肉 900 克，带壳蛤肉 10 个，生蚝 20 个，大虾仁 10 个，橄榄油 120 毫升，洋葱片 230 克，韭葱条 230 克，大蒜末 4 克，茴香籽 0.5 克，番茄丁 340 克，鱼原汤 2 升，白葡萄酒 100 毫升，香叶 2 片，香菜末 7 克，百里香 0.25 克，盐 10 克，胡椒粉 0.5 克，烤好的法国面包片适量。

制法：①把鱼切成块，每块 90 克。把蛤肉和生蚝洗净，将虾仁洗干净去除黑线。

②把橄榄油放在少司锅内加热，放洋葱片、大蒜末和茴香籽，煸炒几分钟，加入鱼块和虾仁，盖上锅盖，用中等温度炖几分钟。

③去掉锅盖，加入蛤和生蚝，放番茄、鱼原汤、白葡萄酒、香叶、香菜、百里香、盐和胡椒，盖上锅盖，煮开，再用小火炖 15 分钟，直到蛤肉和生蚝壳打开为止。

④上桌时，在汤盘的底部放两片面包，面包上面放 1 块鱼、1 个蛤肉、2 个蚝肉和 1 个虾仁，在汤盘中加入约 200 克原汤。

例 10，蛤肉番茄少司（Zuppa di Vongole）（生产 16 份，每份蛤肉约 110 克）

原料：小蛤 6.8 千克，水 0.5 升，橄榄油 200 毫升，洋葱丁 140 克，蒜 3 瓣切成末，香菜末 20 克，白葡萄酒 350 毫升，番茄（去皮，去籽，切成块）700 克，胡椒粉、盐各少许。

制法：①把小蛤放入冷水中刷洗，洗去壳上的泥沙。

②将蛤放入水中，盖上锅盖，小火煮至蛤壳张开。捞出后，将汤过滤，备用。

③将小蛤去壳，留下 16 个带壳的小蛤做装饰用。

④在平底锅内放橄榄油，煸炒洋葱块，直至嫩熟，不要上色，加入蒜末，稍加煸炒；加葡萄酒和香菜，稍煮；加番茄丁和蛤汤，炖 5 分钟；用盐和胡椒粉调味，制成少司。

⑤将蛤肉再放在少司中，加热，不要煮过火，保持蛤肉的嫩度。

⑥上菜时，汤中放些去皮的面包块。

例 11，焗沙锅海鲜（Seafood Casserole au Gratin）（生产 6 份，每份 170 克）

原料：去骨、去皮的熟鱼肉 1.5 千克，熟蟹肉、熟虾肉、熟鲜贝肉和熟龙虾肉共计 1 千克，黄油 110 克，热莫勒少司（Mornay Sauce，由白色少司、黄油、鸡蛋黄、瑞士奶酪或派米森奶酪末及调味品制成）2 升，派米森奶酪 110 克，细盐、胡椒粉各少许。

制法：①认真检查鱼片和海鲜中是否有骨头和皮，去掉所有的碎骨头和鱼皮，将鱼肉和海鲜肉撕成薄片，放入平底锅中煸炒，加入莫勒少司，用低温炖，放少许胡椒粉和盐调味。

②将炖好的海鲜平分在 6 个砂锅中，上面撒上奶酪末，放入焗炉中，将奶酪末烤成金黄色。

第四节　淀粉与鸡蛋类主菜

一、谷物和豆类菜肴生产工艺与案例

谷物和豆类原料的烹调方法比较简单，豆类原料通常使用焖的方法；而大米的烹调方法多一些，有煮、蒸、捞和焖烧等。这些原料制作的菜肴常作为主菜的配菜。当然，也可以制成主菜。焖（Simmering），先将豆类食品原料洗净后与冷水一起浸泡，然后煮沸，再用低温焖熟的过程。蒸是将洗干净的大米放在容器内，与适量的水放在一起，放入蒸箱或盖上盖子，放在烤炉里蒸熟的过程。捞（The Pasta Method）适用于大米的烹调，使用这种方法制作的米饭的软硬度较为理想，但是有较多的营养素会流失。捞米饭是先将水放入一个较大的容器内，放少量的盐，将水煮沸后，将洗好的大米放入沸水中煮成嫩熟状，然后用笊篱将大米捞出，沥干水分，放在容器内，放蒸箱内，蒸 5~10 分钟，也可以用个盖子盖住容器，放入烤箱内蒸熟。焖烧（The Pilaf Method）是先将大米用黄油煸炒，然后加上鸡原汤和少量的食盐，煮开，用低温将大米焖熟。使用这种方法最大的优点是米粒分散，米饭增加了味道。谷类和豆类菜肴生产案例如下。

例 1，煮米饭（Boiled Rice）（生产 6 份，每份 70 克）

原料：长粒米 1.3 杯（约 230 克），水 3 杯，盐少许，黄油 25 克。

制法：①将水和少许盐放入饭锅内，将大米洗净，待水煮沸时，将大米放入。

②待煮沸时，降低温度，用小火，焖约 25 分钟，待水完全被大米吸收干净，大米熟透时为止。

③将黄油放入米饭中，用叉子轻轻搅拌，待黄油全部溶化为止。此菜常作为配菜。

例 2，西班牙什锦饭（Spain Paella）（生产 16 份，每份约 300 克）

原料：鸡 2 只（每只重 1.2 千克），香肠 225 克，瘦猪肉丁 900 克，去皮并且整理过的大虾仁 16 个，鱿鱼丝 900 克，红辣椒（切成块）100 克，青辣椒（切成块）100 克，植物油适量，小蛤 16 个，生蚝 16 个，水 250 毫升，鸡汤适量，藏红花 1 克，洋葱丁 350 克，大蒜末少许，番茄丁 900 克，迷迭香 2 克，短粒米 900 克，胡椒 4 克，熟豌豆 110 克，柠檬（切成角）16 块。

制法：①把每只鸡切成 8 块，把鸡块放在平底锅中，用橄榄油煎成金黄色，拿出放在一边，待用。

②在平底锅里放一些油，把香肠和猪肉、虾、鱿鱼、辣椒分别煸炒后，放在不同的容器里。

③把蛤和蚝放在锅里用水煮，直到它们的壳全打开为止，从水中捞出后，放在一边，待用。将煮蛤和蚝的水过滤后，加上鸡原汤至2升，放入藏红花。

④用较大容量的深底锅，煸炒洋葱丁和大蒜末，放入番茄和迷迭香，用小火炖，使其蒸发水分，并将番茄煮成酱。

⑤将米、鸡块、香肠、猪肉丁、鱿鱼丝和辣椒块放在煮好的番茄酱中，搅拌均匀。

⑥把鸡汤倒入米饭锅里，加入盐和胡椒调味。

⑦盖上锅盖，煮沸，放入烤箱中，温度为175℃，大约烤20分钟。

⑧把锅从烤箱里移出来，检查米饭的柔软程度，必要时，再加入一些水。

⑨在米饭上，撒上熟豌豆，将虾仁、蛤和蚝放在米饭上，盖上盖子，低温焖10分钟。

⑩每份约220克米饭和蔬菜。1个虾、1个蛤、1个蚝、1块鸡肉，至少1块瘦肉，少许香肠和鱿鱼。每份米饭放一片柠檬角做装饰品。

例3，意大利大豆米粥（Zuppa di Ceci e Riso）（生产16份，每份180毫升）

原料：橄榄油90毫升、大蒜末1瓣，迷迭香末1.5克，罐头意大利小番茄450克（切成丁），白色牛原汤2.5升，大米170克，熟的奇科豆（Chick Peas）700克，香菜末12克，盐和胡椒粉各少许。

制法：①把橄榄油加热，放入大蒜末和迷迭香末，炒几秒钟。

②加上番茄丁煮开后，用低温炖，将番茄汁煮浓。

③加上原汤和米，炖15分钟。

④加上奇科豆继续炖，直至将大米煮熟时为止。

⑤用盐和胡椒粉调味。

⑥上桌时，每一份粥撒上一点儿切碎的香菜末。

例4，墨西哥米饭（Arroz Mexicana）（生产16份，每份130克）

原料：长粒大米700克，植物油90毫升，番茄酱340克，洋葱末90克，大蒜2瓣（切成末），鸡汤1.75升，盐15克。

制法：①将米洗净，浸泡在冷水中约30分钟，从水中捞出。

②将米饭锅放植物油，油热后放米，低温煸炒，直到大米变成浅金黄色。

③加入番茄酱、洋葱末和蒜末低温煸炒。

④加入鸡汤搅拌，用中火，不盖盖子，慢慢炖，直到大多数汤汁被吸收。

⑤盖上锅盖，用小火焖5~10分钟，直到米饭成熟。

⑥饭煮熟后放在一边，20分钟内不掀盖子使米饭继续成熟，上桌。

例5，意大利番茄少司玉米糕（Polenta con Sugo di Pomodoro）（生产2.5千克）

原料：水2.25升，盐15克，玉米渣500克，意大利番茄少司适量。

制法：①把水和盐放入少司锅里煮沸，慢慢地将玉米渣放到水中，认真地搅拌，避免成块状。

②用低温煮，约 20~30 分钟。不断搅拌，继续煮至玉米渣呈糊状，当晃动锅时，玉米糊与锅边呈分离状态时，即可。

③用木铲轻轻地在一个大餐盘里洒一些水，使餐盘表面潮湿，把玉米糕倒在盘子上，上桌，配上意大利番茄少司（番茄丁、胡萝卜丁、西芹丁和调味品制成）。

二、意大利面条生产工艺与案例

意大利面条是西餐常用的原料。制作意大利面条常采用的方法是煮、焖和焗等方法。在制作中关键是水煮工艺的质量。煮意大利面条不要盖锅盖，避免煮得过熟。意大利面条应趁热上桌，也可用冷水冲，直至完全冲凉待用或将煮好的面条，先用凉水冲洗，再加少量食油搅拌放在冷藏箱备用。意大利面条生产案例如下所示。

例 1，虾仁咖喱意面（Shrimp And Curried Pasta）（生产 1 份，约 180 克）

原料：洗净，去掉虾线的虾仁 50 克，盐、胡椒粉各少许，食油适量，黄油 15 克，冬葱末 15 克，黄油 15 克，白兰地酒 15 毫升，鱼原汤 60 毫升，鲜奶油 30 毫升，青葱片 15 克，新鲜的扁平长方式意大利面条 85 克，咖喱粉少许。

制法：①用少许盐和胡椒粉将虾仁调味。

②在平底锅中倒入 30 毫升植物油，加热后，放入虾仁，煸炒成熟，放在一个容器内待用，将黄油和冬葱末放入平底锅内，煸炒，将冬葱煸炒成熟。

③加白兰地酒、鱼汤和浓奶油，放煸炒好的虾仁和青葱片制成少司。

④将意大利面条用水煮，放少许咖喱粉，直至煮熟，上面浇上虾仁少司。

例 2，奶油火腿意面（Pasta alla Carbonara）（生产 6 份，每份约 180 克）

原料：黄油 60 克，熟火腿丝 340 克，鲜蘑片 110 克，盐、胡椒粉各少许，鸡蛋 1 个，浓牛奶 600 毫升，实心长圆形意大利面条 450 克，香菜末少许。

制法：①将黄油放入平底锅，加热，煸炒火腿丝，加入鲜蘑片，继续煸炒，用盐和胡椒粉调味。

②将生鸡蛋液与牛奶搅拌，加热，煮沸后，放煸炒好的火腿丝和鲜蘑片，制成少司。

③将意大利面条煮熟，沥去水分，放餐盘内，上面浇上奶油火腿少司，并在上面撒上香菜末。

例 3，阿尔弗莱德少司意面（Fettucine Alfredo）（生产 10 份，每份 200 克）

原料：1.4 千克长方扁形意大利面条煮熟（热的），奶油 500 毫升，黄油 70

克，派米森奶酪末 170 克，盐和胡椒粉各少许，豆蔻少许。

制法：①将 225 毫升奶油和黄油混合在一起，用中等火力加热，使它们的水分蒸发一部分，浓缩，制成少司。

②将少司倒在热的面条上，低温加热，轻轻地搅拌均匀。

③加另一半奶油、奶酪末，继续搅拌（留有少许奶酪末待用），放入豆蔻、盐和胡椒粉，轻轻搅拌。上桌时，在面条上加上少许奶酪末。

例 4，焗瓤馅通心粉（Baked Manicotti）（生产 12 份，每份 2 个）

原料：圆桶形空心通心粉 24 个，瑞可达奶酪末（Ricotta）1.5 千克，熟鸡蛋（切成末）4 个，煮熟的菠菜（切成末）900 克，派米森奶酪末 250 克，豆蔻、盐各少许，番茄少司 1.5 升。

制法：①在沸水中加少许盐，放通心粉，直至煮熟。

②将瑞可达奶酪末、鸡蛋末、菠菜末、豆蔻和盐放在一起，制成馅。

③将馅放入布袋中，在每个煮熟的圆桶形通心粉中挤入约 75 克的馅心。然后，放在刷有植物油的烤盘上。

④在每个瓤馅的通心粉的上面浇上约 25 毫升的番茄少司。然后，撒上少许派米森奶酪末，放入 180℃的烤箱中，约烤 15 分钟，直至将通心粉的上部烤成金黄色。

例 5，焗意大利宽面（Lasagne di Carnevale Napolitana）（生产 12 份，每份约 150 克）

原料：大薄片型，四边有皱纹花边的意大利面条（Lasagne）340 克，带有甜味道的意大利香肠 340 克，瑞可达奶酪末 450 克，派米森奶酪末 230 克，新鲜鸡蛋 4 个，盐、胡椒粉、豆蔻和香菜末各少许，番茄牛肉少司 1 升，莫扎瑞拉奶酪丝 340 克。

制法：①将瑞可达奶酪末、一半的（115 克）派米森奶酪末，新鲜的鸡蛋、盐、胡椒粉、豆蔻和香菜末搅拌在一起，制成馅。

②将意大利面条煮熟，用冷水冲好，待用。

③将火腿肠煮熟，撕去外衣，切成薄片。

④在较大的烤盘上放上一薄层的番茄牛肉少司，然后铺上一层煮熟的面条，放上一层奶酪馅（约 4 毫米厚），放上一层香肠，再放上一层番茄牛肉少司，一薄层莫扎瑞拉奶酪，再撒上派米森奶酪末。按照这样的顺序，直至将所有的原料都放在烤盘上。最后，用意大利面条覆盖，上面撒上番茄牛肉少司和派米森奶酪末。摆放原料的高度约 5 厘米。

⑤将摆放好的意大利面条放在 190℃的烤箱内，约烤 15 分钟。然后，将温度降低到 165℃，再烤约 45 分钟，直至将面条的上部烤成金黄色。从烤箱取出后，

放置 30 分钟才可以上桌。

例 6，皮埃曼特马铃薯面（Gnocchi Piedmonteese）（生产 12 份，每份约 110 克）

原料：去皮的熟马铃薯 900 克，黄油适量，生鸡蛋黄 2 个，新鲜鸡蛋 2 个，硬面粉（面筋质含量高，制作意大利面条使用）约 250 克，盐、胡椒粉、豆蔻各少许，派米森奶酪末 60 克，香菜末 10 克。

制法：①将马铃薯搅拌成泥，放 30 克黄油，与鸡蛋黄和鸡蛋一起搅拌均匀，一边搅拌，一边放面粉，直至搅拌成制作面条的面团。

②将面团用擀面杖擀成面片，切成理想的形状，制成面条。

③放入沸水中煮熟，水中放少许盐，约煮 6 分钟，直至将面条煮熟。

④上桌时，用黄油、奶酪和香菜末轻轻地搅拌均匀。

例 7，罗马奶油少司面（Tagliatelle Alfredo）（生产 1 份，每份 180 克）

原料：绿色（含有蔬菜汁的面条）面条 50 克，火腿丝 40 克，辣椒少许，香菜末少许，新鲜的奶油 100 毫升，黄油 10 克，奶酪末 25 克，盐少许，植物油少许。

制法：①在煮锅里倒一些水，加一些盐和几滴油，将水煮开。加入绿色面条，煮到刚好熟时为止，不要煮得太烂。

②捞出后，用黄油搅拌并放入一个深盘中。

③在平底锅中，加黄油溶化，加火腿丝、盐和搅碎的黑胡椒调味。然后，加鲜奶油，加热，直至减少一半为止，制成奶油少司。将少司倒入煮熟的面条上，撒上少许香菜末，将奶酪末装在另外一个容器内，随面条一起上桌。

三、鸡蛋生产工艺与案例

鸡蛋在西餐中有着广泛的用途。它可以制成很多种菜肴并通过鸡蛋的凝固、稠化和乳化等作用制作少司和点心。例如，蛋糕、肉糕、甜点上的蛋白糖霜、荷兰少司（Hollandaise Sauce）和马乃司等。适用的烹调方法有煮、煎、炒、水波等。例如，煮鸡蛋、水波鸡蛋、煎鸡蛋。鸡蛋菜肴生产案例如下所示。

例 1，软煮鸡蛋（Soft Cooked Eggs）（生产 1 份，每份 2 个鸡蛋）

原料：鸡蛋 2 个。

制法：①将鸡蛋从冷藏箱取出，放入自来水中，使其升温。然后，放入沸水中煮。根据成熟度需求，可煮 3~5 分钟。

②取出后，用自来水冲 2 分钟，使鸡蛋皮与鸡蛋容易分离，不要时间过长，然后趁热上桌，配上蔬菜与炸薯条。

例 2，煎鸡蛋（生产 1 份，每份 2 个）

原料：新鲜鸡蛋2个，植物油少许，细盐少许。

制法：①将鸡蛋打开，放在容器内，不要将鸡蛋黄打破。

②将平底锅预热后，放入植物油。油热后，放鸡蛋，用中等温度。

③左手将平底锅倾斜，右手用手勺将锅中的热油向鸡蛋上浇1~2次，使鸡蛋两面受热均匀，鸡蛋成熟后，放少许细盐。

例3，煸炒鸡蛋（Scrambled Eggs）（生产1份，每份约100克鸡蛋）

原料：新鲜鸡蛋2个，细盐、白胡椒粉少许，澄清过的黄油适量。

制法：①将鸡蛋打开，放入容器中，用少许盐和胡椒粉调味。

②将黄油倒入平底锅中，油热后，放鸡蛋液，用木铲轻轻搅拌，直至嫩熟状。

③上桌时，配上蔬菜、咸肉或火腿。

例4，水波鸡蛋（生产1份，每份2个鸡蛋）

原料：水1升，细盐5克，醋10毫升，新鲜鸡蛋2个，配菜（蔬菜、炸薯条）适量。

制法：①将水、盐和醋放在少司锅内，煮沸，使其保持温热状态。

②将两个鸡蛋分两次打开，放在杯中，然后放入热水中，约3分钟后，蛋清凝固，用漏勺捞出，沥去水分，整理好，放在餐盘中，盘内放些配菜。

例5，清鸡蛋卷（Plain Rolled Omelet）（生产1份，每份鸡蛋150克）

原料：鸡蛋3个，细盐少许，胡椒粉少许，澄清过的黄油适量。

制法：①将鸡蛋打开，用抽子打散，用少许盐和胡椒粉调味。

②在平底锅中放入黄油，用高温，并用左手晃动锅柄，使锅倾斜，使锅内的平面都沾上黄油。

③将鸡蛋液倒入平底锅中，左手晃动平底锅，右手用木铲搅拌，使鸡蛋液均匀地覆盖在平底锅中。

④当鸡蛋凝固成型时，用叉子或木铲从锅边轻轻将鸡蛋皮掀起，并从中心线对折，然后折叠成卷。上桌时，配上蔬菜和炸薯条。

注：在鸡蛋卷内加番茄丁、奶酪末、熟海鲜丁等可制成番茄鸡蛋卷（Tomato Omelet）、奶酪鸡蛋卷（Cheese Omelet）、海鲜鸡蛋卷（Seafood Omelet）等菜肴。

例6，怪味鸡蛋（Deviled Eggs）（生产12片）

原料：煮熟的鸡蛋（去皮）6个，马乃司75克，芥末酱、细盐和胡椒粉各少许。

制法：①将鸡蛋纵向方向切成两半，将鸡蛋黄与鸡蛋白分离。

②将鸡蛋黄与马乃司、盐、胡椒粉放在容器内，混合在一起，制成鸡蛋黄糊。

③用小勺将鸡蛋黄糊镶在鸡蛋白内。

例7, 意大利鸡蛋饼（Frittata）（生产4份，每份鸡蛋100克）

原料：瘦咸肉丁170克，洋葱末15克，煮熟的土豆（切成丁）15克，鸡蛋8个，细盐少许，新碾碎的胡椒粉少许。

制法：①用平底锅将咸肉丁煸炒成酥脆，放入洋葱丁，煸炒成熟，加土豆丁煸炒，直至金黄色。

②将鸡蛋打开，用搅拌器打匀，用盐和胡椒粉调味，倒在平底锅中。

③降低炉温使鸡蛋成型后，将鸡蛋饼放在焗炉（Broiler）中，焗成金黄色。

④上桌时，切成三角块，旁边配上煸炒成熟的咸肉和土豆丁。

例8, 鸡蛋煎饼（Plain Pancake）（生产10份，每份100克）

原料：面粉（多用途）680克，细盐15克，白糖170克，苏打粉（Baking Soda）10克，发粉（Baking Powder）25克，牛奶1.5升，鸡蛋（搅拌好）6个，溶化的黄油75克，蔬菜油适量。

图12-5 鸡蛋饼案例——火腿肉蔬菜鸡蛋饼

制法：①将面粉、盐、糖、苏打粉、发粉分别过筛后，放入和面的容器中，均匀地搅拌在一起。

②用搅拌机将牛奶、鸡蛋和溶化的黄油均匀地搅拌在一起。

③用木铲将牛奶混合液和面粉均匀地搅拌成鸡蛋面粉糊。

④将平底锅预热后，刷上植物油，用手勺将60毫升的鸡蛋面粉糊放入平底锅内，用低温煎。

⑤当鸡蛋煎饼的下面层成为金黄色时，上面层起鼓、出现裂纹时，翻面，用同样的方法，将上面层煎成金黄色。

⑥成熟后，趁热上桌。

第五节　主菜的配菜

一、蔬菜在主菜中的作用

蔬菜常作为主菜的配菜，在西餐中具有重要的作用。蔬菜也是西餐的基础原料，为主菜增加了味道、颜色和质地。蔬菜是人们摄取维生素A和维生素C的主要来源。然而，维生素A易于在脂肪中溶解，维生素C易于在水中溶解。蔬菜受热后，营养素损失较大。

二、蔬菜生产原理与工艺

烹调绿色蔬菜时，不要放酸性物质，酸性物质可使绿色蔬菜变为黄绿色。碱性物质尽管可以使绿色蔬菜更绿，然而破坏了蔬菜的营养成分，破坏了绿色蔬菜自然的质地。烹调时不应盖锅盖，这样有益于酸性物质挥发。烹调白色蔬菜时，烹调时间不宜过长，否则会变成灰色。白色蔬菜与碱性物质混合会变为黄白色。相反，少量的酸性物质（醋）能使白色蔬菜洁白。烹调黄色、橘红色和红色蔬菜时，放少量的酸性物质（醋、柠檬汁、果酒）能保持蔬菜的本色。但是，如果烹调时间过长或处于碱化了的溶液中，它们将失去本来的颜色。为了减少蔬菜维生素的损失，应当保持蔬菜本身的颜色、质地和营养。蔬菜生产方法包括煮、蒸、烧、烩、焗、炸、煎和煸炒等。

三、蔬菜生产案例

例1，黄油胡萝卜豌豆（Buttered Peas and Carrots）（生产1份，每份110克）

原料：胡萝卜30克，冷冻豌豆80克，溶化的黄油50克，盐、白胡椒粉、白糖各少许。

制法：①将胡萝卜去皮，切成0.5厘米长的丁。

②将煮锅的水煮沸，放入适量的盐和胡萝卜。

③烧开后，用小火将胡萝卜煮至嫩熟。

④用同样的烹调方法，加入白糖，将冷冻的豌豆煮熟。

⑤将两种原料混合在一起，用盐和白胡椒粉调味，最后放黄油，搅拌均匀。

例2，焗小南瓜（Baked Acorn Squash）（生产2份，每份110克）

原料：南瓜1个（约400克），红糖6克，雪利酒6毫升，黄油和食盐适量。

制法：①将洗好的小南瓜纵向切成两半，挖出瓜瓤和瓜子。

②将瓜的内外涂上黄油，瓜皮朝上，紧密地排列在烤盘上，炉温为175℃，焗30~40分钟，直至南瓜嫩熟。

③在瓜上涂黄油，翻面，使瓜瓤面朝上，撒上食盐和红糖，喷上少量的雪利酒，继续焗10分钟，直到南瓜变为金黄色。

例3，煸炒鲜蘑（Sauteed Mushrooms）（生产1份，每份110克）

原料：鲜蘑120克，黄油20克，盐、胡椒粉各少许。

制法：①将鲜蘑去蒂，洗净，沥去水分，切成片。

②将炒锅预热，放黄油，放鲜蘑片煸炒至浅黄色。

③放适量盐和胡椒粉，继续煸炒几秒钟，搅拌均匀。

例4，匈牙利炖蔬菜（Hungary Lecso）（生产16份，每份125克）

原料：洋葱 750 克，甜青辣椒（或匈牙利辣椒）1.5 千克，番茄 1.5 千克，猪油 100 克，辣椒粉、细盐、白糖少许。

制法：①将洋葱去皮切成小丁，去掉青辣椒籽并切成薄片；番茄去皮去籽剁成末。

②将猪油用低温加热，放入洋葱慢慢煸炒 5~10 分钟，直至煸炒成熟，加青辣椒，再煸炒 5~10 分钟，加番茄和辣椒粉，盖上锅盖炖 15~20 分钟，直至熟透。

③加盐调味，加少许糖粉。

例 5，意大利糖醋洋葱（Cipolline in Agrodolce）（生产 16 份，每份 100 克）（见图 12-6）

原料：珍珠洋葱（pearl onions）2 千克，水 500 毫升，黄油 60 克，酒醋 100 毫升，糖 45 克，盐 8 克。

制法：①将珍珠洋葱快速用开水煮一下，然后去皮，沥去水分。

②把洋葱平铺在平底锅上，加水，不盖锅盖慢慢煮，大约 20 分钟，直到相当柔软，必要时可加一些水，不时地轻轻搅拌。

③加醋、糖和盐，盖上盖子，用低温炖，直到汁液呈黏稠状，大约需要 30 分钟。

图 12-6 意大利糖醋洋葱
（Cipolline in Agrodolce）

如果需要可以去掉锅盖，使菜汁蒸发，变稠，直至洋葱的颜色出现浅褐色为止。

例 6，罗马菠菜（Spinaci alla Romana）（生产 16 份，每份 90 克）

原料：菠菜 2.7 千克，橄榄油 90 毫升，咸火腿肉丁 30 克，松仁 45 克，葡萄干 45 克，盐和胡椒粉各少许。

制法：①菠菜洗净，放在少量煮沸的水中余一下，捞出后，用冷水冲，沥去水分。

②平底锅预热，放橄榄油，放火腿丁，加入菠菜、松子仁和葡萄干，煸炒。放盐和胡椒粉调味，即可。

例 7，焖烧胡萝卜（Glazed Carrots）（生产 10 份，每份 120 克）

原料：嫩胡萝卜 3 千克，糖 20 克，黄油 50 克，盐适量。

制法：①将胡萝卜切成条，放在平底锅内，加水、黄油、盐和糖。

②煮沸后，降低温度，用小火炖 5 分钟。

③提高温度，用大火，将胡萝卜的汤汁煮浓，经常轻轻地搅拌胡萝卜，防止粘连，直至汤汁完全包住胡萝卜条为止。

例 8，米兰西蓝花（Broccoli Milanese）（生产 10 份，每份 80 克）

原料：西蓝花 1 千克，奶酪末 50 克，溶化的黄油 50 克。

制法：①将西蓝花洗净后，撕成块。放入有少许盐的沸水中煮开，过滤，放入餐盘中。

②将奶酪末撒在西蓝花上，浇上溶化的黄油，放在焗炉将奶酪焗成金黄色。

例 9，希腊瓤馅茄子（Moussaka）（生产 16 份，每份 250 克）

原料：洋葱末 450 克，大蒜末少许，植物油适量，羊肉馅 1.6 千克，去皮番茄丁 1 千克，红葡萄酒 100 毫升，香菜末 7 克，牛至 1.5 克，肉桂 0.5 克，豆蔻和辣椒少许，茄子 3 千克，奶油少司（Bechamel Sauce）1 升，鸡蛋 4 个，派米森奶酪 60 克，盐和胡椒粉各少许，面包渣适量。

制法：①将洋葱末和大蒜末放入植物油中煸炒，取出，放在一边待用。然后，加羊肉末，煸炒成金黄色后，再放入煸炒好的洋葱和大蒜，加入番茄、葡萄酒、牛至、肉桂、盐和胡椒粉，用低温将肉末的汤汁炖稠。

②将茄子去皮，切成 1 厘米厚的片并将茄子片放在平底锅中煎透，放少许盐调味。

③将奶油少司中放少许盐、胡椒粉和豆蔻调味。然后用抽子将鸡蛋抽打均匀，放入奶油少司中，制成奶油鸡蛋少司。

④在 30 厘米宽、50 厘米长的烤盘内撒上一层面包渣，上面整齐地摆放煎好的茄子片，将制熟的羊肉末均匀地覆盖在茄子上，再将奶油鸡蛋少司覆盖在肉末上，上面撒些奶酪末。放在 175℃的烤箱内烤成金黄色。上桌时，切成块。

四、马铃薯生产原理与工艺

马铃薯既属于蔬菜类原料又属于淀粉类原料，尽管它淀粉含量较高，但它的烹调方法与蔬菜的烹调方法基本相同。马铃薯常用于主菜的配菜。常用的方法有煮、蒸、制泥（Puree）、烤、煸炒、煎和炸等。

五、马铃薯菜肴生产案例

例 1，香烤土豆（Roasted Potatoes with Garlic and Rosemary）（生产 10 份，每份 1 个）

原料：中等土豆 10 个，植物油 30 毫升，大蒜末 15 克，碎迷迭香叶 2 克，细盐和胡椒粉各少许。

制法：①将土豆洗干净，擦干。

②将植物油、大蒜末、细盐和胡椒粉放在碗中，制成调味汁。

③滚动土豆，使它们粘上调味汁，放在刷油的烤盘中烤熟，趁热上桌。

例 2，土豆泥（Duchesse Potatoes）（生产 500 克）

原料：蒸熟的土豆 500 克，生鸡蛋黄 2 个，软化的黄油 85 克，细盐、胡椒粉和豆蔻各少许。

制法：①保持土豆的热度，将土豆搅拌成泥状。

②用鸡蛋黄、黄油、细盐和豆蔻与土豆泥搅拌均匀。

图 12-7　土豆菜案例——奶酪焗土豆菜

注：可将牛奶或奶油加入土豆泥中，装入布袋，挤出各种形状并放在烤盘上，在成型的土豆泥的表面刷上油，放入焗炉，焗成金黄色。

例 3，法式土豆棒（Croquette Potatoes）（生产 16 份，每份 50 克）

原料：土豆 900 克，软化的黄油 30 克，生鸡蛋黄 3 个，细盐和胡椒粉各少许，面包糊原料（鸡蛋液、面粉和面包屑）适量。

制法：①将土豆蒸熟，保持热度，去皮，搅拌成泥。

②在土豆泥中加黄油、鸡蛋黄，用盐和胡椒粉调味。

③将调好味的土豆泥制成长方形的条状，每条约重 20 克，蘸上面粉、鸡蛋液和面包屑，放入 190℃的热油中，炸成金黄色，立即上桌。

例 4，炸薯条（French Fries）（生产 450 克）

原料：土豆 1 千克，植物油适量。

制法：①将土豆洗净，去皮，切成条（约 75 厘米长，1 厘米宽），放在冷水中，直至需要时取出，防止薯条变色。

②将薯条去水分，放在 160℃的热油中炸，直至炸成金黄色，沥干油，冷却，存入冷藏箱。

③上桌时，放入 180℃油温中，炸成深金黄色、酥脆时为止，沥干油后，立即上桌。此菜肴由顾客放盐调味。

例 5，爱尔兰土豆卷心菜泥（Ireland Colcannon）（生产 16 份，每份 140 克）

原料：土豆 1.8 千克，卷心菜 900 克，韭葱 170 克，黄油 110 克，热浓牛奶 200 克，香菜末 7 克，食盐、白胡椒粉各少许。

制法：①将土豆去皮，切成均匀的块，放入盐水中煮沸，再用低温加热直到煮熟。同时，将卷心菜切成碎块，蒸熟。

②用少量黄油，低温煸炒韭葱。

③将土豆捣碎，加入煸炒好的韭葱及剩余的黄油，然后与牛奶、香菜末搅拌在一起，呈糊状。

④将卷心菜剁成碎末，与已经搅拌好的土豆糊一起搅拌，直至均匀，加盐和白胡椒粉，制成土豆泥。

⑤如果土豆泥有些稠，可加入些牛奶和奶油，使表面光滑。

例6，蒸香味土豆（Steamed New Potatoes with Fresh Herbs）（生产 10 份，每份 1 个）

原料：当年的新土豆 10 个（中等大小），溶化的黄油 50 毫升，新鲜的香料末（龙蒿、青葱、香菜）5 克，细盐和胡椒粉各少许。

制法：①将土豆蒸熟，去皮。

②将去皮的土豆蘸上香料末、细盐和胡椒粉，再蘸上黄油。

第六节　三明治

三明治（Sandwich）是欧美人喜爱的食品，它不仅作为午餐的菜肴，还是早餐和早午餐及宴会中的茶歇菜单上不可或缺的内容。所谓三明治是英语 Sandwich 的音译，有时人们称它为三文治，常作为主菜食用。三明治由两片面包、各种熟制的蛋白质原料、蔬菜和各种调味酱组成。三明治没有固定的菜式，它可以根据人们的用餐习惯、市场流行的口味和形状、季节的变化等进行设计。

一、三明治的组成

1. 面包（Bread）

制作三明治的面包有许多种类。但是，它必须与三明治的夹层原料相配合。高质量的三明治必须使用质量高的面包。因为三明治的外观、质地、味道和形状都离不开面包的质量。常用的面包品种有法国面包（French Bread）、意大利面包（Italian Bread）、比塔面包（Pita Bread）、全麦面包（Whole Wheat Bread）、脆皮面包（Cracked Bread）、黑面包（Rye Bread）、葡萄干面包（Raisin Bread）、肉桂面包（Cinnamon Bread）、水果面包（Fruit Bread）、干果面包（Nut Bread）等。制作三明治必须使用当天制作或采购的面包，面包的质地应当均匀、内部无较大的孔隙。

2. 调味酱（Spread）

三明治必须使用调味酱，因为调味酱可以阻止面包吸取夹层食物的水分或降低面包吸取夹层食物水分的速度，还可以增加三明治的味道及润滑感。常用的调味酱有黄油、马乃司、花生酱、半流体奶酪（Cream Cheese）等。调味酱必须新鲜。以黄油作为调味酱时，应当提前半小时将黄油放在室温下，使其软化。马乃司作为调味酱时必须使用冷藏的。

3. 夹层食物（Filling）

面包中的夹层食物是三明治的核心食物。通常，三明治根据其夹层食物命名。常用的夹层食物有畜肉和禽肉、奶酪、熟制的水产品、沙拉、蔬菜及冻子、鸡蛋、水果和干果等。夹层食物必须新鲜和有特色，含水分较多的夹层食物必须保持在 7℃ 以下。通常，某些三明治的夹层食物中加上一层酸性食物，如酸黄瓜等。酸性物质可以减少细菌感染食物的机会，也为三明治增加了味道。

4. 装饰品（Garnish）

大多数酒店和西餐厅销售三明治时会配上装饰品，使其更加鲜艳和美观。常用的装饰品有绿色蔬菜、番茄、酸黄瓜、黑橄榄、炸薯条或炸薯片等。三明治的装饰品一定要新鲜，颜色鲜艳，质地酥脆并与三明治在颜色、质地和味道上形成互补或对比。

二、三明治的种类与特点

三明治有很多种类，最常用的分类方法是根据三明治的温度和夹层食品原料进行分类。

图 12-8　火腿奶酪汉堡包
（Ham and Cheese Hamburger）

1. 热三明治类（Hot Sandwich）

（1）家常式三明治（Plain Sandwich）

两片面包或一个面包切成两片，中间涂上调味酱，夹层配上热肉类食物、蔬菜和奶酪。这种热的三明治称为家常式三明治，也称作汉堡包（Hamburger）。（见图 12-8）

（2）开放式三明治（Open-Faced Sandwich）

单片面包上涂有调味酱（也可不涂调味酱），面包上摆放热的肉类食物，最上面摆放奶酪或浇上调味汁。有时，这种三明治放在焗炉内，将最上面的奶酪或调味汁烤成金黄色。食用这种三明治应使用刀叉，而不用手直接拿取。

（3）烤扒式三明治（Grilled or Toasted Sandwich）

将家常式三明治的面包外部涂上黄油在烤炉内烤成金黄色。

（4）油炸式三明治（Deep-fried Sandwich）

将三明治外部蘸上抽打好的鸡蛋液或蘸上鸡蛋液后再蘸上面包渣。然后，经过油炸、油煎或烤等方法使其成为金黄色。

2. 冷三明治（Cold Sandwich）

（1）常规式（Regular Sandwich）

面包中间夹有奶酪、冷的熟肉、绿色蔬菜和调味酱。

（2）多层式（Multidecker Sandwich）

通常为三层面包，两层夹食物。中间有熟制的鸡肉（咸肉或牛肉饼）、生菜、马乃司、番茄等。

（3）开放式

与热开放式三明治的形状基本相同，面包上摆放冷的熟肉。

（4）茶食三明治（Tea Sandwich）

将脆皮面包去掉脆皮，切成小块，中间的夹层放调味酱和清淡的原料，造型美观。

三、三明治的生产原理与工艺

生产和销售高质量的三明治必须遵照三明治的制作程序和方法。首先，准备好三明治制作工具和设备，如抹子、夹子、面包刀、切肉刀、叉子、微波炉、烤炉和牙签等。根据菜单准备好面包、肉类、蔬菜、调味酱和装饰品，控制好三明治的份额大小，控制好三明治的卫生。制作三明治时，尽量不用手接触食物，需要用手操作时可戴手套。必要时，用无毒塑料纸包上各种食物。调味酱、蔬菜和肉类食品应冷藏保鲜。三明治的外观应整齐、干净、造型美观。除了热狗（热长圆面包中间加有热狗肠，面包上涂上调味酱）和汉堡包，均应以对角切成4块或2块，呈三角形。制作三明治的各种原料应新鲜，各种原料味道和颜色应协调。制作三明治的面包质地应当有一定的韧性，不得太松软。三明治成品的温度很重要，热三明治一定是热的，冷三明治一定是冷的，无论是前者还是后者都不可以是温热的。

在菜单上，应将三明治的名称、夹层的食物和它的特色写详细。三明治的名称应有影响力，以吸引顾客购买。尽量为三明治配上有特色的装饰品，使三明治更美观。培训餐厅服务员，使他们全面了解三明治的知识，以便根据各餐次和不同的用餐需求推销三明治。

四、三明治生产案例

例1，加州汉堡包（California Burger）（生产1份）

原料：加工好的牛肉饼1个（约80克），汉堡包面包1个，生菜叶1片，番茄1片，薄洋葱片1片，马乃司10克，黄油少许，炸薯条适量，酸黄瓜4小块。

制法：①将肉饼在平底锅上煎熟。

②将面包切成两片，面包里面朝上，外面朝下，下片涂上黄油，上片涂上马乃司。

③在面包的上片摆放生菜叶、洋葱、番茄。

④在面包的下片摆放牛肉饼。

⑤以开放式摆在餐盘上，服务上桌。

⑥在餐盘上放一些炸薯条和酸黄瓜做装饰品。

例 2，公司三明治（Club Sandwich）（生产 1 份）

原料：烤成金黄色的白土司面包（方形面包片）3 片，生菜叶 2 片，番茄 2 片（0.5 厘米厚），烤熟的培根肉 3 条，熟鸡脯肉或火鸡肉 3 片，马乃司少许。

制法：①将 3 片土司片摆成一排，涂上马乃司。

②在第一片面包上放 1 片生菜、2 片番茄、3 条培根肉。

③将第二片面包以涂马乃司面朝下的方式摆放在第一片面包上，上面再涂上马乃司，并放上鸡肉或火鸡肉，然后放另一片生菜。

④将第三片面包放在第二片面包上。同样地，以涂上马乃司面朝下的方式。

⑤以对角线将三明治切成 4 块（三角形），每块用 1 个牙签从中部将每块三明治穿插以使其牢固。对称摆在餐盘上，一个角朝上，可以看到其层次为宜。

⑥4 块三明治的边缘放装饰品，三明治的上部中心摆放一些炸薯片或薯条。

例 3，法式三明治（Monte Cristo Sandwich）（生产 1 份）

原料：白面包片 2 片，切好的熟鸡脯肉或火鸡脯肉 30 克，熟火腿肉 30 克，瑞士奶酪 30 克，搅拌好的鸡蛋 1 个，牛奶 30 克，色拉油适量。

制法：①将面包片摆放在干净的平面上，面包上部抹上黄油。

②在第一片面包上放鸡肉（或火鸡肉）、火腿肉、奶酪。

③将第二片面包放在第一片面包上，涂黄油部位朝下。用两根牙签从面包的相对方向插入，使其牢固。

④将鸡蛋、牛奶混合在一起，搅拌。

⑤将三明治蘸上牛奶鸡蛋混合液，放入 190℃油温中炸成金黄色。

⑥以对角线将三明治切成 4 块摆在盘上，旁边配上适量的生菜、黄瓜和西蓝花做装饰品。

例 4，加拿大咸肉包（Canadian Bacon Bun）（生产 1 份）

原料：加拿大咸肉 2~3 片（约 50 克），汉堡包面包 1 个，软化的黄油或人造黄油适量。

制法：①将加拿大咸肉放在平底锅，用油煎热。

②将汉堡包面包切成两半。

③将面包的里边涂上黄油或人造黄油。

④将涂好黄油的面包放在西式焗炉内，里面朝上，烤成金黄色。

⑤将面包放在一起，将加拿大咸肉夹在面包中间。

例 5，意大利煎奶酪三明治（Mozzarella in Carozza）（生产 10 份）

原料：莫扎瑞拉奶酪 300 克，白面包片 20 片，鸡蛋 6 个，盐少许，植物油适量。

制法：①把奶酪切成片，放在面包中。用 2 片面包制成 1 个三明治，共制成 10 个三明治。

②在鸡蛋中加入少许盐，搅拌。

③把三明治浸泡在搅拌好的鸡蛋中，直至都蘸上鸡蛋液为止。

④将三明治放入锅中煎成金黄色，奶酪溶化。

例 6，咖喱牛肉比塔包（Curried Beef in Pita）（生产 10 份）

用料：比塔包 10 个，瘦牛肉馅 450 克，洋葱丁 100 克，苹果丁 100 克，无籽葡萄干 25 克，细盐适量，咖喱粉少许，酸奶酪 300 克。

制法：①将牛肉馅和洋葱放在烹调锅内，然后放在焗炉内烤成金黄色，撇去浮油。

②在牛肉馅中加入苹果丁、葡萄干、细盐和咖喱粉，搅拌均匀，盖上锅盖，将炉温调低，焖烧约 5 分钟，直至苹果丁嫩熟、牛肉馅成熟时为止。

③将每个比塔包均匀地切成两半，形成两个兜状，将制作好的牛肉馅分别装入兜中，每个兜中装入约 30 克的牛肉馅，15 克的酸奶酪。

例 7，鲁宾三明治（Reuben）（生产 4 份）（见图 12-9）

原料：马乃司 50 克，青椒（切成末）30 克，辣椒酱 30 克，黑面包片 8 片，瑞士奶酪 4 片，腌制的熟牛肉片 100 克，德国酸卷心菜（Sauerkraut）100 克，黄油适量。

制法：①将马乃司、青椒末和辣椒酱搅拌在一起，制成三明治酱。

②在每片面包上均匀地抹上三明治酱。

③将奶酪横切成两半，成为 8 片。

图 12-9　鲁宾三明治（Reuben）

④用 4 片面包，在其中的每片面包上放 1 片奶酪，然后放上 25 克的腌牛肉，放上 25 克的酸卷心菜，再将剩下的奶酪分别放在酸菜上，最后将剩下的面包片分别盖在酸菜上，将抹有三明治酱的面朝下。

⑤平底锅内放黄油，油热后将三明治放入，待一面煎成金黄色时，再煎另一面。煎至奶酪溶化为止。

例 8，开放式牛排三明治（Open-faced Steak Sandwich）（生产 4 份）

原料：白面包片 4 片，黄油适量，牛排（用刀将表面轻轻切过，每块约 50 克）4 块，嫩肉粉少许，棕色牛原汤 100 克，水 75 克，面粉 5 克，水田芹嫩枝 4 根。

制法：①将黄油抹在每片面包上，将每片面包放在一个热的餐盘上。

②将嫩肉粉撒在牛排上，平底锅内放黄油。油热后，将牛排煎熟，分别放在

每块面包上。

　　③将炉子的温度降低，将牛肉原汤、水和面粉放在一个容器内，搅拌均匀，倒入平底锅中，制成少量调味酱，浇在牛排上。

本章小结

　　主菜是指一餐中最有特色的菜肴，常以畜肉、家禽、水产品、鸡蛋等为主要原料，配以蔬菜、米饭、面条或土豆，经调味而成。三明治常作为主菜，主要用于午餐和便餐；小型的三明治用于酒会，作为小吃。畜肉菜肴是西餐的主菜之一。畜肉含有很高的营养成分，用途广泛，主要由水、蛋白质和脂肪等构成。家禽在西餐中扮演着重要的角色。水产品是西餐常用的原料，水产品肉质细嫩，没有结缔组织，味道丰富，烹调速度快。谷物和豆类原料的烹调方法比较简单，豆类原料常使用焖的方法。大米有多种烹调方法，包括煮、蒸、捞和焖烧等。

思考与练习

1. 名词解释题

脂肪鱼（Fat Fish）、非脂肪鱼（Lean Fish）、三明治（Sandwich）。

2. 思考题

（1）简述畜肉的部位及其特点。

（2）简述畜肉成熟度与其内部温度。

（3）简述畜肉生产工艺。

（4）简述水产品生产工艺。

（5）简述家禽生产原理。

（6）简述谷物和豆类生产工艺。

（7）简述意大利面条的生产工艺。

（8）简述三明治的组成。

（9）论述三明治的生产原理。

第13章

原汤、汤和少司

本章导读

本章主要对原汤、汤、少司生产原理与工艺进行总结和阐述。包括原汤生产原理与工艺、汤生产原理与工艺和少司生产原理与工艺。通过本章学习，读者可掌握原汤主要的原料、原汤的种类与特点及原汤的制作案例；掌握汤的种类和特点、汤的生产工艺；掌握少司的组成、作用、种类和特点及少司的案例等。

第一节 原 汤

原汤（Stock）是由畜肉、家禽和海鲜等煮成的浓汤，也称作基础汤，是制作汤和少司（热菜调味酱）不可或缺的原料。因此，原汤的味道、新鲜度和浓度是汤、少司和所有西餐菜肴质量、味道、颜色等的关键影响因素。

一、原汤主要原料

1. 肉或骨头

制作原汤常用的肉和骨头包括牛肉、牛骨、家禽、鸡骨和鱼骨等。不同种类的畜肉和骨头可制作不同种类的原汤。例如，鸡肉原汤由鸡骨头煮成；白色牛原汤由牛骨头和小牛骨制成；棕色牛原汤使用的骨头和白色牛原汤相同，但是要将骨头烤成棕色后，再制成原汤。鱼原汤由鱼骨头和鱼的边角肉制成。除此之外，羊骨头和火鸡骨头可熬制一些特殊风味的原汤。

2. 调味蔬菜

调味蔬菜是制作原汤不可或缺的原料，其作用是调整原汤的味道，称为调味蔬菜（Mirepoix）。包括洋葱、西芹和胡萝卜。在原汤制作中，洋葱的数量等于西芹和胡萝卜的总数量。在制作白色原汤时，常把胡萝卜换成相同数量的鲜蘑，使原汤颜色更美观。

3. 调味品

制作原汤常用的调味品有胡椒、香叶、丁香、百里香和香菜梗等。调味品常

包在一个布袋内，用细绳捆好，制成香料袋（Bouquet Garni），放在原汤中。（见图 13-1）

4. 水

水是制作原汤不可或缺的部分，水的数量常常是骨头或畜肉的 3 倍。

图 13-1　香料袋（Bouquet Garni）

二、新型便利的原汤制作材料

目前市场上销售有许多制作原汤的新型材料。这些材料形状各异，有粉末状、块状和糊状，它们由浓缩的原汤、油脂和盐混合而成。使用这些材料制作原汤非常便利，只要将这些材料与水混合，煮沸就可以。由于这些材料的配方中成分不同，因此使用前应仔细阅读说明书。这些材料通常适用于大众餐厅、快餐厅和家庭，不适用于高级餐厅或传统餐厅。当然，购买时要检查其配方与质量。（见图 13-2）

图 13-2　新型便利的制作原汤材料

三、原汤的种类与特点

原汤常分为 4 个种类：白色牛原汤、棕色牛原汤（红色牛原汤）、鸡肉原汤和鱼肉原汤。

1. 白色牛原汤（White Stock）

白色牛原汤，也称为怀特原汤，由牛骨或牛肉配以洋葱、西芹、胡萝卜和调味品加入适当数量的水煮成。其特点是无色透明，鲜味。制作白色牛原汤通常使用冷水，沸腾后，撇去浮沫，用小火煮。牛骨与水的比例为 1∶3，烹调时间约为 6~8 小时，过滤后即成。

2. 棕色牛原汤（Brown Stock）

棕色牛原汤，也称作红色牛原汤或布朗原汤，它使用的原料与白色牛原汤原料基本相同，只是加上适量的番茄酱。其特点是棕色且有烤牛肉的香气。制作方法为，先将牛骨烤成棕色。然后，将蔬菜烤成棕色，原料与水的比例为 1∶3，煮 6~8 小时，过滤后即成。

3. 鸡肉原汤（Chicken Stock）

鸡肉原汤由鸡骨或鸡的边角肉、调味蔬菜、水和调味品制成。它的特点是无色，有鸡肉的鲜味。制作方法与白色牛原汤相同，鸡骨或鸡肉与水的比例为 1∶3，烹调时间约 2~4 小时。制作鸡肉原汤时，可放些鲜蘑，减去胡萝卜，使鸡肉原汤的色泽和味道更加鲜美。

4. 鱼肉原汤（Fish Stock 或 Fumet）

鱼肉原汤由鱼骨、鱼的边角肉、调味蔬菜、水和调味品煮成。它的特点是无色，有鱼的鲜味。制作方法与白色牛原汤相同，制作时间约 1 小时。制作鱼肉原汤时，加上适量的白葡萄酒和鲜蘑以去腥味。

四、原汤制作案例

例 1，白色牛原汤（生产 4 升）

原料：牛骨 2~3 千克，调味蔬菜 500 克（洋葱 250 克、胡萝卜和西芹各 125 克），调味品装入布袋包扎好（内装香叶 1 片、胡椒 1 克、百里香 2 个、丁香 1/4 克、香菜梗 6 根）。

制法：①将牛骨洗净，剁成块，长度不超过 8 厘米。

②将蔬菜洗净，切成 3 厘米的方块。

③将牛骨和蔬菜放入汤锅，放入冷水和调味袋。

④待沸腾后，撇去浮沫，用小火煮，不断地撇去浮沫。

⑤煮 6~8 小时即可，过滤、冷却。

例 2，棕色牛原汤（生产 4 升）

原料：牛骨、调味蔬菜、水的数量与白色牛原汤原料相同，番茄酱 250 克。

制法：①将牛骨放在烤箱内烤成棕色，炉温 200℃。

②将烤好的牛骨放在汤锅中，放入冷水，开锅后，撇去浮沫，用小火继续煮。

③将烤盘中的牛油和原汁倒入原汤中。

④将调味蔬菜放在烤牛骨的盘中，烤成浅棕色，然后放入汤中。

⑤用小火煮原汤，加入番茄酱，6~8 小时后，过滤、冷却。

例 3，鸡肉原汤（生产 4 升）

原料：鸡骨 2~3 千克，冷水 5~6 升，蔬菜 500 克（洋葱 250 克、西芹 125 克、胡萝卜 125 克，也可将胡萝卜换成鲜蘑）。

制法：同白色牛原汤，低温煮 2~4 小时即可。

例 4，鱼原汤（生产 4 升）

原料：鱼骨头和鱼的边角肉 2~3 千克，水 5~6 升，调味蔬菜 500 克（洋葱 250 克，西芹 125 克，胡萝卜 125 克）。

制法：与白色牛原汤相同，制作时间约 1 小时。

第二节　汤

汤（Soup）是欧美人喜爱的一道菜肴。汤是以原汤为主要原料配以海鲜、肉类、蔬菜及淀粉类原料，加热，经过调味，盛装在汤盅或汤盘内。汤既可作为西餐中的开胃菜、辅助菜，又可作为主菜。在西餐中，汤起着重要的作用。汤常出现在欧美人日常生活的食谱上和酒店与餐厅的菜单上。因为它有营养，易于消化和吸收，成本低，是家庭和酒店充分利用食品原料的菜肴。同时，也是厨师们施展自己才华的试验品。当今，人们对饮食的爱好趋向简单、清淡和富有营养。基于这一原因，汤愈加被人们青睐。

一、汤的种类和特点

汤是以原汤为主要原料制成的，欧美人常将汤作为一道菜肴。汤的种类有许多，分类方法也各不相同。通常，汤分为三大类，它们是清汤、浓汤和特色汤。

1. 清汤（Clear Soup）

清汤，顾名思义是清澈透明的液体。它以白色牛原汤、棕色牛原汤、鸡肉原汤为原料，经过调味，配上适量的蔬菜和熟肉制品做装饰而成。清汤又可分为 3 种。

（1）原汤清汤（Broth），由原汤直接制成的清汤，通常不过滤。

（2）浓味清汤（Bouillon），将原汤过滤，调味后制成的清汤。

（3）特制清汤（Consomme），将原汤经过精细加工制成的清汤。通常，将牛肉丁与鸡蛋清、胡萝卜块、洋葱块、香料和冰块进行混合。然后，放入制作好的牛原汤中，用低温炖 2~3 小时，使牛肉味道再一次溶解在汤中，并使汤中漂浮的小颗粒粘连在鸡蛋牛肉混合体上。经过滤，汤变得格外清澈和香醇。这种汤适用于扒房（高级西餐厅）消费。

2. 浓汤（Thick Soup）

浓汤是不透明的液体。通常，在原汤中加入奶油、油面酱（用黄油煸炒的面粉）或菜泥而成。浓汤又可分为 4 种。

（1）奶油汤（Cream Soups），以汤中的配料命名。例如，鲜蘑奶油汤，以鲜蘑为配料；芦笋奶油汤，以芦笋为配料等。制作方法是先制作油面酱（黄油炒的面粉），使用微火，用黄油煸炒面粉，加上适量洋葱作调味品，炒至淡黄色，出香味时即可。然后，将白色牛原汤或鸡肉原汤慢慢倒在炒好的黄油面粉中，用木铲或抽子不断搅拌。煮沸后，用微火将汤煮成黏稠状。过滤，放鲜奶油或牛奶，调味，使汤成为发亮的并带有黏性的汤汁，放装饰品即成。特点是浅黄色，味道鲜美，有奶油的鲜味。

（2）菜泥汤（Puree Soups），将含有淀粉质的蔬菜（土豆、胡萝卜、豌豆等）放入原汤中煮熟。然后，放在碾磨机中碾磨，将碾磨好的蔬菜泥与原汤放在一起，经过过滤，调味，放装饰品而成。菜泥汤不像奶油汤那样有光泽。菜泥汤可以放牛奶，也可以不放牛奶。菜泥汤的颜色美观并随着蔬菜的颜色不同而不同，味道鲜美，营养丰富。

（3）海鲜汤（Bisques），以海鲜（龙虾、虾、蟹肉）为原料，加入适量水，低温煮成的浓汤。海鲜汤中的洋葱和胡萝卜等只用于调味，不作为配料。

（4）什锦汤（Chowders），也称为杂拌汤。制作方法各异，有鱼什锦汤、海鲜什锦汤和蔬菜什锦汤等。什锦汤的命名原因是，汤中既有动物性又有植物性原料。它的配料品种和数量没有具体规定。什锦汤与奶油汤浓度很相似。但是，什锦汤中的原料尺寸较大，像烩菜一样。因此，我们可以区别什锦汤和奶油汤。

3. 特殊风味汤（Special Soups）

特殊风味汤是指根据世界各民族饮食习惯和烹调艺术特点制作的汤。其最大的特点是，在制作方法或原料方面比一般的汤更具有代表性和特殊性。例如，法国洋葱汤（French Onion Soup）、意大利面条汤（Minestrone）、西班牙冷蔬菜汤（Gazpacho）及秋葵浓汤（Gumbo）等都是非常有特色的汤。

二、汤的生产工艺

汤的质量主要来自汤的原料和加工工艺。因此，优质汤必须由新鲜的、适当浓度的原汤作为原料，选择优质新鲜的蔬菜、海鲜或肉类作配料。煮汤时应使用微火、低温，保持汤的味道香醇并使汤具备适当的浓度。制汤时，蔬菜必须煮透。厨师应不时地用木铲或金属抽子轻轻地搅拌，防止汤中的配料互相粘连或粘连在煮锅的底部。此外，应不断地撇去汤中的浮沫，保持汤的味道、颜色和美观。调味是制汤的另一个关键程序和技术，口味过重或是过于清淡的汤都不会成为优质的汤。

三、经典汤的生产案例（见图 13-3）

例1，蔬菜清汤（Clear Vegetable Soup）（生产 24 份，每份约 240 毫升）

原料：黄油 170 克，洋葱丁 680 克，胡萝卜丁 450 克，西芹丁 450 克，白萝卜丁 340 克，鸡肉原汤 6 升，番茄丁 450 克，盐和白胡椒粉各少许。

制法：①将黄油放在汤锅中，用小火溶化。

②将洋葱丁、胡萝卜丁、西芹丁、白萝卜丁放入汤锅，用小火煸炒至半熟，不使它们着色。

③将鸡肉原汤倒入汤锅中，烧开后，撇去浮沫，然后用小火煮。

④将番茄丁放入汤锅中，煮 5 分钟。

⑤撇去浮沫，用适量盐和白胡椒粉调味。

例 2，蘑菇大麦仁汤（Mushroom Barley Soup）（生产 24 份，每份约 240 毫升）

原料：大麦仁 230 克，蘑菇块 900 克，洋葱丁 280 克，鸡肉原汤 5 升，胡萝卜丁 140 克，白胡椒粉少许，白萝卜丁 140 克，盐少许，黄油或鸡油 60 克。

制法：①在沸腾的热水中把大麦仁煮熟，滤干水。

②把黄油放在厚壁的调料锅或汤锅里，将洋葱、胡萝卜、白萝卜放在油中煸炒至半熟为止，不要将它们煸炒成棕色。

③加入鸡汤，烧开，然后降低温度，用小火慢煮，直至蔬菜全熟。

④用低温煮汤的同时，另用一锅煸炒蘑菇，不要煸炒成棕色。

⑤将蘑菇放在汤中，将煮好的大麦仁也放入汤中，用低温再煮 5 分钟。

⑥撇去汤上的油脂，加入适量盐、胡椒粉调味。

例 3，牛尾汤（Oxtail Soup）（生产 24 份，每份约 240 毫升）

原料：牛尾 2700 克，洋葱块 280 克，香料袋一个（香叶 1 片、香草少许、胡椒 6 个、丁香 2 个、大蒜 1 瓣），西芹块 140 克，棕色牛原汤 6 升，胡萝卜块 140 克，雪利酒 60 毫升，胡萝卜丁 570 克，胡椒粉少许，白萝卜丁 570 克，盐少许，去籽的番茄 280 克，韭葱段 280 克（葱白部分），黄油 110 克。

制法：①用砍刀在牛尾关节处砍成段。

②将牛尾放在烤盘上，放入烤箱内烤。当部分烤成棕色后，加入洋葱块、西芹块、140 克胡萝卜块和牛尾一起烤成棕色。

③将烤好的牛尾、洋葱、西芹、胡萝卜和棕色牛原汤一起放入煮锅里。

④将烤盘上的浮油去掉，加入一些原汤。搅拌后，再倒入汤锅中。

⑤将汤煮至沸腾后，撇出浮沫，用小火慢煮，然后加入香料袋。

⑥煮约 3 小时后，用小火慢煮，直至将牛尾煮熟。在煮汤的过程中应加入少许水，使全部牛尾浸在水中。

⑦把牛尾从清汤中捞出后，将肉从骨头上刮下并切成丁，放入一个小平底锅内，倒入少许清汤，牛尾汤煮好后保温或冷却后待用。

⑧过滤，撇去浮油。

⑨用黄油煸炒 570 克胡萝卜丁、白萝卜丁和韭葱段，煸炒至半熟。

⑩加入牛尾汤，用低温煮，直至将各种萝卜丁煮熟。

⑪加入番茄丁、牛尾肉丁，再煮几分钟。

⑫加入雪利酒，用盐和胡椒粉调味。

例 4，葡萄牙蔬菜汤（Portugal Caldo Verde）（生产 16 份，每份 300 克）

原料：橄榄油 60 毫升，洋葱末 340 克，大蒜末少许，去皮土豆片 1.8 千克，水 4 升，甘蓝菜（Kale）900 克，浓味大蒜肠 450 克，食盐、胡椒粉各少许，面包块适量。

制法：①把橄榄油放入汤锅加热，并加上洋葱末和蒜末，用小火煸炒，洋葱和蒜末不要着色，加土豆片和水，煮至土豆片熟了为止，并将土豆片捣碎。

②把火腿肠切成薄片放在汤锅里小火煸炒，排出火腿中的油，沥去油，并放在土豆汤里炖 5 分钟，用盐和胡椒粉调味。

③将甘蓝菜去掉硬茎，切成细丝，越细越好。放入火腿土豆汤中煮 5 分钟，然后用盐和胡椒粉调味。

④上桌时，配上面包块。

例 5，奶油鲜蘑汤（Cream of Mushroom Soup）（生产 24 份，每份 240 毫升）

原料：黄油 340 克，洋葱末 340 克，面粉 250 克，鲜蘑末 680 克，白色牛原汤或鸡肉原汤 4.5 升，奶油 750 克，热牛奶 5 升，鲜蘑丁 170 克，盐、白胡椒粉各少许。

制法：①将黄油放厚底少司锅中加热，用微火使其溶化。

②将洋葱末和鲜蘑末放在黄油中，用微火煸炒片刻，使其出味，不要使它们呈棕色。

③将面粉放调味锅中，与洋葱末和 680 克鲜蘑混合，煸炒数分钟，用微火炒至浅黄色。

④将白色牛原汤或鸡肉原汤逐渐放入炒面粉中，并使用抽子不断搅拌，使原汤和面粉完全融合在一起，烧开，使汤变稠，不要将洋葱和鲜蘑煮过火。

⑤撇去浮沫。将汤放入电碾磨中碾一下，然后过滤。

⑥将热牛奶放入过滤好的汤中，使其保持一定的温度。

⑦保持汤的热度，但是不要将它煮沸，用盐和白胡椒粉调味。营业前将奶油放入汤中，搅拌均匀。

⑧用原汤将 170 克鲜蘑丁略煮后放在汤中，作装饰品。

例 6，胡萝卜泥汤（Puree of Carrot Soup）（生产 24 份，每份约 240 毫升）

原料：黄油 110 克，胡萝卜丁 1800 克，洋葱丁 450 克，土豆丁 450 克，鸡肉原汤或白色牛原汤 5 升，盐、胡椒粉各少许。

制法：①将黄油放入厚底少司锅中，用小火加热，使其溶化。

②加入胡萝卜丁和洋葱丁，用小火煸炒至半熟，不要使它们变色。

③将原汤倒入装有胡萝卜丁和洋葱丁的锅中，放入土豆丁并将汤烧开，使胡萝卜丁和土豆丁呈嫩熟状。但不要使它们变色。

④汤和胡萝卜丁、土豆丁一起倒入碾磨机中，经过碾磨，制成菜泥状，放回锅中，用小火炖。如果汤太浓，可以放一些原汤稀释。

⑤放盐和胡椒粉调味。

⑥根据顾客口味，上桌前可放一些热浓牛奶。

例 7，曼哈顿蛤肉汤（Manhattan Clam Chowder）（生产 16 份，每份约 240 毫升）

原料：海蛤 60 个，咸猪肉末 200 克，洋葱丁 570 克，水 3.8 升，胡萝卜 225 克，西芹丁 225 克，土豆丁（去皮）910 克，韭葱（Leek）丁 225 克（葱白部分），番茄丁 1500 克，大蒜末少许，香袋（内装干牛至少许）1 个，辣酱油少许。

制法：①将海蛤洗净，放在一个容器内，放水，煮熟。

②剥出蛤肉，将蛤肉放在一边待用，去掉蛤壳，将蛤肉原汤过滤保留。

③将土豆放入蛤肉汤中，煮熟，捞出待用，汤过滤，保留待用。

④煸炒咸肉末，放洋葱丁、胡萝卜丁、西芹丁、韭葱丁和青椒丁，一起煸炒，放大蒜，直至煸出香味（不用油，利用咸肉中的油）。

⑤加番茄酱一起煸炒，放入蛤肉汤、香袋。烧开后，用小火炖 30 分钟。

⑥除去香袋，撇去浮油，放蛤肉和土豆。

⑦用盐、白胡椒和辣酱油调味。

例 8，法国洋葱汤（French Onion Soup Gratinee）（生产 24 份，每份 180 毫升）

原料：黄油 120 克，洋葱片 2.5 千克，盐、胡椒粉各少许，雪利酒 150 毫升，白色牛原汤或红色牛原汤 6.5 升，法国面包适量，瑞士奶酪 680 克。

制法：①将黄油放在汤锅内，用小火溶化，加洋葱，煸炒至金黄色或棕色，用小火煸炒约 30 分钟，使洋葱颜色均匀，不可用旺火。

②将原汤放在煸炒好的洋葱中，烧开。然后，用小火炖约 20 分钟，直至将洋葱味道全部炖出。

③用盐和胡椒粉调味，加雪利酒并保持温度。

④将法国面包切成 1 厘米厚的片状。

⑤零点服务时，将汤放在小砂锅中，上面放 1~2 片面包，面包上面放切碎的奶酪。然后，放在焗烤炉内，将奶酪烤成金黄色时，即可上桌。

例 9，意大利面条汤（Minestrone）（生产 24 份，每份约 240 毫升）

原料：橄榄油 120 克，洋葱薄片 450 克，西芹丁 230 克，胡萝卜丁 230 克，大蒜末 4 克，小白菜丝 230 克，小南瓜丁 230 克，去皮番茄丁 450 克，白色牛原汤 5 升，罗勒 1 克，香菜末 15 克，菜豆 680 克，短小的空心意大利面条 170 克，盐和胡椒粉各少许，奶酪适量。

制法：①将黄油放厚底少司锅，用小火溶化。

②将洋葱、西芹、胡萝卜和大蒜放在黄油中，煸炒 3~5 分钟，不要使它们着色。然后放白菜和小南瓜，继续煸炒 5 分钟，注意用小火。

③将番茄、白色牛原汤和罗勒放在煸炒的蔬菜中，用小火炖，不要过火。

④将意大利面条放入，用小火煮，直至将面条煮熟。加入菜豆，继续煮并将

菜豆煮熟。

⑤将香菜、胡椒粉和盐放在汤中。

⑥上桌前，汤中放上奶酪末，即成。

例10，西班牙冷蔬菜汤（Gazpacho）（生产 12 份，每份 180 毫升）

原料：去皮番茄末 1.1 千克，红酒醋（Red Wine Vinegar）90 毫升，去皮黄瓜末 450 克，橄榄油 120 克，洋葱末 230 克，盐、胡椒粉少许，青椒末 110 克，柠檬汁少许，大蒜末 1 克，辣椒粉少许，装饰品 180 克（洋葱丁、黄瓜丁、青椒丁各 60 克），新鲜白面包末 60 克，冷开水 500 克。

制法：①将番茄末、黄瓜末、青椒末、大蒜末及面包末放在打碎机中打碎。然后过滤，与冷开水搅拌，制成冷汤。

②将橄榄油慢慢倒入冷汤中，用抽子抽打。

③用盐、胡椒粉、柠檬汁和醋调味。然后冷藏。

④上桌时，每份冷汤放约 15 克装饰品（洋葱丁、黄瓜丁和青椒丁）。

奶油鲜蘑汤　　　　　西班牙冷蔬菜汤　　　　　奶油白胡桃浓汤
（Cream of Mushroom Soup）　　（Gazpacho）　　（Creamy Butternut Bisque）

图 13-3　不同风味的汤

第三节　少　司

少司是西餐热菜的调味汁酱，简称调味酱，是英语 Sauce 的译音。有时，也称为沙司。

一、少司的组成

1. 原汤、牛奶或溶化的黄油

原汤、牛奶和黄油是制作少司的基本原料。通常少司中的液体由各种原汤、牛奶和黄油构成。原汤包括白色牛原汤、白色鸡肉原汤、白色鱼原汤和棕色牛原汤。

2. 稠化剂

稠化剂是制作少司的最基本原料之一，它的种类有许多。少司必须经稠化才可以产生黏性。否则，少司不会粘连在菜肴上，因此，稠化技术是制作少司的关键工艺。通常，稠化剂是以面粉、玉米粉、面包、米粉或土豆粉等配以油脂或水构成。有的稠化剂也可由蛋黄或奶油构成。常用的稠化剂有以下 5 种。

（1）油面酱

油面酱，也称为"面粉糊"，它以 50% 溶化的油脂加上 50% 的普通面粉配制，用低温煸炒成糊状。使用的油脂可以是黄油、人造黄油、动物油脂或植物油。但是，以黄油为原料的油面酱制成的少司味道最佳，以鸡油与面粉制成的油面酱用于鸡肉菜肴少司，以烤牛肉的滴油与面粉制成的油面酱适用于牛肉菜肴少司，以人造黄油或植物油与面粉制成的油面酱配制的少司味道不理想。按照油面酱的用途，我们可以把它分为 3 种：白色油面酱、金黄色油面酱和棕色油面酱。这是由于烹调的时间长短与炉温的高低不同而形成的。白色油面酱适用于奶油少司，金黄色油面酱适用于白色少司，棕色油面酱适用于棕色少司。但是，由于棕色油面酱煸炒时间过长，它的粘连性能较差。

（2）黄油面粉糊（Beurre manie）

黄油面粉糊是由相同数量溶化的黄油与生面粉搅拌而成。这种糊常用于少司的最后阶段，当发现少司的黏度不够理想时，可以使用几滴黄油与面粉搅拌而成的糊，使少司快速地增加黏度以达到理想的质量。

（3）水粉糊（Whitewash）

将少量的淀粉和水混合在一起构成了水粉糊。这种稠化剂味道很差，它只用于酸甜味道的菜肴和甜点。

（4）蛋黄奶油糊（Egg Yolk and Cream Liaison）

蛋黄奶油糊由鸡蛋黄与奶油混合构成。尽管这类糊的粘连性不如以上各种稠化剂，但是，它可以丰富少司的味道。因此，适用于少司制作的最后阶段，起着调味、稠化和增加亮度的作用。

（5）面包渣（Breadcrumbs）

面包渣也可作为稠化剂。但是，它的用途很少，仅限于某些菜肴，如西班牙冷蔬菜汤。

3. 调味品（Seasoning）

盐、胡椒、香料、柠檬汁、雪利酒和马德拉酒（见第 9 章第 5 节）都是制作少司最常用的调味品。

二、少司的作用

少司是味道丰富的并带有黏性的热菜调味酱，它主要的作用是为热菜调味和装饰，一些少司也为冷菜和沙拉调味。西餐中有许多开胃菜、配菜、主菜，甚至甜点都需要少司调味和装饰。法国菜肴之所以享誉全球,除了它的优质原料和精心制作,另一个主要原因就是运用精美和香醇的少司。烤菜、扒菜、炸菜和煮菜经过熟制,都要浇上少司以增加它们的味道和美观。因此,少司是西餐工艺的基础和核心。少司有以下 4 个作用。

(1)作为菜肴的调味品,丰富菜肴的味道,提高人们的食欲。

(2)作为菜肴的润滑剂,增加扒菜、烤菜和炸菜的润滑性,便于食用。

(3)作为菜肴的装饰品,为菜肴增加颜色,使菜肴更加美观。

(4)作为生产工艺,使西餐的生产艺术化,使菜肴的品种更加丰富。

三、少司的种类

西餐的少司种类繁多,它们在颜色、味道和黏度方面各有特色。但是,所有的少司都是由 5 种基础少司发展而成的。

1. 基础少司

在西餐菜肴制作中,用于调味的少司有无数品种,而且它们还在不断地发展和创新。然而,所有这些调味少司都是由五大基础少司为主要原料,经过再加工和调味制成。基础少司是制作一切调味少司的原始少司。(见图 13-4)

(1)牛奶少司,由牛奶、白色油面酱及调味品制成。

(2)白色少司(Veloute Sauce),由白色牛原汤或白色鸡原汤加入白色或金黄色的油面酱及调味品制成。

(3)棕色少司(Brown Sauce 或 Espagnole),由棕色牛原汤加入浅棕色的油面酱及调味品制成。

(4)番茄少司(Tomato Sauce),由棕色牛原汤加入番茄酱,适量加入棕色油面酱及调味品制成。

(5)黄油少司(Butter Sauce),由黄油加鸡蛋黄及调味品制成。

牛奶少司(Bechamel Sauce)　　　　棕色少司(Brown Sauce 或 Espagnole)

图 13-4　基础少司

2. 半基础少司

有些少司，我们称为半基础少司。半基础少司是以五大基础少司为原料制成。通过半基础少司，加入一些调味品，可以更容易并更方便地制成调味少司。常用的半基础少司有蛋黄奶油少司（Allemande Sauce）、奶油鸡少司（Supreme Sauce）、白酒少司（White Wine Sauce）、棕色水粉少司（Fond Lie）和浓缩的棕色少司（Demiglaze）等。

3. 调味少司

调味少司也称为小少司，是具体为各种菜肴调味的少司。它们以五大基础少司或半基础少司为原料，通过再一次调味发展而成。由于调味少司在味道方面、颜色方面各具特色，因此菜肴通过它们调味后，变得各具特色。基础少司可以经过直接调味，制成调味少司。然而有些基础少司还要加工成半基础少司后，再经过调味才能制成调味少司。调味少司有许多种类，到目前为止，还在不断地发展。

（1）以牛奶少司为基础制成的调味少司有奶油少司（Cream Sauce）、芥末少司（Mustard Sauce）和干达奶酪少司（Chedder Cheese Sauce）等。

（2）以白色少司为基础少司制成的调味少司有白色鸡少司（White Chicken Sauce）、白色鱼少司（White Fish Sauce）、匈牙利少司（Hungarian Sauce）、咖喱少司（Curry Sauce）和欧罗少司（Aurora Sauce）等。

（3）以棕色少司为基础制成的调味少司有罗伯特少司（Robert Sauce）、马德拉少司（Madeira Sauce）和雷娜斯少司（Lyonnaise Sauce）等。

（4）以番茄少司为基础制成的调味少司有科瑞奥勒少司（Creole Sauce）、葡萄牙少司（Portugaise Sauce）和西班牙少司（Spanish Sauce）等。

（5）以黄油少司为基础制作的调味少司有马尔泰斯少司（Maltaise Sauce）、摩斯令少司（Mousseline Sauce）和秀荣少司（Choron Sauce）等。

四、经典少司生产案例

1. 牛奶少司（生产 4 升）

原料：溶化的黄油 225 克，面粉（制面包用）225 克，牛奶 4 升，去皮小洋葱 1 个，丁香 1 个，小香叶 1 片，盐、白胡椒和豆蔻各少许。

制法：①将黄油放入厚底少司锅内，用微火溶化，放面粉，炒熟并保持面粉本色。

②将牛奶煮沸，逐渐倒入炒好的面粉中，用抽子不停地抽打，使其完全混合在一起并观察其黏度。

③煮沸后，改用小火煮，用抽子不断地抽打。

④将香叶插在洋葱上与丁香一起放在少司中，用小火煮 15~30 分钟，偶尔搅拌。

⑤检查稠度，如果需要，可再放一些热牛奶。

⑥用盐、胡椒粉和豆蔻调味，香料气味不要过浓，口味应清淡。

⑦过滤，盖上盖子，在少司表面放一些黄油以防止表面干裂。使用时，应保持其热度。

2. 以牛奶少司为基础制成的调味少司

（1）奶油少司（生产 1100 克）

原料：牛奶少司 1000 克，奶油 120~240 克，盐和白胡椒各少许。

制法：将牛奶少司与奶油、盐、白胡椒均匀地混合、加热、调味。

（2）芥末少司（生产 1100 克）

原料：牛奶少司 1000 克，芥末酱 110 克，盐和白胡椒各少许。

制法：将牛奶少司均匀地与调味品混合，加热。

（3）干达奶酪少司（生产 1200 克）

原料：牛奶少司 1000 克，干达奶酪 250 克，干芥末 1 克，盐、白胡椒少许，辣酱油 10 克。

制法：将 1000 克牛奶少司与干达奶酪和各种调味品放在一起加热即成。

3. 白色少司

（1）白色牛少司（生产 4 升）

原料：溶化的黄油 225 克，面粉（制面包用）225 克，白色牛原汤 5 升。

制法：①将黄油放在厚底少司锅内加热，放面粉煸炒至浅黄色，冷却。

②逐渐把白色牛原汤加入炒面粉中并用抽子抽打。开锅后，用小火煮。

③用小火煮少司约 1 个小时，偶尔用抽子抽打几下，撇去表面浮沫，如果少司过稠，可以再加一些白色牛原汤。

④不要用盐和胡椒等对白色少司调味。因为，它只作为调味少司的原料。

⑤过滤后，用锅盖盖好或表面放一些溶化的黄油以防止少司表面产生皮子。使用时，保持其热度。储存前应使其快速降温。

（2）白色鸡少司（生产 4 升）

原料：溶化的黄油 225 克，面粉 225 克，白色鸡原汤 5 升。

制法：与白色牛少司相同。

（3）白色鱼少司（生产 4 升）

原料：溶化的黄油 225 克，面粉 225 克，白色鱼原汤 5 升。

制法：与白色牛少司相同。

4. 以白色少司为基础制成的半基础少司

（1）蛋黄奶油少司（生产 4000 克）

原料：白色牛少司 4 升，鸡蛋黄 8 个，奶油 500 克，柠檬汁 30 毫升，盐和白胡椒粉各少许。

制法：①将白色牛少司放入少司锅中，用小火煮沸，保持微热状。

②将蛋黄与奶油放在一起抽打，搅拌均匀。

③将热少司的 1/3 逐渐倒入蛋黄奶油中并慢慢搅拌。然后，逐渐地倒入剩下的 2/3 白色牛少司，搅拌均匀。

④用微火炖，不要烧开，用柠檬汁、盐和白胡椒粉调味。

（2）奶油鸡少司（生产 4 升）

原料：白色鸡少司 4 升，奶油 1000 克，黄油 120 克，盐、胡椒粉和柠檬汁各少许。

制法：①将白色鸡少司放入少司锅中，用小火煮，直至减去原来数量的 1/4。

②将奶油放入另一锅内，用少量热的白色鸡少司逐渐地倒入奶油中并不断搅拌。然后，将搅拌好的奶油溶液逐渐地倒入所有的白色鸡少司中，搅拌均匀，用小火煮。

③将黄油切成丁，放入少司中，用柠檬汁、盐和胡椒粉调味。

④将少司过滤。

（3）白酒少司（生产 4 升）

原料：干白葡萄酒 500 克，白色鱼少司 4 升，热浓牛奶 500 克，黄油 20 克，盐、白胡椒粉和柠檬汁各少许。

制法：①将白酒放入少司锅中，用小火煮，使其蒸发，直至减去 1/2 数量。

②加入白色鱼少司，用小火煮，直至煮成理想的浓度。

③将热牛奶逐渐倒入白色鱼少司中，不断地搅拌。

④将黄油切成丁，放在少司中。然后，用盐、胡椒粉、柠檬汁调味。

⑤将少司过滤。

5. 以白色少司及其半基础少司制成的各种调味少司

（1）匈牙利少司（生产 1100 克）

原料：白色牛少司或白色鸡少司 1000 克，黄油 30 克，洋葱末 60 克，红辣椒 5 克，白葡萄酒 100 克，盐和胡椒粉各少许。

制法：①用黄油煸炒洋葱和辣椒，放入白葡萄酒，用小火煮片刻。

②将白色牛少司放入煸炒好的洋葱中，煮 10 分钟，用盐和胡椒粉调味即成。

（2）咖喱少司（生产 1200 克）

原料：白色牛少司（或白色鸡少司或白色鱼少司）1000 克，洋葱丁 50 克，胡萝卜丁、西芹丁各 25 克，咖喱粉 6 克，拍松的大蒜 1 瓣，香叶半片，香菜梗 4 根，奶油 120 毫升，百里香、盐和胡椒粉各少许。

制法：①用黄油煸炒洋葱、胡萝卜和西芹，放入咖喱粉、百里香、大蒜、香叶和香菜梗，煸炒后，加少司，用小火炖。

②将奶油倒入少司中，用盐和胡椒粉调味。

（3）欧罗少司（生产 1100 克）

原料：蛋黄奶油少司（或奶油鸡少司或白色牛少司或白色鸡少司）1000 克，番茄酱 170 克，盐和胡椒粉各少许。

制法：将番茄酱与少司混合在一起，用小火炖，用盐和胡椒粉调味。

（4）鲜蘑少司（Mushroom Sauce）（生产 1100 克）

原料：黄油 30 克，鲜蘑片 110 克，蛋黄奶油少司（或奶油鸡少司或白酒少司）1000 克，柠檬汁 15 毫升，盐和白胡椒粉各少许。

制法：将黄油溶化，煸炒鲜蘑，保持鲜蘑白色，放少司，用小火炖，用柠檬汁、盐和胡椒粉调味。

（5）爱尔布费亚少司（Albufera Sauce）（生产 1000 克）

原料：奶油鸡少司 1000 克，烤牛肉汁 60 克。

制法：将奶油鸡少司与烤牛肉汁混合，煮开，保持热度。

（6）培西少司（Bercy Sauce）（生产 1100 克）

原料：洋葱末 60 克，白葡萄酒 120 克，白色鱼少司 1000 克，黄油 60 克，香菜末 7 克，柠檬汁少许，盐和白胡椒粉各少许。

制法：①将洋葱末和白葡萄酒用小火炖，炖成原来数量的 2/3。

②放白色鱼少司，煮开，用黄油、香菜末、白胡椒粉和柠檬汁调味。

（7）诺曼底少司（生产 1200 克）

原料：白色鱼少司 1000 克，鲜蘑 120 克，鸡蛋黄 4 个，奶油 90 克，盐和白胡椒粉各少许，鱼原汤 120 克，黄油 30 克。

制法：①用水煮鲜蘑，煮成浓汁（约 120 克）后，扔掉鲜蘑，留汁待用。

②用鸡蛋黄与奶油混合在一起制成稠化剂。

③将鱼原汤用小火煮成原来数量的 3/4，与白色鱼少司和鲜蘑汁混合。煮开后，放混合好的鸡蛋奶油稠化剂。

④过滤，将溶化的黄油洒在少司的表面上。

6. 棕色少司（生产 4 升）

原料：洋葱丁 500 克，胡萝卜丁和西芹丁各 250 克，黄油 250 克，面粉（制面包用）250 克，番茄酱 250 克，棕色原汤 6 升，香料布袋（香叶 1 片、丁香 0.25 克、香菜梗 8 根）1 个。

制法：①用黄油将洋葱、胡萝卜丁和西芹丁煸炒成金黄色。

②将面粉倒入煸炒好的洋葱、胡萝卜丁和西芹丁中，用低温继续煸炒，使面粉呈浅棕色。

③将棕色原汤和番茄酱放入炒好的面粉中。煮开后，用小火炖。

④撇去浮沫，加香料袋，用小火炖 2 小时，浓缩成 4 升时，即成。

⑤过滤后，在少司表面放入少量溶化的黄油，防止表面产生浮皮。使用时，保持其热度。

7. 以棕色少司为基础制成的半基础少司

（1）棕色水粉少司（生产 1000 克）

原料：棕色原汤 1000 克，玉米粉 30 克。

制法：①将玉米粉与冷水混合制成玉米粉芡。

②将棕色原汤煮开，放玉米粉芡，搅拌。

（2）浓味棕色少司（Demiglaze）（生产 4 升）

原料：棕色少司 4 升，棕色原汤 4 升。

制法：①将棕色少司与棕色原汤混合在一起。煮开，再用小火炖成原数量的 1/2。

②过滤，撇去浮沫，使用时保持热度。

8. 以棕色少司及其半基础少司制成的调味少司

（1）罗伯特少司（生产 1100 克）

原料：洋葱末 110 克，黄油 25 克，白葡萄酒 250 克，浓味棕色少司 1000 克，芥末粉 4 克，白糖和柠檬汁各少许。

制法：①用小火煸炒洋葱，放入葡萄酒，用小火炖，直至煮成原来数量的 2/3。

②加浓味棕色少司，煮 10 分钟。

③过滤后，加芥末粉、白糖和柠檬汁即可。

（2）马德拉少司（生产 1000 克）

原料：浓味棕色少司 1000 克，马德拉葡萄酒 120 克。

制法：用小火煮浓味棕色少司，约炖去 100 克后，加入马德拉酒即可。

（3）雷娜斯少司（生产 1100 克）

原料：黄油 60 克，洋葱 110 克，白葡萄酒 120 克，白醋少许，浓味棕色少司 1000 克。

制法：①用黄油煸炒洋葱至金黄色，加入白葡萄酒、少许白醋，用小火煮，炖至成原数量的 1/2。

②加入浓味棕色少司，煮 10 分钟即可。

9. 番茄少司（生产 4 升）

原料：黄油 60 克，洋葱丁 110 克，胡萝卜丁 60 克，西芹丁 60 克，面包粉 110 克，白色原汤 1.5 升，番茄 4 千克，番茄酱 2 千克，胡椒粉 1 克，盐少许，白糖 15 克，小香料袋 1 个（香叶 1 片、大蒜 2 头、丁香 1 个、百里香 0.25 克）。

制法：①将黄油溶化，加洋葱丁、西芹丁、胡萝卜丁，煸炒几分钟，加面粉，继续煸炒，使面粉呈浅棕色。

②加白色原汤，烧开，加番茄和番茄酱，搅拌，煮开，再用小火煮。

③加香料布袋，用小火煮约 1 小时，捞出香袋，过滤，用盐和糖调味。番茄少司的第二种制法是，不使用炒面粉，增加一些烘烤上色的咸肉骨头、2 千克番茄和 2 千克番茄酱，经长时间的炖煮，制成番茄少司。

10. 以番茄少司为基础制成的调味少司

（1）科瑞奥少司（生产 1100 克）

原料：洋葱丁 110 克，西芹丁 110 克，青椒丁 60 克，大蒜末 2 克，番茄少司 1000 克，香叶 1 片，百里香 0.25 克，柠檬汁 1 克，盐、白胡椒、辣椒粉少许。

制法：将少司和各种调料放在一起，用小火煮 15 分钟，用盐、白胡椒和辣椒粉调味。

（2）葡萄牙少司（生产 1400 克）

原料：洋葱丁 110 克，黄油 30 克，番茄丁 500 克，大蒜末 2 克，番茄少司 1000 克，香菜 15 克，盐和胡椒粉各少许。

制法：将洋葱丁放入黄油中煸炒，加番茄丁、大蒜末，用小火煮成原数量的 2/3 后加番茄少司，用小火煮，用盐和胡椒粉调味，放香菜末。

（3）西班牙少司（生产 1200 克）

原料：洋葱丁 170 克，青椒丁 110 克，大蒜末 1 瓣，鲜蘑片 110 克，番茄少司 1000 克，黄油 60 克，盐、胡椒和红辣酱各少许。

制法：先用黄油将洋葱、青椒和大蒜煸炒。然后，放鲜蘑继续煸炒，再加入番茄少司，用小火煮，用盐、胡椒和红辣酱调味。

11. 黄油少司

以黄油为基础，可制成两种少司：荷兰少司和巴尔耐斯少司。

（1）荷兰少司（Hollandaise Sauce）（生产 1000 克）

原料：黄油 1100 克，白胡椒粉 0.5 克，盐 1 克，白醋 90 毫升，冷开水 60 毫升，鸡蛋黄 12 个，柠檬汁 30~60 毫升，辣椒粉少许。

制法：①将 900 克黄油溶化，加热，使其失去水分，保持温热，备用。

②将白胡椒粉、盐和白醋放在少司锅中，加热，直至减少 1/2 时，从炉上移开，加入冷水。然后，倒入不锈钢容器中，用橡皮铲不断地搅拌，加鸡蛋黄，用

抽子抽打。

③将该容器放在热水中，保持热度，继续抽打，直至溶液变稠。

④将温热的黄油用手勺一点一点地加入鸡蛋溶液中，不断地抽打。直至全部加入鸡蛋溶液中，放柠檬汁调味，制成少司。

⑤用盐和辣椒粉调味，如少司过稠时，可放一些热水稀释。

⑥过滤后，保持温度，在一个半小时内用完。

（2）巴尔耐斯少司（Béarnaise Sauce）（生产 1000 克）（见图 13-5）

原料：黄油 110 克，小洋葱末 60 克，龙蒿 2 克，白酒醋 250 克，鸡蛋黄 12 个，胡椒粉 2 克，柠檬汁、辣椒粉和盐各少许，香菜末 6 克。

制法：①将黄油溶化和加温，使其纯化，保持其温度，待用。

②将洋葱、龙蒿、胡椒粉和白酒醋放在一起，加热，直至减去原来数量的 1/4，离开火源，倒在容器内，保持温热。加入鸡蛋黄，用抽子抽打并将盛蛋黄的容器放在热水中，用抽子不断地抽打，直至溶液变稠。

图 13-5　巴尔耐斯少司
（Béarnaise Sauce）

③将容器离开热水后，将黄油一滴滴地倒入蛋黄溶液中。如果过稠，可放一些热水或柠檬汁。

④过滤，用盐、柠檬汁和辣椒粉、香菜末调味。

⑤服务时，保持其温度并在一个半小时内用完。

12. 以黄油少司为基础制作的调味少司

（1）马尔泰斯少司（生产 1200 克）

原料：荷兰少司 1000 克，橘子汁 60~120 毫升，橘子肉 60 克。

制法：将少司、橘子汁、橘子肉混合即成。

（2）摩斯令少司（生产 1200 克）

原料：荷兰少司 1000 克，奶油 250 克。

制法：将它们混合在一起，用抽子抽打。

（3）秀荣少司（生产 1000 克）

原料：巴尔耐斯少司 1000 克，番茄酱 60 克。

制法：将它们混合在一起即成。

本章小结

原汤是由畜肉、家禽、海鲜等煮成的浓汤，也称作基础汤，是制作汤和少司的关键原料。许多西菜的味道、颜色及质量受原汤质量的影响。汤是欧美人喜爱的一道菜肴，以原汤为主要原料配以海鲜、肉类、蔬菜或淀粉类原料，经过调味而成。汤既可作为西餐中的开胃菜、辅助菜，又可作为主菜。少司是西餐的热菜调味汁，是英语 Sauce 的译音。有时人们也称它们为沙司。通常，主菜的风味和特色来源于少司。

思考与练习

1. 名词解释题

原汤（Stock）、少司（Sauce）、牛奶少司（Bechamel Sauce）、白色少司（Veloute Sauce）、棕色少司（Brown Sauce 或 Espagnole）、番茄少司（Tomato Sauce）、黄油少司（Butter Sauce）。

2. 思考题

（1）简述原汤的种类与特点。

（2）简述汤的种类和特点。

（3）简述汤的生产工艺。

（4）简述少司的组成。

（5）论述少司的作用。

第14章

面包与甜点

本章导读

本章主要对面包与甜点生产原理与工艺进行论述。通过本章学习，读者可掌握面包的含义与作用、面包的历史与文化、面包的种类与特点、面包的原料及功能、面包的生产原理与工艺等。同时，可掌握甜点的含义与作用、蛋糕、茶点、排与塔特、油酥面点、布丁和冷冻甜点的生产原理与工艺。

第一节　面包与甜点概述

一、面包的含义与作用

面包是以面粉、油脂、糖、发酵剂、鸡蛋、水或牛奶、盐和调味品等为原料，经烘烤制成的食品。面包含有丰富的营养素，是西餐的主要组成部分。面包的用途广泛，是日常早餐的常用食品，是每日午餐和正餐的辅助食品，是各种宴会、茶歇不可或缺的食品。欧美人喝汤和吃开胃菜时，习惯食用面包。面包还与其他食品原料一起制成各种菜肴。例如，法国洋葱汤和三明治等。根据面包的用途与特点，面包可分为多个种类与名称。例如，形状较大的方面包称为 Loaf，不同形状的小圆面包称为 Bun 和 Roll，Pastry 指各种油酥面包，Toast 指方形面包片。

二、面包的历史与文化

面包有着悠久的历史和文化。根据资料，最早的面包发酵和制作技术来自古埃及。当时的面包颜色都是棕色或黑色，随着面粉制作技术的提高，开始有了白色面包。当今，根据各国和各地的饮食习惯，面包无论在特色，还是在造型方面都有了很大的发展。

现代面包的魅力比过去有增无减，烤面包的香味常常对顾客有着很大的诱惑力。当今，面包不仅是菜单上的一项重要资源，还成为西餐营销的工具。例如，在统计欧美人对早餐面包选择中，人们发现，油酥面包（Biscuit）、松软的摩芬面包（Muffin）和小甜面包（Sweet Roll）的销售率远远超过普通面包。企业管理者们总结出，一顿丰盛的意大利餐，如果没有新鲜的意大利面包（Italian Bread），会使顾客觉得很不完美。同时，面包常被制成各种形状，摆在装饰台、展示台作为咖啡厅和自助餐的装饰品。欧美人对面包的食用方法非常讲究，他们在不同的餐次（早餐、午餐或正餐）及各种用餐场合，常食用不同的面包。例如，在大陆式早餐中，常食用牛角包（Croissant）、小博丽傲士面包（Brioche）。在英式早餐中，食用油酥面包。例如，丹麦面包（Danish Pastries）、葡萄干朗姆甜面包（Baba Au Rhum）和土司（Toast）。酒会和自助餐食用法国面包、意大利面包、黑面包、白面包（White Loaf）及各式各样的面包。正餐食用正餐面包（Dinner Roll）、辫花面包（Braided Bun）和土司等。

三、甜点的种类与作用

甜点也称为甜品、点心或甜菜，是由糖、鸡蛋、牛奶、黄油、面粉、淀粉和水果等为主要原料制成的各种甜食。它是欧美人一餐中的最后一道菜肴，也是一个完整的西餐不可缺少的组成部分，英国人习惯将甜点称为甜食（Sweet）。在传统的法国宴会中，精致的各式甜点作为最后一道菜肴，放在各式银器和水晶的器皿中，摆放在宴会厅，衬托了餐厅的气氛。当今的西餐甜点无论在它的含义还是种类方面都有了很大的发展。现代西餐甜点包括各种蛋糕、饼干、馅饼、油酥点心、冰冻点心、奶酪和水果以及综合式的各种点心。一个正式的西餐宴会不能没有甜点，缺乏甜点是不完整或非正式的一餐。人们选择甜点，习惯上有两个原则：当主菜丰富或油腻时选择较清淡的甜点，如水果组成的甜点、奶酪和冰激凌等；当主菜较清淡时，选择蛋糕和派等。

第二节　面包的种类与生产工艺

一、面包的种类与特点

面包有许多种类，分类方法也各有不同。按照面包的制作工艺，面包分为两大类，即酵母面包和快速面包。按照面包的特点，面包可分为软质面包、硬质面包和油酥面包。

1. 酵母面包（Yeast Bread）

酵母面包是以酵母作为发酵剂制作的面包。这种面包质地松软，带有浓郁的香气。它的制作工艺复杂，需要特别精心。酵母面包有多种：白面包、全麦面包、圆形裸麦面包、意大利面包、辫花香料面包（Braided Herb Bread）、老式面包（Old-fashioned Roll）、各种正餐面包、各种甜面包（Sweet Rolls）、比塔面包（Pita）、丹麦面包和小博丽傲士面包。

（1）白面包，以白色面包粉、牛奶为主要原料，加入适量的盐、白糖和黄油或人造黄油，通过发酵方法制成。白面包为方形，内部为白色，表面为浅棕色。

（2）全麦面包，以全麦面包粉、白色面包粉、牛奶为主要原料，加入适量的盐、白糖、糖蜜、黄油或人造黄油，通过发酵方法制成。其形状为方形，表面为浅棕色，内部为灰色。

（3）圆形稞麦面包，稞麦面包又称为黑麦面包，以白色面包粉、稞麦面包粉、酸牛奶为主要原料，加入适量的盐、白糖、糖蜜、黄油或人造黄油和页蒿籽（Caraway Seed），通过发酵方法制成并人工成型的圆形面包，表面为浅棕色，内部为灰色。

（4）意大利面包，以白色面包粉和水为主要原料，加入适量的盐、白糖、黄油、植物油、鸡蛋白等，通过发酵方法，人工成型。面包为长圆形，上部有刀切过的线，烘烤后，它会裂开，面包内部为白色，表面为浅棕色。

（5）辫花香料面包，以白色面包粉和水为主要原料，加入适量的盐、软化的黄油或人造黄油、鸡蛋和迷迭香等，通过发酵方法，人工成型。其形状为麻花形和椭圆形，面包内部为白色，表面为浅棕色。

（6）老式面包，以白色面包粉、牛奶为主要原料，加入适量的盐、白糖和黄油等，通过发酵方法，人工成型。面包内部为白色，表面为浅棕色。

（7）正餐面包，以白色面包粉、牛奶为主要原料，加入适量的盐、白糖和黄油，通过发酵方法并人工成型。有各种形状和各种味道，内部为白色，表面为浅棕色。传统的品种有正餐长圆形面包（Dinner Bun）、维也纳面包（Vienna Roll）、辫花面包（Double Twist）、花节面包（Knot）、新月面包（Crescent）、圆形面包（Pan Roll）和风车轮面包（Pinwheel）等。

（8）甜面包，以白色面包粉、牛奶、白糖和黄油为主要原料，加入鸡蛋、盐并根据面包的品种和特色加入各种水果、干果和香料，通过发酵方法，人工成型。有各种形状和各种味道，面包内部为白色，表面为浅棕色。例如，水果面包（Fruit Bread）、肉桂面包（Cinnamon Roll）、葡萄干面包（Raisin Bread）、瓢馅面包（Kolacky）。瓢馅面包为圆饼形，瓢有苹果和干果等馅心。

（9）比塔面包，也称作口袋面包。以白色面包粉为主要原料，加入适量的盐、白糖、植物油等，通过发酵方法并人工成型。面包为小圆形，烘烤后呈口袋状，面包内部为白色，表面为浅棕色。

（10）丹麦面包，以白色面包粉、牛奶和黄油为主要原料，加入适量的盐和白糖，通过发酵方法并人工成型。这种面包有各种形状，中间瓢有各种馅心，如果酱馅心、杏仁馅心和奶酪馅心等。烘烤后，面包内部为白色，表面为浅棕色。常见的丹麦面包的品种有风车轮面包、折叠式面包（Foldover）、信封式面包（Envelop）和鸡冠花面包（Cockscomb）等。

（11）博丽傲士面包（Brioche），又称黄油鸡蛋面包。传统上，这种面包原料中含有 Brie 奶酪，以白色面包粉、牛奶、黄油和鸡蛋为主要原料，加入适量的盐、白糖和柠檬粉。这种面包是通过发酵方法并人工成型的。这种面包味香醇、皮酥，适用于早餐和下午茶。（见图 14-1）

14-1 黄油鸡蛋面包（Brioche）

2. 快速面包（Quick Bread）

快速面包是以发粉或苏打作为膨松剂制成的面包。这种面包制作程序简单，制作速度快，而且不需要高超的技术并由此得名。快速面包尽管简便易行，但也是西餐业经营中的一项重要内容。此外，一些有特色的快速面包还为企业带来了很高的声誉。快速面包的主要用于早餐和下午茶。根据这种面包本身的特点，最好是当天食用。主要的品种有油酥面包、摩芬面包（Muffin）、水果面包、玉米面包（Corn Bread）、沃福乐（Waffle）、博波福（Popover）和咖啡面包（Coffee Bread）。

（1）油酥面包，以面粉、牛奶、油脂、发粉、盐和非常少量的糖为原料，略带咸味和具有酥松的特点。主要品种有酸奶面包（Buttermilk Biscuit）、奶酪面包（Cheese Biscuit）和香料面包（Herb Biscuit）等。

（2）摩芬面包，以面粉、牛奶、油脂、鸡蛋、发粉、糖和盐为原料制成的带有甜味的松软、像小型的碗状的甜面包。这种面包含糖量较高。有时，其含量是油酥面包的 10 倍。主要品种有葡萄干香味摩芬（Raisin Spice Muffin）、枣仁干果摩芬（Date Nut Muffin）、全麦摩芬（Whole Muffin）和黑莓摩芬（Blackberry Muffin）。

（3）水果面包，以面粉、牛奶、鸡蛋、发粉、苏打粉、糖、盐、油脂、水果香料、水果汁或水果泥为原料制成的带有甜味和水果味的香甜面包。例如，香蕉面包（Banana Bread）、橘子干果面包（Orange Nut Bread）都是著名的水果面包。

（4）玉米面包，以相同数量的点心面粉和玉米粉、牛奶、油脂、鸡蛋、苏打粉、糖和盐为原料，经过烘烤制成，是带有甜味和玉米香味的酥松香甜的面包。

（5）沃福乐（Waffle），煎饼式的面包。它以点心面粉、牛奶、植物油、鸡蛋、发粉、苏打粉和盐为原料，通过搅拌，成为面糊，倒入煎饼锅，经烘烤，制成的带有咸味的并酥松的煎饼式面包。

（6）博波福（Popover），以鸡蛋、牛奶、溶化的黄油或人造黄油、面粉和盐为原料，搅拌成糊，放入模具中，经烘烤，制成的带有咸味的酥松面包。这种面包的鸡蛋含量非常高。烤熟后，膨胀高度常超过了模具的高度。它的上部会有裂缝，内部形成空洞。

（7）咖啡面包，也称为咖啡蛋糕（Coffee Cake），有各种形状，面包内部可以有香料、水果或干果，常在早餐或下午茶时食用。

3. 软质面包（Soft Roll）

软质面包是松软、体轻、富有弹性的面包。例如，土司面包和各种甜面包等属于这一类。软质面包由含有较高的油脂和鸡蛋的面团为原料制成。

4. 硬质面包（Hard Roll）

硬质面包是韧性大、耐咀嚼、表皮干脆、质地松爽的面包。例如，法式面包和意大利面包都是著名的硬质面包。硬质面包由少油脂、低鸡蛋的面团制成。

5. 油酥面包

油酥面包是将面团擀成薄片，加入黄油，经过折叠、擀压、造型和烘烤等程序制成的层次分明并质地酥松的面包。例如，丹麦面包和牛角面包等都是传统的油酥面包。油酥面包也称为油酥面点。

二、面包的原料及其功能

面包的主要原料有面粉、油脂、糖、发酵剂、鸡蛋、液体物质（水和牛奶）、盐、调味品等。每一种原料都在面包的质量和特色中担当一定的作用。

1. 面粉

面粉是制作面包最基本的原料，小麦粉是最常用的品种。除此之外，裸麦粉、燕麦粉和玉米粉也常用于面包。含蛋白质高的小麦粉常被人们称为硬麦粉，含蛋白质少的小麦粉称为软麦粉。面包粉属于硬麦粉，因为它含有较高的面筋质。裸麦粉有三种颜色：浅棕色、棕色和深棕色。由于裸麦粉本身不含面筋质，因此单一的裸麦粉不能制作面包，它必须加入小麦。全麦粉是含有麸皮的小麦粉并含有较高的面筋质。因此，使用全麦粉制作面包时常加入部分精麦粉以增加面包的柔软性。

2. 油脂

油脂是制作面包不可或缺的原料。它包括氢化植物油、人造黄油、植物油和黄油等。油脂可使面包松软和酥脆，富有弹力，味道芳香。氢化植物油是制作面包常用的原料。由于它无色、无味，具有可塑性和柔韧性，而且有助于面团的成型，因此，它的用途非常广泛。黄油和人造黄油味道芳香。但是，在常温下会溶化。所以，它的可塑性不如氢化植物油。然而，近年来氢化植物油用量在减少。植物油在常温下呈液体，是制作面包的常用油脂。

3. 发酵剂

发酵剂包括苏打粉、发粉和酵母等。发酵剂的作用是将气体与面团混合，无论是发酵面团产生的气泡，还是面包在烤箱中产生的气泡都会使面包变得轻柔和蓬松。因此，面点师对发酵剂的使用非常精心。过多使用发酵剂会使面包过于松散，而发酵剂含量不足也会使面包粗糙，失去蓬松性。

（1）苏打粉实际上是碳酸氢钠，由于它与酸性物质和液体发生化学反应，所以它在面团中起到发酵作用。当然，还要在一定的温度下进行。小苏打粉含量过多，会使面包带有苦味。通常，小苏打粉与酸性物质混合在一起时，苏打会很快地产生气体。这时面团最蓬松，应立即进行烘烤，否则气体会散发。

（2）发粉是化学混合物，该物质与水混合或受热后会产生气体。因此，它不需要酸性物质。发粉有两个品种：一种称作单作用发粉，另一种称为双作用发粉。单作用发粉遇热后会立刻产生气体；而双作用发粉中含有两种产生气体的化学物质，一种物质遇到液体会产生气体，另一种物质受热后立即产生气体。

（3）酵母为单细胞生物。它与水和少量的糖混合时，其繁殖速度很快，而且一边繁殖，一边释放出二氧化碳气和酒精。然后在烘烤中，面团将酒精挥发，而二氧化碳气却留在面团的面筋网中，从而使面团蓬松起来。酵母只有在一定的温度范围内才能活动，温度低，它不工作或工作缓慢；温度过高，它的繁殖力会下降，甚至酵母菌会被杀死。通常，它的最佳繁殖温度为 24℃ ~32℃，超过 38℃时，细胞繁殖的速度开始下降，60℃时酵母菌不能生存。除通过以上方法得到气体外，利用抽打好的鸡蛋与面粉混合，也能得到理想的效果。同时，糖与油搅拌时，能吸收许多空气，从而使混合的液体呈奶油状。利用奶油状的液体制作出的面包酥脆、蓬松。此外，还有些面包靠蒸汽产生松软。这是因为面团中的水分遇热后成为蒸汽，蒸汽又使面团膨胀，从而达到理想的效果。

（4）常用的发酵剂还有酸奶、醋、巧克力、蜂蜜、蜜糖和水果。

4. 糖、鸡蛋

糖与鸡蛋是制作面包的重要原料。糖不仅可增加面包的味道和甜度，还是面包诸多成分中的重要成员。它有促进面包发酵的作用，可使面包的质地细腻、均匀和松软，增加面包表皮的颜色并使其酥脆，提高面包的营养价值。鸡蛋是制作面包常用的原料，它不仅使面包的质地松软，表面光滑，而且增加了面包的味道、营养和颜色。由于鸡蛋含有 70% 的水，因此，在计算面团含水量时，应考虑到鸡蛋中的含水量。

5. 液体

液体在制作面包时扮演着重要角色，它与面粉中的蛋白质混合后会形成面筋。液体有溶化与黏合干性原料的作用，当干性原料与液体搅拌在一起时，就成为面团。同时，面团中的液体又对面团的发酵起着促进作用。因此，液体具有使面包柔软和鲜嫩的作用。牛奶和水是制作面包常用的液体原料，含有牛奶的面包质地松软，味道鲜美，营养丰富。使用快速发酵法制作面包时，酸奶是理想的原料。全脂牛奶含有很高的油脂。因此，在计算面包中的油脂时，应将牛奶中的油脂含量包括进去。水是制作面包不可或缺的原料。使用水时，应注意不要使用含矿物质高的水。

6. 调味品

面包中的调味品在面包生产中起着重要的作用，尤其是食盐。食盐不仅有明显的味道，而且还能增加其他调味品的作用。同时，它在面团中还可促使面筋形成和控制发酵速度。面包中，常使用的调味品有香草、柠檬和橘子粉等。这些调味品可能是天然食品，也可能是人工合成的。它们在增加面包的味道方面起着很重要的作用。此外，根据面包的种类，还可以选用各种香料为面包增加味道。常用的香料有多香果、梅斯、页蒿、茴香、芫荽、生姜、丁香、小茴香和肉桂等。

三、面包的生产原理与工艺

在制作面包时，最基本的工作是准确地使用各种原料，如果稍有大意，将会影响面包的质量。因此，应选用适合的原料，不要随便选择代用品。在生产面包的过程中，如何使面团产生气体也是关键。面包师们常使用酵母、苏打粉和发粉或利用和面技术让空气卷至面团中使面团松软。面包只有富有弹性才会受到人们的青睐。通常，面包的弹性来自面包中的面筋质，由面粉中的蛋白质形成。面包中的面筋质越高，其弹性越大；反之，弹性小。合格的面包粉蛋白质含量为11%~13%。面包质量还受和面技术及面团的含水量影响。一般情况下，面团含水量与面包品种有关，不同品种的面包，其面团需要的含水量不同。

1. 酵母面包生产工艺

酵母面包是以酵母作为发酵剂制成的面团，称为酵母面团。这种面团经烘烤质地松软，带有浓郁的香气。其生产工艺复杂，要经过和面、揉面、醒面、成型、再醒面、烘烤、冷却和储存等程序。其中，任何一个生产程序的质量都影响面包的质量。酵母面包应质地柔软、蓬松、鲜嫩，发酵均匀。它的外观应整齐，表皮着色均匀，没有裂痕和气泡。面包的味道应当鲜美，没有酵母味。

（1）酵母面团

酵母面团常由非油脂面团、油脂面团或油酥面团组成。

非油脂面团是一种以面粉、水、酵母和盐为主要原料制成的面团。这种面团适于制作法国面包、意大利面包及其他硬质面包和外皮酥脆的面包。在非油脂面团中，如果掺入其他原料和香料可以制作各种味道的面包。全麦面包和黑面包也是以非油脂面团为原料。一些非油脂面团也可以含有少量的氢化油脂、鸡蛋、白糖和牛奶。但是，它的油脂和糖的含量不可过高。这种面团适用于白色方面包和正餐小面包。

油脂面团除含有非油脂面团的全部成分外，还含有较多的油脂、鸡蛋和白糖。油脂面团又可分为高糖面团和低糖面团。含糖高的油脂面团适于生产早餐面包和丹麦面包及各种油酥面包。含糖量低的油脂面团适于生产正餐面包。这种面团有含量较高的黄油和鸡蛋。

油酥面团可分为两个种类：含糖低的油酥面团和含糖高的油酥面团。含糖低的油酥面团是制作牛角包的原料，含糖高的油酥面团是制作丹麦面包的原料。为制作油酥面团，厨师将含有鸡蛋、白糖、牛奶和少量油脂的非油脂面团擀成片。然后，在面片中加入黄油或人造黄油使面团增加层次以生产酥松的面包。

在酵母面包中，面筋产生的数量与面粉的品种有关，亦与投放酵母的方法和数量及和面方式有关。一个合格的酵母面团应表面光滑，质地均匀。

（2）和面

酵母面包常使用两种和面方法：直接和面法（Straight Dough Method）和二次和面法（Two Stage Method）。直接和面法是将干性原料和液体放在一起，一次性搅拌成面团的方法。先将酵母溶化，再与其他原料和在一起以保证酵母分散均匀。有些厨师先将油脂、糖、盐、奶制品和调味品轻轻地搅拌在一起，然后逐渐地加入鸡蛋液、水，最后加面粉和酵母，直至搅拌成光滑的面团。二次和面法是通过两次搅拌原料制成面团。第一次将部分原料和酵母进行搅拌，经过一段时间，待它们发酵后，成为蓬松体，再与剩下的部分原料一起搅拌，使它们再一次发酵。

（3）生产案例（见图14-1）

例1，硬质面包

原料：面包粉1250克，水700克，酵母45克，盐30克，白糖30克，油脂30克，鸡蛋白30克。

制法：①使用直接和面法，先将酵母用温水溶化，使用中等速度搅拌，将各种原料放在一起，搅拌成面团，搅拌约10~12分钟。

②在27℃温箱内约发酵1个小时，揉面，分份（450克为一个面团），以手工方法团面，醒发。

③根据面包的种类和重量，将面团再分成10~12个相等的面坯（小面包），或450克为一个面坯，放入模具中成型或用手工成型，再醒发。

④面包的表面刷上一层水，烘烤。烤炉的温度 200℃，前 10 分钟带有蒸汽，关闭蒸汽后，继续烘烤，直至烤熟，表面呈浅棕色。

例 2，软质面包

原料：面包粉 1300 克，水 600 克，酵母 60 克，盐 30 克，白糖 120 克，低脂奶粉 60 克，氢化植物油 60 克，黄油 60 克，鸡蛋 120 克。

制法：①使用直接和面法和成面团，用中等速度，10~12 分钟。

②在 27℃的发酵箱内发酵 1.5 小时。

③将和好的面分为 500 克的面团，手工团面，醒发，分成 12 个面团。

④炉温 200℃，烘烤成熟。

例 3，各式法国面包

原料：面包粉 1500 克，水 870 克，酵母 45 克，盐 30 克。

制法：①使用直接法和面，先将酵母用温水浸泡，加面粉和水，搅拌 3 分钟，休息 2 分钟后，再搅拌 3 分钟，使用中等速度。

②在 27℃的发酵箱内发酵 1.5 小时。通过手工按压发酵的面团后再发酵 1 小时。

③经过揉搓后，分成面坯（长面包重量为 340 克、圆面包为 500 克、小面包为 450 克），经过揉搓团面后再分成 10~12 个小面坯。

④炉温 200℃，前 10 分钟使用蒸汽，关掉蒸汽后，继续烘烤，直至成熟。

例 4，丹麦面包

原料：牛奶 400 克，酵母 75 克，黄油 625 克，白糖 150 克，盐 12 克，鸡蛋 200 克，小豆蔻 2 克，面包粉 900 克，蛋糕面粉 100 克。

制法：①用直接和面法和面，先使牛奶微温，然后用牛奶将酵母溶化。

②用木铲将 125 克黄油、糖、盐、香料进行搅拌，直至光滑为止。

③用抽子将鸡蛋打散。

④将面粉、牛奶、黄油混合物和鸡蛋混合在一起，使用和面机和面，搅拌时间约 4 分钟，用中快速度。

⑤将面团放入冷藏箱，约 20~30 分钟，使其松弛。

⑥擀成 1 厘米或 2 厘米的片，在面片 2/3 面积上涂抹黄油，折叠成三层，先将没有黄油的面片折叠。

⑦将叠好的面片放冷藏箱 20 分钟，使面筋松弛，在常温下醒发片刻后，重新擀成片状，叠成三层。

⑧将面片擀成长方形，宽度为 40 厘米，长度根据生产数量，厚度约 0.5 厘米，涂上黄油。根据具体需要，可制成不同形状的面包，如玩具风车和佛手等。

⑨在 32℃的温箱内醒发，表面刷上鸡蛋液，在 190℃的烤箱内烘烤成熟。

2. 快速面包生产工艺

生产快速面包最基本的和面工艺是油酥面包法（Biscuit Method）和摩芬面包法（Muffin Method）。

（1）油酥面包法

先将固体油脂（黄油或人造黄油）切成小粒，将面粉、盐和发粉过筛后，与粒状油脂进行搅拌。当油脂与面粉均匀地搅在一起，出现米粒状的颗粒后，加入液体，使它们黏成柔韧的面团。最后，将面团放在面板上，用手揉搓 1~2 分钟。这样，可增加面包的层次，使其松酥。

（2）摩芬面包法

该工艺特点是面团中面粉的含量较大，油脂和糖含量较少。和面时，首先将干性原料搅拌均匀。然后，加入适量的液体搅拌而成。使用这种方法应当注意控制搅拌面团的时间，搅拌的时间过长会产生过多的面筋，使面包增加不必要的韧性，而且其面团内部会有过多的气泡，面包的表面会出现尖顶现象。面团搅拌时间过短，面包的质地会发硬，不松软，面包容易出现易脆的现象。优质的快速面包形状要统一，边缘应垂直，顶部呈圆形。面包的形状和大小应当均匀，产品的体积应是面坯的两倍。面包表面呈浅褐色，颜色均匀，没有斑点，味道鲜美，没有苦味。面包的质地应当柔软和蓬松。

（3）快速面包生产案例

例 1，油酥面包

原料：面包粉 500 克，蛋糕粉 500 克，发粉 60 克，白糖 15 克，盐 15 克，黄油或其他油脂（或各占一半）310 克，牛奶或酸奶 750 克，鸡蛋液（作为涂抹液）适量。

制法：①使用油酥面包法和面。

②将和好的面团揉好后，分为 4 个面团，擀成 1 厘米厚的面片，切成理想的形状。

③将造型的面包坯放在垫有烤盘纸的烤盘上，上面刷上鸡蛋液，放入烤炉内烘烤。

④烤炉内温度 220℃，烤至表面金黄色，高度是原来面坯的两倍时为止。

例 2，橘子桃仁面包（Orange Nut Bread）

原料：白糖 350 克，天然橘子香料 30 克，点心粉 700 克，脱脂奶粉 60 克，发粉 30 克，小苏打 10 克，食盐 10 克，核桃仁 350 克，鸡蛋 140 克，橘子汁 175 克，水 450 克，黄油或氢化蔬菜油 70 克。

制法：①用摩芬面包法将面粉和其他原料搅拌成稠面糊。

②将摩芬（Muffin）模具擦干，刷油。

③将和好的面糊放入摩芬模具中。

④将烤箱温度调至 190℃。预热后，将放有面团的模具放在烤箱内，约烤 30 分钟，待面包烤至金黄色成为蓬松体即可。

例 3，博波福（Popover）

原料：鸡蛋 500 克，牛奶 1000 克，盐 16 克，面包粉 500 克。

制法：①用抽子抽打鸡蛋、牛奶和盐，使它们搅拌均匀成为鸡蛋牛奶糊。

②在牛奶鸡蛋糊内放入面粉，用木铲搅拌，制成稠的面粉糊。

③将摩芬面包模具刷油，将面糊放入每个模具，高度是模具的 2/3。

④将炉温调至 100℃，预热后再将炉温调至 230℃放入烤炉中，烘烤约 20 分钟，待博波福充分膨胀后，成为金黄色，立即从炉中取出。

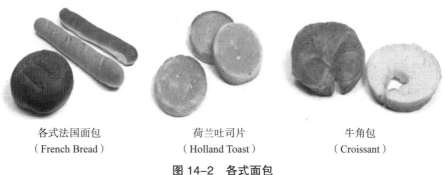

各式法国面包	荷兰吐司片	牛角包
（French Bread）	（Holland Toast）	（Croissant）

图 14-2　各式面包

第三节　蛋糕、排、油酥面点和布丁

一、蛋糕的生产原理与工艺

蛋糕是由鸡蛋、白糖、油脂和面粉等原料经过烘烤制成的甜点。蛋糕营养丰富，味道较甜，质地松软，有含量较高的脂肪和糖。

1. 蛋糕种类与特点

（1）油蛋糕（Butter Cakes），也称为黄油蛋糕、高脂肪蛋糕。它由面粉、白糖、鸡蛋、油脂和发酵剂制成。在黄油蛋糕中，各种原料数量的比例非常重要。传统的配方中，白糖的数量往往超过面粉，液体的数量通常超过白糖的数量。当今，黄油蛋糕的油脂已经扩大化了，可以是黄油、人造黄油、氢化蔬菜油等。由于黄油蛋糕的配方不同，因此，黄油蛋糕可以是黄色蛋糕、白色蛋糕、巧克力蛋糕、香料蛋糕。黄油蛋糕的特点是质地柔软滑润，气孔壁薄而小，分布均匀。

（2）清蛋糕（Foam Cakes），也称为低脂肪蛋糕或发泡蛋糕。清蛋糕使用少量的油脂或不直接使用油脂。由于清蛋糕中含有经过抽打的鸡蛋，因此，它既蓬松又柔软。清蛋糕又可以分为两种类型：天使蛋糕（Angel Cake），仅鸡蛋清等原料生产的蛋糕，白色，蛋糕蓬松；海绵蛋糕（Sponge Cake），用全蛋制成的蛋糕，质地松软，金黄色。

（3）装饰蛋糕（Decorated Cake）。使用奶油、巧克力、水果等原料为蛋糕涂抹、填馅和装饰等方法制成的蛋糕。

2. 蛋糕质量标准

蛋糕的形状应四边高度匀称，中部略呈圆形，外形匀称。其表面应当光滑，呈金黄色。蛋糕质地应当蓬松，气孔壁薄而小，组织细腻，味道鲜美，没有苦味和异味。（见表 14-1）

表 14-1　蛋糕质量问题及其原因

蛋糕质量问题	产生问题的原因
气泡不足	面粉数量少，液体过多，发酵剂数量过少，炉温太高。
外形不整齐	搅拌方法不适当，面团外观不整齐，炉温不均匀，烤炉架没有放好，烤盘弯曲。
表面颜色太深	糖多，炉温过高。
表面颜色太浅	糖少，炉温太低。
表面出现裂口	面粉过多或面粉硬度高，液体含量低，搅拌方法不适当，炉温过高。
表面潮湿	烘烤时间少，冷却时的通风时间不充足。
内部网眼过小	发酵剂不足，液体多，糖多，炉温过低，油脂太多。
质地不均匀	发酵剂太多，鸡蛋少，搅拌方法不适当。
内部质地脆弱	发酵剂数量过多，油脂数量过多，面粉种类不适当，搅拌方法不正确。
内部质地不松软	面粉含面筋质过高，面粉含量过高，糖或油脂数量过多，搅拌时间过长。
味道不理想	原料质量问题，储存或卫生问题。

3. 生产案例

例 1，磅得蛋糕（Pound Cake）

原料：黄油 500 克，白糖 500 克，鸡蛋 500 克，蛋糕面粉 500 克，香草精 5 毫升。

制法：①使用常规法和面，将所有的原料用秤或天平称准确，原料的温度必须是室温。先搅拌油脂和糖，待糖和油脂混合在一起并呈现光滑而且将空气裹入糖油混合物时，根据食谱的需要放少许细盐和调味品。然后，将鸡蛋分次放入糖油混合物中并不断地搅拌和抽打。最后，加入干性原料和液体原料，制成很稠的面糊。

②将面团分份，以 500 克重为一个面团，放入 6 厘米 ×9 厘米 ×20 厘米的烤盘内。

③烤炉的温度调至 180℃，约烤 40 分钟，直至烤熟。

例 2，巧克力黄油蛋糕（Chocolate Butter Cake）

原料：黄油 500 克，白糖 1000 克，细盐 10 克，溶化的淡味巧克力 250 克，鸡蛋 250 克，蛋糕面粉 750 克，发粉 30 克，牛奶 500 克，香草精 10 毫升。

制法：①使用常规法和面，将白糖和油脂搅拌均匀后，再放巧克力。

②将和好的面团分为 500 克重的面团，放入 6 厘米 ×9 厘米 ×20 厘米的烤盘内。

③烤炉的温度调至 180℃，约烤 30 分钟，直至烤熟。

例 3，白色蛋糕（White Cake）

原料：蛋糕面粉 700 克，发粉 45 克，细盐 15 克，乳化的植物油 350 克，白糖 875 克，低脂牛奶 700 克，香草精 10 毫升，杏仁精 5 毫升，鸡蛋白 470 克。

制法：①使用二次和面法和面。

②将和好的面团分为 375 克重的面团，放入 20 厘米直径的圆烤盘内。

③烤炉的温度调至 190℃，约烤 25 分钟，直至烤熟。

例 4，黄油松软蛋糕（Butter Sponge Cake）

原料：鸡蛋 1000 克，白糖 750 克，香草精和其他调味品 15 克，蛋糕面粉 750 克，溶化的黄油 250 克。

制法：①使用泡沫法和面。这种方法是先准确地将所有的原料称重，原料的温度必须是室温。将鸡蛋和白糖放在同一个容器中，将这个容器加热至 43℃，用机器抽打鸡蛋和白糖，待发亮和变稠时放入面粉一起搅拌成糊状。如果需要放一些黄油，应当在放面粉后进行。

②制成 375 克的面团，放在烤盘内，温度 190℃，约烤 25 分钟。

二、排与塔特的生产原理与工艺

1. 排（Pie）生产原理与工艺

排是馅饼，是欧美人喜爱的甜点，由英语单词 Pie 音译而成，有时翻译成"派"。排是由水果、奶油、鸡蛋、淀粉及香料等制作的馅心，外面包上双面或单面的油酥面皮制成的甜点。排的特点是排皮酥脆，略带咸味，馅心有各种水果和香料的味道。

排是西餐宴会、自助餐、零点和欧美人家庭中常食用的甜点，排的酥脆性与它的配方有紧密的联系。排皮的原料由面粉、油脂、食盐和水组成。酥脆的排皮应由低面筋面粉为原料，氢化植物油、盐和水的比例应当适量，过多的盐和水分会增加排皮的韧性。制作排的另一个关键点是和面方法。有两种和面方法：薄片油酥法（Flaky Method）和颗粒油酥法（Mealy Method）。薄片油酥法是指面粉和油脂搅拌成大颗粒，逐渐加水形成的面团；颗粒油酥法是指面粉和油脂搅拌成小米粒形状的颗粒，再加水，形成面团。

排的成型和烘烤很重要。面团的重量与排皮的尺寸有着一定的联系。通常225克的面团适作9英寸排的底排皮，而适作9英寸的上部排皮的面团重量是170克。通常170克的面团适作8英寸排的底排皮，而适作8英寸的上部排皮的面团重量是140克。装馅与烘烤是关键。制作非烘烤排时，将制成的各种馅心填入制熟的且凉爽的排皮内。应尽量在开餐的时候生产，以保持排皮的酥脆。烘烤排时，将面片放入排盘中，装入混合好的馅心，放上部排皮，将上面的排皮挖几个整齐的孔，根据食谱需要在上部排皮刷上牛奶、鸡蛋和水，撒上少许的糖。烤排时，前10~15分钟炉温应是220℃~230℃。然后，根据各种排的特点保持或降低温度，直至烤熟。水果排的烘烤温度应保持220℃，直至烤熟。卡斯得排的烘烤温度应在165℃与175℃之间。

2. 排的种类与特点

（1）单皮排是指排的底部有排皮，上部没有排皮，仅有暴露着的馅心的馅饼。

（2）双皮排是指排的上部和下部都有排皮，馅心包在排皮内，经过烘烤成熟的馅饼。

（3）非烘烤排是指将鸡蛋、糖、抽打过的奶油、水果和干果仁等原料，根据需要制成不同风味和特色的馅心，填入烤熟的并且是冷的排皮内，不再经过烘烤制成的排。例如，巧克力奶油排（Chocolate Cream Pie）、香蕉奶油排（Banana Cream Pie）、椰子奶油排（Coconut Cream Pie）、柠檬卡斯得排（Lemon Custard Pie）和奇芬排（Chiffon Pie）等。

（4）烘烤排是指将混合好的馅心填入烘烤成熟的或未烘烤的单皮或双皮的排皮中，经过烘烤而成熟。例如，南瓜排（Pumpkin Pie）和山核桃排（Pecan Pie）等。

（5）水果排（Fruit Pie）是以水果、水果汁、糖和稠化剂为馅心经过烘烤制作的双皮排。例如，苹果排（Apple Pie）、樱桃排（Cherry Pie）、黑莓排（Blueberry Pie）、桃子排（Peach Pie）等。

（6）卡斯得排（Custard Pie）也称为奶油蛋糊排，是单皮排。排皮上放经过抽打的奶油与鸡蛋等原料制成的糊。糊中放入适量的香料与水果汁以增加味道，经过烘烤而成。

（7）奇芬排（Chiffon Pie）也称为蛋白排或蛋清排。它的馅心以蛋清为主要原料，其中加入适量的香料、水果汁和甜酒以增加味道。有时也加入一些鲜奶油。

3. 塔特（Tart）的生产原理与工艺

塔特是欧洲人对排的称呼。排与塔特都是指馅饼，都可以是单层外皮和双层外皮，都有酥脆的外皮和馅心，排和塔特都是在金属模具（排盘）中烘烤成型的。但是，比较两个名称可以发现排的含义多用于双皮排，并且是切成块状的。塔特多用于以黄油或氢化植物油、水、面粉和鸡蛋为原料制成的单皮馅饼或整只小圆排。

4. 排和塔特生产案例（见图 14-3）

苹果排（Apple Pie）

南瓜排（Pumpkin Pie）

山核桃派（Pecan Pie）

图 14-3　著名的排

例 1，卡斯得排（Custard Pie）（生产 4.6 千克面团）

（1）制作排皮

原料：点心粉 2.3 千克，油脂 1.6 千克，盐 45 克，水 700 克。

制法：①将盐放入水中溶化，待用。

②将面粉和油脂搅拌成米粒状。

③将盐水逐渐加入油面中，不断搅拌，直至水分全部吸收。

④将和好的面团放入盘中，冷藏 2 小时以上。

⑤冷藏好的面团擀成圆形片，放入排盘中，烘烤成排皮。

（2）制作馅心（生产 3.6 千克）（可以生产直径 9 英寸的排 4 个）

原料：鸡蛋 900 克，白糖 450 克，盐 5 克，香草 30 克，牛奶 2 升，豆蔻粉 2 克。

制法：①抽打鸡蛋，加入白糖、盐和香草，直至搅拌成光滑时为止。

②将牛奶加入鸡蛋白糖溶液中，搅拌均匀。

（3）排皮与馅心合成

制法：①抽打鸡蛋与牛奶混合物，倒入排皮上，上面撒上豆蔻粉。

②先用 230℃将排烘烤 15 分钟，然后用 160℃烘烤约 20 分钟。

例2,新鲜草莓排（Fresh Strawberry Pie）

（1）排皮制作同例1

（2）馅心制作

原料：新鲜草莓4千克，冷水500克，白糖780克，玉米淀粉110克，柠檬汁60毫升，细盐5克。

制法：①将草莓洗净，用布巾吸干外部水分。

②将900克草莓搅拌成泥，与水混合在一起，放入白糖、淀粉和盐，搅拌均匀，煮沸，冷却直至变稠后放入柠檬汁，搅拌均匀，制成馅心，冷却。

③将其余的草莓切成两半或四半（根据大小）。

（3）排皮与馅心合成

将制作好的馅心和草莓填入凉爽的熟排皮内，冷冻即可（不要烘烤）。

三、油酥面点的生产原理与工艺

油酥面点（Pastries）是以面粉、油脂、鸡蛋和水为主要原料经过烘烤制成的酥皮点心或油酥点心的总称。它包括各式各样小型的、装饰过的油酥甜点。其中比较著名和传统的品种有拿破仑（Napoleon）和长哈斗（Eclair）。欧美人把这些小型的油酥面点称为法国酥点（French Pastries），而法国人称它们为小点心（Les Petits Gateaux）。在欧洲，每个国家都有自己的特色酥点，这些油酥点心的特色表现在味道和工艺方面。在欧洲的北部比较凉爽的地方，人们喜爱食用以巧克力和抽打过的奶油为原料制作的油酥点心。在法国或意大利的南部，人们喜欢食用带有蜜饯水果、杏酱或其他甜味原料装饰的油酥面点。在德国、瑞典和奥地利，人们喜爱食用有杏仁、巧克力和新鲜水果的油酥面点。因此，油酥面点的种类多且各有特色。常用的油酥面点包括以下品种。

1. 圆哈斗（Puff）

以黄油或氢化植物油、水、面粉和鸡蛋为主要原料制成的空心酥脆的圆形点心，内部填有甜味和咸味的馅心。

2. 长哈斗（Eclair）

以黄油或氢化植物油、水、面粉和鸡蛋为主要原料制成的小长方形或椭圆形的油酥点心，中间夹有抽打过的奶油，上部撒有白砂糖或涂抹巧克力或从裱花袋挤出的巧克力奶油糊作装饰。（见图14-4）

3. 拿破仑（Napoleon）

一种多层的油酥点心，中间涂有抽打

图14-4 长哈斗（Eclair）

过的奶油或奶油鸡蛋糊。有时上部撒有白砂糖作装饰。

4. 蛋挞（Tartelet）

在酥脆的排皮上装有水果或奶油鸡蛋糊等各式馅心的小型单皮排。

5. 麦科隆（Macaroon）

一种小型的酥脆点心，由杏仁酱、鸡蛋白和白糖、面粉为主要原料制成。面点上部有冰激凌、水果或鸡蛋奶油糊等。

6. 装饰酥点（Petits Fours）

各式各样的造型和味道的小型酥脆点心或饼干。面点的表面用白砂糖、干果作装饰。

7. 蛋白酥点（Meringue）

以鸡蛋白、白糖和香料为原料，经抽打制成面糊，烘烤制成底托。面点上部装有抽打过的奶油、新鲜的草莓、冰激凌及巧克力酱。

四、布丁的生产原理与工艺

1. 布丁概述

布丁（Pudding）是以淀粉、油脂、糖、牛奶和鸡蛋为主要原料，搅拌成糊状，经过水煮、蒸或烤等方法制成的甜点。欧美人在冬天喜欢食用热布丁，在夏天喜欢食用冷布丁。布丁的种类及分类方法有很多。某些带有咸味的布丁还可以作为主菜。根据布丁的特色，布丁可分为热布丁（Hot Puddings）、冷布丁（Cold Puddings）、巧克力布丁（Chocolate Puddings）、奶油布丁（Cream Pudding）、玉米粉牛奶布丁（Blanc Mange）、意大利那不勒斯布丁（Napolitaine Pudding）、英式白色布丁（Blanc Mange English Style）、圣诞布丁（Christmas Pudding）和面包布丁（Bread Pudding）。根据布丁的制作方法，布丁可分为水煮布丁（Boiled Pudding），指以牛奶、糖和香料为主要原料，以玉米淀粉为稠化剂，通过水煮，冷冻成型的甜点；烘烤布丁（Baked Pudding），指以牛奶、鸡蛋、糖、香料和面包或大米为主要原料通过烘烤制成的甜点。（见图 14-5）

2. 布丁生产案例

例 1，英式白色布丁（Blanc Mange English Style）（生产 24 份，每份 120 克）

原料：牛奶 2.25 升，白糖 360 克，香草粉 15 克，盐 3 克，玉米淀粉 240 克。

制法：①先将 2 升牛奶和盐放入锅中，用小火加热，煮开。

②将 250 毫升冷牛奶与淀粉混合，搅拌，加入 200 克的热牛奶。然后，倒入剩下的热牛奶中，继续搅拌。

③将混合好的淀粉牛奶用小火煮沸，使之变稠。

④将煮好的牛奶糊从炉上取下，放香草粉调味。倒在布丁模具中，倒入五分

满。冷却后，放冷冻箱冷冻成型。食用时从模具中取出。

例 2，面包黄油布丁（Bread and Butter Pudding）（生产 25 份，每份 160 克）

原料：白色面包薄片 900 克，溶化的黄油 340 克，鸡蛋 900 克，白糖 450 克，盐 5 克，香草精 30 毫升，牛奶 2.5 升，肉桂和肉豆蔻少许。

制法：①将面包片横切成两半，上面刷上黄油，放入 30 厘米 ×50 厘米的烤盘上。

②将鸡蛋液、白糖、盐和香草搅拌均匀。

③将牛奶放入双层煮锅，低温加热，逐渐地将鸡蛋、白糖混合好的液体倒在热牛奶中制成鸡蛋牛奶糊（这种糊称为卡斯得糊）。

④将鸡蛋牛奶糊倒入装有面包的烤盘内，上面撒上少许肉桂、肉豆蔻，再将装好布丁糊的烤盘放在另一个大的烤盘内，大烤盘内放一些热水垫底，水的高度应当是 2.5 厘米。

⑤烤炉预热至 175℃，将烤盘放入烤炉，大约需要 35~40 分钟，直至烤熟。冷却后，上面浇上抽打过的奶油或比较稀薄的奶油鸡蛋少司作装饰。

例 3，巧克力布丁（Chocolate Pudding）（生产 10 份，每份 120 克）

原料：可可粉 30 克，黄油 150 克，白糖 300 克，牛奶 400 克，鸡蛋 5 个，面粉 200 克，玉米粉 40 克，香草粉和发粉少许。

制法：①将面粉、可可粉过筛，加入白糖 200 克、牛奶 160 克、蛋黄 3 个、发粉和软化的黄油搅拌，制成面糊。

②用抽子将 5 个蛋清抽起后，与面糊混合均匀，装入布丁模具，装八成满，上锅蒸约 30 分钟，取出。

③将其余的牛奶、白糖在锅内烧开后，放入玉米粉、香草粉、蛋黄 2 个（用冷水搅拌好），上火煮沸，制成奶油鸡蛋汁。

④上桌前，将布丁放在杯内，浇上奶油鸡蛋汁。

第四节　茶点、冰点和水果甜点

一、茶点的生产原理与工艺

茶点（Cookie）是由面粉、油脂、白糖或红糖、鸡蛋及调味品经过烘烤制成的各式各样扁平的饼干和凸起的小点心。它们种类繁多，口味各异，有各种形状。有些茶点的上面或两片之间还涂抹有果酱或巧克力酱。欧洲人特别是英国人将这种小型的甜点称为饼干（Biscuit）。这种小点心或饼干主要用于咖啡厅的下午茶。因此，称为茶点。（见图 14-5）

1. 茶点种类

（1）滴落式茶点（Dropped Cookie），通过滴落方法制成的茶点。

（2）挤压式茶点（Bagged Cookie），将配制的面糊装入点心裱花袋中挤压，面糊通过布袋出口成为各种形状。然后，烘烤成茶点。

（3）擀切式茶点（Rolled Cookie），将面团擀成厚片。然后，用刀切成片，烘烤成茶点。

（4）成型式茶点（Molded Cookie），将重量相等的面团放入模具成型，制成各种茶点和饼干。

（5）冷藏式茶点（Icebox Cookie），将茶点面团制成圆筒形。然后，在冷藏箱内存放 4~6 小时，用刀切成片。然后，切成各种形状的茶点和饼干。

（6）长条式茶点（Bar Cookie），烘烤后切成长条形。

（7）薄片式茶点（Sheet Cookie），烘烤后切成不同形状的茶点和饼干。

葡萄干面包布丁　　　　　　巧克力慕斯　　　　　　　苹果奶酪派菲
（Raisin Bread Pudding）　（Chocolate Mousse）　（Apple Yogurt Parfait）

百味廉　　　　　　　　　　麦科隆　　　　　　　　巧克力曲奇
（Bavarian Cream）　　　（Macaroon）　（Chocolate Chip Cookies）

图 14-5　各种甜点

2. 茶点生产工艺

茶点是西餐中具有特色的点心。它们常伴随着咖啡、茶、冰激凌和果汁牛奶食用。茶点种类繁多，各有特色，体现在形状、颜色、味道和质地等方面。这些特点的形成来自原料的配制与和面方法。茶点的生产工艺与蛋糕很相似，主要通过和面、装盘、烘烤和冷却等程序。茶点成型技术不仅与产品质量紧密联系，还影响着茶点的种类与造型。茶点成型主要是通过滴落法、挤压法、擀切法、成型法、冷藏法和长条法等。

3. 茶点生产案例

例1，茶点（Tea Cookies）

原料：黄油250克，氢化蔬菜油250克，白砂糖250克，糖粉120克，鸡蛋190克，香草精8毫升，蛋糕粉750克。

制法：①用油糖法和面。

②用挤压法将面糊放入茶点袋中，通过面点袋的花嘴将面糊挤在放有烤盘纸的烤盘上。

③炉温190℃，约烘烤10分钟，将小茶点烤成浅金黄色。

例2，巧克力饼干（Chocolate Chip Cookies）

原料：黄油500克，红糖375克，白砂糖375克，细盐15克，鸡蛋250克，水125克，香草精10毫升，蛋糕粉750克，发粉10毫升，巧克力片750克，碎核桃仁250克。

制法：①用油糖法和面。将所有面糊的原料用秤或天平称准确，原料的温度应当是室温。先搅拌油脂和糖、细盐及香料，待糖和油脂等原料混合在一起并呈现光滑后，放鸡蛋和液体原料。最后，加入过筛的面粉。

②使用滴落方法将稀软的面糊通过制饼干机滴入放有烤盘纸的烤盘上。

③炉温190℃，约烘烤8~12分钟，直至烘烤成浅金黄色。

例3，葡萄干香味条（Raisin Spice Bars）

原料：黄油或氢化植物油250克，白糖400克，红糖250克，鸡蛋250克，葡萄干750克，蛋糕粉750克，发粉7克，细盐7克，肉桂7克，涂抹饼干上部的鸡蛋液适量，白砂糖适量。

制法：①将葡萄干放入热水中洗净，用面巾吸去外部水分。

②用直接法和面。

③用长条法将和好的面分为4个相等的面团。冷藏后，制成圆筒形。然后，压成或擀成烤盘的长度的面片。刷上鸡蛋液后，将面片烤成浅金黄色时，切成2.5厘米的长条，上面撒少许白砂糖作装饰。

二、冷冻甜点的生产原理与工艺

冷冻甜点（Frozen Dessert）是通过冷冻成型的甜点的总称。它的种类和分类方法都非常多。比较常见的和著名的品种有百味廉、慕斯、冰激凌、冷冻酸奶酪和舒伯特等。

1. 百味廉（Bavarian Cream）

也称作百味廉奶油，由鸡蛋奶油糊加上吉利、水果汁、利口酒、巧克力及朗姆酒等各种调味品，经过搅拌制成糊，放入模具冷冻成型。

2. 慕斯（Mousse）

由抽打过的奶油和鸡蛋为主要原料，有时放少量吉利为稠化剂，经过抽打成为半固体的糊状物，装入模具冷冻成型。上桌时，上面浇上咖啡、巧克力和水果酱等调味汁。

3. 冰激凌（Ice Cream）

由奶油、牛奶、白糖和调味剂为主要原料。根据需要放鸡蛋白、鸡蛋黄或全鸡蛋，搅拌，制成糊冷冻成型。冰激凌有多个品种，比较传统的有以下品种：

（1）派菲（Parfait），是传统的法国冷冻甜点，由鸡蛋、白糖、抽打过的奶油、白兰地酒和调味品制成。有时，派菲中放有水果，经过冷冻成型。食用时，放在高的玻璃杯中。美式的派菲特点是，各式冰激凌分成数层放在高杯中。上面放抽打过的奶油、巧克力酱或各种风味的糖浆和干果。

（2）圣代（Sundae），以冰激凌为主要原料，上面浇上水果酱、巧克力酱或抽打过的奶油。常用碎干果仁做装饰品并放在甜点玻璃杯或金属杯中。比较著名的圣代有以下几种：

①美尔芭桃（Peach Melba），以奥地利的女高音歌唱家娜莉·美尔芭（Nellie Melba，1861—1931）命名。由煮熟的两个半只桃子和香草冰激凌制成，放在甜点杯中。桃的上面浇上水果酱和抽打过的奶油及少量的杏仁片。

②海仑梨（Pears Helene），是法国传统的冷冻甜点。由煮熟的梨块和香草冰激凌组成，装在甜点杯中，上面浇上巧克力酱。

（3）库波（Coupe），由各式高脚玻璃杯或其他形状的金属杯盛装的冰激凌和水果制成的冷冻甜点。

（4）帮伯（Bombe），由两三种不同颜色和口味的软化冰激凌，经冷冻制成球形或瓜形的甜点，常被欧美人称为帮伯哥蕾斯（Bombe Glacee）。

（5）烤阿拉斯加（Baked Alaska），将冰激凌放在一块清蛋糕上，浇上蛋清和白糖制成的糊。使用焗炉，以高温并快速地将蛋清糊烤成金黄色。

4. 冷冻酸奶酪（Frozen Yogurt）

由酸奶酪、调味剂和水果等为主要原料，根据需要放鸡蛋和抽打过的奶油，经搅拌和冷冻，制成半固体的甜点。

5. 舒伯特（Sherbet）

舒伯特是一种用水稀释的果汁，起源于土耳其。当今的舒伯特是由碎冰块、水果汁、牛奶，有时放鸡蛋白和少量的葡萄酒或利口酒，甚至放一些稠化剂增加浓度，经冷藏制成的饮料式的点心。

6.冷冻点心生产案例

例1，百味廉（生产24份，每份90克）

原料：无味的吉利45克，冷水300克，鸡蛋黄12个，水40克，牛奶1升，香草精15毫升，浓奶油1升。

制法：①将吉利放入冷水中。

②将鸡蛋黄和白糖放在一起，用抽子抽打，直至溶液发亮和变稠，再将牛奶慢慢地倒入抽打好的溶液中并不断地抽打。同时，将装有牛奶鸡蛋液的容器放入热水中，加热，继续抽打，直至溶液变稠。放入软化的吉利，继续抽打，直至制成鸡蛋牛奶糊（卡斯得糊）。放入冷藏箱冷却，经常搅拌，保持光滑。

③用抽子抽打奶油，直至能够固定形状为止，将抽打好的奶油放入变稠的鸡蛋牛奶糊中，轻轻地搅拌在一起，放入模具中冷冻成型。上桌时，从模具中取出。

例2，巧克力慕斯（Chocolate Mousse）（生产16份，每份150毫升）

原料：半甜的巧克力900克，黄油900克，鸡蛋黄350克，鸡蛋白450克，白糖140克，浓奶油500毫升。

制法：①将巧克力溶化，将黄油加入巧克力中，搅拌，直至完全融合在一起。

②将鸡蛋黄慢慢地加入黄油巧克力混合体中，搅拌，直至完全融合在一起。

③用抽子抽打鸡蛋白，直至抽打成泡沫状，加白糖，继续抽打，直至抽打成较坚固的泡沫状。

④将抽打好的鸡蛋白与巧克力混合体放在一起。

⑤抽打奶油成泡沫状，与巧克力鸡蛋白混合体混合在一起，制成稠的糊状。

⑥用羹匙将黄油、鸡蛋、奶油和巧克力制成的糊装入模具中成型或用裱花袋挤成各种花形，然后冷冻成型。

三、水果甜点的生产原理与工艺

水果（Fruit）已经成为当代西餐中不可缺少的甜点。水果甜点生产工艺比较简单和灵活，水果可以不经过烹调或烹调后与其他原料一起制作成人们喜爱的甜点。

本章小结

　　面包是以面粉、油脂、糖、发酵剂、鸡蛋、水或牛奶、盐、调味品等为原料，经烘烤制成的食品。面包含有丰富的营养素，是西餐的主要组成部分。面包用途广泛，是早餐的常用食品，也是午餐和正餐的辅助食品。甜点也称为甜品、点心或甜菜，是由糖、鸡蛋、牛奶、黄油、面粉、淀粉和水果等为主要原料制成的各种甜食。它是欧美人一餐中的最后一道菜肴，是西餐不可或缺的组成部分。

思考与练习

1. 名词解释题

意大利面包（Italian Bread）、辫花香料面包（Braided Herb Bread）、老式面包（Old-fashioned Roll）、各种正餐面包（Dinner Rolls）、比塔面包（Pita）、丹麦面包（Danish Pastry）、小博丽傲士面包（Brioche）、长方面包（Loaf）、玉米面包（Corn Bread）、爱尔兰苏打面包（Irish Soda Bread）、摩芬面包（Muffin）、博波福（Popover）、面包圈（Doughnut）、沃福乐（Waffle）；百味廉（Bavarian Cream）、慕斯（Mousse）、冰激凌（Ice Cream）、派菲（Parfait）、圣代（Sundae）、库波（Coupe）、帮伯（Bombe）、烤阿拉斯加（Baked Alaska）、舒伯特（Sherbet）。

2. 思考题

（1）简述面包的历史与文化。

（2）简述面包的种类与特点。

（3）简述面包的原料及功能。

（4）简述甜点的含义与作用。

（5）简述茶点的生产原理。

（6）论述蛋糕的种类及其特点。

（7）论述排与塔特的生产原理与工艺。

第15章

西厨房生产管理

本章导读

西厨房生产效率、生产成本及西餐的质量与特色与西厨房生产管理紧密相关。通过本章学习，读者可掌握西厨房的组织结构、组织原则、工作岗位设置，西厨房规划与布局和设计原则；了解西厨房烹调设备、加工设备和储存设备的特点及设备选购和保养；了解西厨房餐饮卫生管理的重要性、掌握食品污染途径、食品污染预防、个人卫生、环境卫生和设备卫生及生产安全管理。

第一节 西厨房组织管理

一、西厨房组织概述

厨房是西餐菜肴和面点的生产部门，是生产西餐的加工厂，常称为西厨房。通常，西厨房组织以专业分工为基础，把有相同的技术专长的厨师组织在一起作为一个食品加工小组或生产部门，从而建立若干个菜肴和面点的加工和生产部门。人们把这种分工原则称为专业分工制。这一分工方法是由19世纪著名的法国厨师奥古斯特·埃斯考菲尔（Auguste Escoffier）和他的同事们研究和创造的。当时，法国的社会和文化高度发达，一些著名的饭店已经开始经营零点业务和套餐业务，厨房工作不得不趋向于专业化分工。目前，西厨房的基本组织结构或工作部门如下：

（1）食品原料验收与储存。

（2）海鲜、禽肉、畜肉和蔬菜加工。

（3）汤和少司制作。

（4）菜肴烹调。

（5）面点加工与熟制。

（6）厨房辅助工作。

二、西厨房组织结构

西厨房组织有多种结构。一些酒店的厨房组织庞大，厨房内设有多个部门。有些西厨房的部门较少。由于企业规模、菜单内容、厨房布局、厨房生产量等情况不同，因此，西厨房的组织结构也不同。

1. 传统小型西厨房组织

传统小型西厨房的全部菜肴生产管理工作由一名厨师负责。该厨房配有若干个助手或厨工辅助加工和生产。（见图15-1）

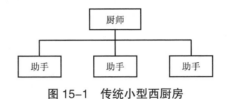

图15-1 传统小型西厨房

2. 传统中型西厨房组织

传统中型西厨房按照菜肴生产需要，将厨房分为若干个小组或部门。每个部门由一名领班厨师负责，而西厨房全部管理由一名不脱产或半脱产的厨师长负责。（见图15-2）

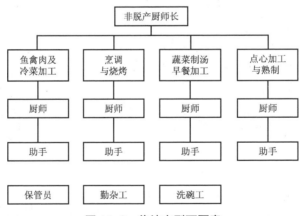

图15-2 传统中型西厨房

3. 传统大型西餐厨房组织

传统大型酒店的西厨房将厨房分为若干部门。由于大型西餐厨房不仅为零点（散客）生产菜肴，还负责宴会生产。因此，菜肴种类多，生产量大，部门设置比中型和小型企业多。部门内部生产分工更加专业化。大型传统西厨房中的一个部门相当于一个小型厨房的人员编制。这类厨房常设一名行政总厨师长，全面负

责厨房生产管理工作，另设两名副总厨师长负责管理不同的部门。各部门的生产管理工作由领班或业务主管负责。（见图15-3）

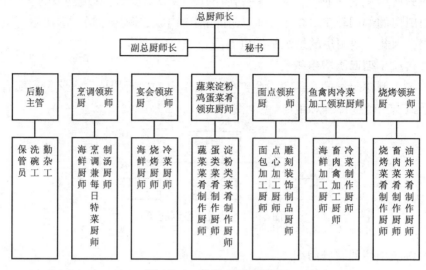

图15-3　传统大型西厨房

4. 现代大型西厨房组织

现代大型西厨房是在传统式西厨房基础上发展起来的。其特点是，由一个主厨房和数个分厨房组成。主厨房是以生产和加工半成品及宴会为主的综合型厨房，分厨房是把半成品加工为成品的餐厅厨房。一个主厨房可以为几个部门加工半成品。因此，主厨房人员编制像传统式西厨房一样，分为若干部门，每个部门负责某一项生产工作。分厨房不再设立部门。这种结构节省劳动力，降低人工成本和经营成本，而且减少厨房占地面积，节约能源。（见图15-4）

三、西厨房组织原则

1. 与经营目标一致

西厨房组织的根本目的是实现企业的经营目标。因此，其组织设计的层次、幅度、任务、责任和权力等都要以经营目标为基础。

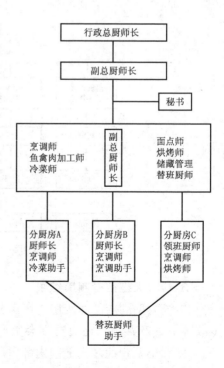

图15-4　现代大型西厨房

当经营目标发生变化时，西厨房组织不应保持原来的模式，应及时随着经营任务和目标作出相应的调整。例如，快餐厨房、咖啡厅厨房和风味餐厅厨房的组织结构及生产任务完全不同。

2. 合理分工与协作

现代西餐厨房组织结构的专业性较强，其部门与工作都是根据专业性质、工作类型而设计。例如，后勤部、烹饪部、少司和制汤部、蔬菜与面点部、鱼禽肉加工与冷菜部等。此外，各部门应加强协作和配合，部门和岗位的设置应利于横向协作和纵向管理。

3. 部门主管负责制

西厨房组织必须保证生产的集中统一管理，实行部门主管负责制。这样，可以避免多头领导和无人负责，实行一级管理一级，避免越权指挥。例如，烹调部门的厨师只接受本部门主管人员的指挥，其他部门管理人员只有通过该主管人员才能对该部门厨师进行协调。

4. 有效的管理幅度

由于厨师精力、业务知识、工作经验都有一定的局限性，因此，西厨房组织分工应注意管理幅度。通常，西厨房组织是按照专业进行分工的。例如，烹调与烧烤部、面包与点心制作部。

5. 责权利一致

西厨房应建立岗位责任制，明确不同部门和级别的厨师和其他人员的层次、岗位责任及他们的权力以保证工作有序地进行。同时，赋予部门主管和领班的责任和权力应当适合其业务。当然，责任制的落实必须与相应的经济利益挂钩，以使西厨房管理人员和厨师们尽职尽责。部门内的各岗位职权和职责应制度化，不随意因人事变动而变动。

6. 集权与分权相结合

西厨房必须集中管理权力，统一指挥。为了调动厨师和厨房工作人员的积极性与主动性，方便其部门的管理，厨房应赋予各二级部门一定的权力。集权和分权的程度应考虑厨房规模、经营特点、专业性质及生产人员的素质和业务水平等。

7. 保持稳定性和适应性

西厨房组织应根据酒店等级、酒店规模、酒店类型和具体经营目标而定，以保持厨房组织的相对稳定性。为了适应企业发展，西厨房组织应有一定的弹性，对组织部门和成员进行调整。

8. 建立精简的组织

西厨房组织的设计应在完成其生产目标的前提下，力求精干。组织形式和组织机构应有利于工作效率、降低人力成本，有利于企业竞争。

四、工作岗位设置

1. 工作岗位设置原则

由于西厨房规模不同、类型不同、级别不同，包括宴会厨房、风味餐厅厨房、扒房（高级餐厅厨房）、咖啡厅厨房、快餐式厨房等，以及建筑风格不同、面积不同，因此，西厨房的工作岗位、岗位级别和工作职责也不完全相同。西厨房岗位完全根据企业的业务和竞争需要来设置。通常，根据工作人员的专业知识、技术等级、业务能力、工作责任心、领导才能和创新精神授予他们不同的级别和岗位。

在大型酒店和企业，常设置行政总厨师长或副总厨师长一名，负责西厨房生产管理工作。总厨师长或副总厨师长是西厨房中最精通业务、最善于管理、最擅长和职工沟通的人。此外，每一个职能西厨房（咖啡厅厨房、扒房厨房）还应设厨房主管一名。每一名厨房主管带领若干名厨师及辅助人员完成行政总厨分配的工作。在小型西厨房中，厨师长仅为主管级别。

2. 总厨师长（行政总厨）（Executive Chef）岗位职责

（1）任职条件

具有优秀的个人素质，作风正派，严于律己，有较强的事业心。热爱本职工作，责任心强，有开拓市场和产品创新能力。具有本科或以上学历，在西厨房工作10年以上的经历并至少在西厨房两个部门担任过厨师领班，获得高级西餐烹调技师资格者。熟悉各国西餐特点与质量标准，熟悉西餐烹饪方法，熟悉现代化西厨房生产设备。善于现代厨房管理，有号召力，善于与职工和其他部门沟通，有较强的经营意识，善于西餐成本控制、西餐成本和利润计算。遵纪守法，严格执行国家和地区的卫生法规，防止食物中毒。了解各国饮食习惯和宗教信仰，具有良好的营养卫生和美学知识，可根据顾客需求与市场动态设计出既有营养又体现健康与艺术的现代西餐菜点和菜单。

（2）岗位职责

负责西厨房的各项行政管理工作和生产管理工作，制订并实施西厨房的生产计划。定期召开西厨房的工作会议，研究和解决有关西餐生产和管理的一系列的问题。参加餐饮部经理召开的工作会议，监督和带领西厨房的全体工作人员完成餐饮部交与的工作任务，检查西厨房的卫生与安全管理工作。与西厨房厨师一起进行菜肴开发、菜肴创新，设计出健康、有特色并受顾客喜爱的固定菜单、零点菜单、宴会菜单、套餐菜单、季节菜单、每日特菜菜单和自助餐菜单。加强西餐原料采购、原料验收和原料储存管理，降低损失，杜绝浪费，保证食品原料质量，使菜肴价格有竞争力。对西厨房生产进行科学的管理，健全西厨房组织与岗位责任制，严格菜肴的成本管理和质量控制。对于重要的西餐宴会，亲自制作并在西厨房现场指挥生产。

根据销售情况和食品成本报表，及时调整菜单。根据采购部的有关食品原料价格变化，适时地调整菜肴的价格。审阅食品原料库存报表，根据积压的原材料，制定相应的菜单并通知宴会部经理和餐饮部经理。根据人力资源部对西厨房人力成本支出情况，及时调整西厨房工作人员。根据酒店人力资源部的培训计划对西厨师作出培训计划。审阅西厨房使用清洁用品及费用情况并及时作出改进或调整。与工程部一起制订生产设备的保养及维修计划。根据西餐宴会预订单的用餐人数、宴会规格及时安排生产。随时征求服务人员关于菜肴质量等的建议。每天或定时召开西厨房的工作会议。

3. 厨师长（厨师主管）（Chef de Partie）岗位职责

（1）任职条件

具有大专以上的学历，西餐烹饪专业或餐饮管理专业毕业。在西餐厨房至少工作4年并担任烹饪师3年以上的经历。有高超的西餐烹饪技术，有广泛的西餐生产知识，有西餐菜单筹划能力。有管理知识和管理能力，热爱本职工作，善于沟通。

（2）岗位职责

每天上班后，查看宴会预订单，根据业务情况，做好一天营业的准备工作。根据宴会预订单的日期、用餐人数、用餐标准，签发领料单或申请购买原料的通知单。审阅前一天的菜肴销售情况、数量、品种，分析前一天畅销菜肴的原因，需要准备充足的原料。当然，对前一天的滞销菜肴也要找出原因。及时了解设备的使用情况，通知工程部维修，以免耽误厨房生产。检查厨房的出勤情况，及时安排人力，弥补缺勤人员。根据订单的数量安排生产。按照标准食谱规定的标准食品原料品种、数量和质量进行投料。按照标准食谱规定的制作程序和标准，进行加工和制作。在酒店，参加总厨师长和餐饮部召开的例会，将西厨房生产中出现的问题及时反映给行政总厨或总厨师长并提出改进的意见。例如，关于厨师的工作表现和出勤情况、设备的使用情况、生产中的困难、厨房的安全和卫生情况等。随时检查菜肴的质量并提出改进意见。下班前检查厨房或负责区域的卫生和安全。

4. 厨师（Chef）岗位职责

（1）任职条件

酒店管理或餐饮管理专业毕业，大学本科学历。西厨房工作3年以上，精通西餐各种菜肴制作方法，熟练地掌握少司的制作。具有刻苦钻研烹饪技术的精神，工作勤奋。

（2）岗位职责

按照标准食谱规定的投料标准、制作方法和程序将食品原料制作成符合企业质量标准的菜点。维护和保养厨房设备，每天检查所使用的设备和工具，保证自己使用的设备和工具的正常使用。遵守国家和地区的卫生法规，保证食品卫生，防止食物中毒。根据厨房的培训计划，培训厨工。保持自己工作区域的卫生。下班前，将自己的工作区域收拾干净。按时完成厨师长下达的生产任务。

（3）烹调师/少司厨师（Sauce Cook）职责

负责制作各种调味汁，负责各种热菜的制作。负责各种热菜的装饰和装盘。负责每天特别菜肴的制作。

（4）鱼禽肉冷菜加工厨师（Larder Cook）职责

负责鱼禽肉的清洗、整理和切配工作。负责各种冷菜的制作，包括冷鱼、冷肉、三明治、沙拉。

（5）制汤厨师（Soup Cook）职责

负责制作各种汤，包括清汤、浓汤、奶油汤、鲜蘑汤和民族风味汤。负责制作各种汤的装饰品。

（6）制鱼厨师（Fish Cook）职责

在大型酒店常设有这一职务。在小型企业，这一职务由烹调师兼任。负责制作各种海鲜菜肴和鱼类菜肴。负责制作各种海鲜和鱼类菜肴的调味酱。

（7）烧烤厨师（Broiler Cook）职责

在大型酒店常设有这一职务。在小型企业，这一职务由烹调师兼任。负责扒制（烧烤）各种畜肉、海鲜等菜肴。负责制作各种扒菜的调味酱。负责制作各种煎炸的菜肴。例如，炸海鲜、炸法式鸡排、炸薯条等。

（8）蔬菜、鸡蛋、淀粉类菜肴厨师（Vegetable Egg and Noodle Cook）职责

在大型酒店常设有这一职务。在小型企业，这一职务由烹调师兼任。负责制作主菜的配菜。负责制作各种蔬菜菜肴。负责制作各种鸡蛋类菜肴。负责制作各种淀粉类菜肴，如意大利面条、米饭、炒饭等。

（9）面包与西点厨师（Pastry Cook）职责

负责制作各种面包。负责制作各种冷热甜咸点心。负责制作宴会装饰品，如巧克力雕、糖花篮等。

第二节　西厨房规划与布局

西厨房规划是确定西厨房规模、形状、建筑风格、装修标准及其内部部门之间的关系。西厨房布局是具体确定西厨房部门内的生产设施和设备的位置和分布。

一、西厨房规划与布局筹划工作

西厨房的规划与布局是一项复杂的工作。它涉及许多方面，占用较多的资金。因此，厨房规划人员应留有充分的时间，考虑各方面相关因素，认真筹划，避免草率从事和粗心大意。西厨房规划与布局应根据餐厅或咖啡厅生产的实际需要，从方便厨房进货、验收及生产的安全和卫生等方面着手并为餐厅的业务扩展及将来可能安装新设备留有余地，要聘请专业设计人员和管理人员参加并咨询建筑、消防、卫生、环保和公用设施管理等部门，要阅读有关西厨房设备的说明书，并听取其他酒店或西餐企业管理人员的建议。

西厨房规划与布局不仅是规划人员、工程技术人员的工作，也是西厨房管理人员的重要职责。由于厨房管理人员对自己厨房的生产要求、生产设备及资金的投入情况等都比较清楚，因此可以为厨房的规划和布局提供有价值的建议，使厨房规划的建设更加完善和实用。一个科学的和完美的西厨房建设离不开西厨房管理人员的参与。

现代厨房规划与布局重视人机工程学在厨房规划中的应用，可以提高厨师和其他工作人员的工作效率及改善工作环境，降低厨房人工成本，提高酒店的竞争力，增加餐饮营业收入。人机工程学在西厨房中的应用使厨房生产工作更加安全和舒适，保证厨师和工作人员的健康，稳定西厨房的生产质量，有利于招聘和吸收优秀的厨师。综上所述，西厨房规划与布局的首要工作应明确以下内容：

（1）厨房的性质和任务。例如，是生产厨房（中心厨房）还是餐厅厨房，包括传统餐厅厨房、咖啡厅厨房，或快餐厅厨房等。

（2）厨房占地面积。

（3）厨房的规模、菜肴品种和生产量。

（4）厨房生产线及各部门的工作流程。

（5）设备的名称、件数、规格和型号。

（6）厨房使用的能源。

二、西厨房规划总则

1. 生产线畅通、连续、无回流现象

西餐生产要从领料开始，经过初加工、切配与烹调等多个生产程序才能完成。因此，西厨房的每个加工部门及部门内的加工点都要按照菜肴的生产程序进行设计与布局以减少菜肴在生产中的囤积，减少菜肴流动的距离，减少厨师体力消耗，减少单位菜肴的加工时间，减少厨工操纵设备和工具的次数，充分利用厨房的空间和设备，提高工作效率。

2. 厨房各部门应在同一层楼

西厨房各部门应在同一层楼以方便菜肴生产和厨房管理，提高菜肴生产速度和保证菜肴的质量。如果西厨房确实受到地点的限制，其所有的加工部门和生产部门无法在同一层楼，可将初加工部门、面点部门与热菜烹调部门分开。但是，应尽量在各楼层的同一方向。这样，可节省管道和安装费用，便于用电梯把它们联系在一起，从而利于生产和管理。

3. 厨房应尽量靠近餐厅

厨房与餐厅的关系非常密切。首先，菜肴的质量中规定，热菜一定是非常热的，而冷菜一定是足够凉的。否则，会影响菜肴的味道和热度。厨房距离餐厅较远，菜肴温度会受到影响。其次，厨房与餐厅之间每天进出大量的菜肴和餐具，厨房靠近餐厅可缩小两地之间的距离，提高工作效率。

4. 厨房各部门及部门内的工作点应紧凑

西厨房的各个部门及其内部的工作点应当紧凑，尽量减少中间的距离。同时，每个工作点内的设备和设施的排列也应当紧凑以方便厨师工作，减少厨师的体力消耗，提高工作效率。

5. 应有分开的人行道和货物通道

西餐厨师在工作中常常接触炉灶、滚烫的液体、加工设备和刀具。如果发生碰撞，后果将不堪设想。因此，为了厨房的安全，为了避免干扰厨师的生产工作，厨房必须设有分开的人行道和货物通道。

6. 创造良好、安全和卫生的工作环境

创造良好的工作环境是西厨房设计与布局的目标与核心。厨房工作的高效率来自良好的通风、温度和照明及低噪声和适当颜色的墙壁、地面和天花板。此外，西厨房应购买带有防护装置的生产设备，有充足的冷热水和方便的卫生设施，并有预防和扑灭火灾的装置。

三、西厨房设计原理

1. 厨房选址

根据厨房的生产特点，厨房要选择地基平、位置偏高的地方。这对货物装卸及污水排放都有好处。西厨房每天要购进大量的食品原料，为了方便运输，减少食品污染，厨房的位置应靠近交通干线和储藏室。同时，为了有效地使用配套费，节省资金，西厨房应接近自来水、排水、供电和煤气等管道设施。西厨房应当选择自然光线和通风好的位置，厨房的玻璃能透进一些早晨温和的阳光有益无害。但是，如果整日射进强光会使已经很热的厨房增加不必要的热量，这样既影响职工身体健康又影响厨房生产。西厨房可设在酒店的一层楼至二层楼或顶层。

厨房在一层楼或二层楼可以方便货物运输，节省电梯和管道的安装和维修费用，便于废物处理等。但是，西厨房在顶层可占据着自然采光和通风的有利条件，使厨房的气味直接散发而不影响酒店的经营环境。

2. 厨房面积

确定厨房面积是西厨房设计中较为困难的问题。这是因为影响厨房面积的因素有许多。一些资料上记载的数据显示，厨房的面积与餐厅面积比例是 1:2 或 1:3 等。然而，这只能给我们提供一些参考，绝不是标准的或唯一的数据。这是因为厨房的面积受多种因素的影响。这些因素包括餐厅的类型、厨房的功能、用餐人数和设备的式样与功能等。目前，西厨房设计正朝着科学、新颖、结构紧凑的方向发展。

经营不同类型的西餐企业，其厨房面积必然不同。这是因为菜单的品种越丰富，菜肴加工越精细，厨房所需的设备和用具就越多。因此，厨房所需的面积就越大。反之，菜单简单，菜肴制作过程简单，厨房需要的面积就小。当然，西餐厅和咖啡厅用餐人数直接影响着西厨房的面积。根据统计，用餐人数越多，用餐时间越集中，西厨房面积的需求就越大。西厨房使用的设备和食品原料也对厨房面积有直接影响。如果使用组合式的或多功能的设备及经过初加工的原料，厨房面积就会小得多。不同类型的西厨房，其占地面积也不同。如主厨房（生产厨房），它的加工设备和烹调设备多，生产量大，需要的面积就大。餐厅厨房（分厨房）的生产设备少，生产量小，所需要的面积就小。西厨房的储藏室、办公室及其他辅助设施都会影响厨房的面积。这与企业管理的模式、食品原料的采购策略和数量有密切的联系。通常，库存的食品原料简单、库存量小的厨房，所需的面积就小。西厨房的面积还受它的形状和建筑设施的影响，不规则形状的厨房占地面积就大。厨房的柱子和管道及不适宜的宽度都会影响西厨房的面积。

3. 厨房高度

厨房的高度影响着厨师的身体健康和厨房的工作效率。厨房高度小会使人感到压抑，影响菜点的生产速度和质量；而厨房过高会造成空间和经济方面的损失。传统上，西厨房的高度为 3.6~4 米。由于厨房空气调节系统的发展，现代西厨房的高度不应低于 2.7 米。当然，这个高度不包括天花板内的管道层的高度。由于西厨房的建造、装饰和清洁费用与厨房的高度成正比，因此厨房的高度越大，它需要的建筑费、维修费和清洁费用就越多。

4. 地面、墙壁和天花板

厨房是生产菜肴的地方，厨房的地面经常会出现一些汤汁、水或油渍。为了厨房职工的安全和厨房的卫生，西厨房的地面应当选用防滑、耐磨、不吸油和水、便于清扫的瓷砖。如果地面所选用的材料有弹性，使工作人员走起路来感到轻便就更为理想了。最常见的厨房地面材料是陶瓷防滑地砖或无釉瓷砖。这种材料表面粗糙,可避免厨师在用力搬运物体时,尤其是在移动高温的油或汤汁时摔跤。但它的缺点是,不方便清洁。其他品种有水磨石地面和塑料地板等。它们易于清洁,有一定的弹性。但是,防滑性能差。

厨房的空气湿度大。因此,它的墙壁和天花板应当选用耐潮、不吸油和水、便于清洁的材料。墙壁和天花板力求平整,没有裂缝,没有凹凸,没有暴露的管道。常见的西厨房墙壁材料为白色瓷砖。厨房的天花板通常由可移动的轻型不锈钢板构成。这样,厨房的墙壁和天花板都可以定时清洗。

5. 通风、照明和温度

西厨房除利用自然通风方法外,还应安装排风和空气调节设备,如排风罩、换气扇、空调器等,以保证在生产高峰时及时排除被污染的空气,保持厨房空气的清洁。在有蒸汽的加工区域,由于及时排出潮湿的空气,避免了因潮湿空气滞留而滴水的现象,避免了厨师在蒸汽弥漫的环境中工作。除此之外,西厨房还应采用其他的通风措施。例如,严格控制蒸煮工序,减少水蒸气的散发;使用隔热性能好的烹调设备,减少热辐射;选择吸水力强的棉布为工作服材料,制成比较宽松的工作服。

照明是西厨房设计的重要内容。良好的厨房光线是提高菜肴质量的基础并可避免和减少厨房的工伤事故。因此,应采用照明系统来补充厨房自然光线不足以保证厨房有适度的光线。通常,工作台照明度应达到 300~400 勒克斯(lux),机械设备加工地区应达到 150~200 勒克斯。

厨房温度是影响菜点生产的重要因素之一,厨师在高温的厨房工作会加速体力消耗。厨房温度过低会使厨师们手脚麻木,影响厨房工作效率。西厨房的温度一般以 17℃ ~20℃为宜。

6. 预防和控制噪声

噪声会分散人的注意力,使工作出现差错。因此,在西厨房设计中应采取措施降低噪声,将厨房噪声控制在 40 分贝以下。但是,由于厨房排风系统及机械设备工作的原因,噪声不可避免。所以,在西厨房设计和布局中,首先应当选用优质、低噪声的设备。然后,采取其他措施控制噪声,减少厨房事故的发生。这些措施有隔离区、使用隔音屏障和消音材料、播放轻音乐等。

7. 冷热水和排水系统

为了保证西厨房生产和卫生的需要,西厨房必须具有冷热水和排水设施。它们的位置必须方便加工和烹调。在各加工区域的水池和烹调灶的附近应有冷热水开关,在烹调区应有排水沟,在每个加工间应有地漏。供水和排水设施都应满足最大的需求量。排水沟应有一定的深度,避免污水外流,沟盖应选用坚固并且易于清洁的材料。

四、西厨房布局

西厨房由若干生产部门和辅助部门构成。这些部门又由若干个加工点和烹调点组成。合理的西厨房布局应充分利用厨房的空间和设施，减少厨师生产菜肴的时间，减少厨师操纵设备的次数，减少厨师在工作中的流动距离，以利于厨房生产管理，利于菜肴质量控制，利于厨房成本控制。（见图 15-5）

1. 卸货台和进货口

在许多企业，为了方便卸货，在厨房的外部，距离食品原料仓库较近和交通方便的地方建立卸货台，卸货台要远离客人的入口处。进货口或验货口是厨房生产线的起点。为了便于管理，厨房通常只设一个进货口，所有进入酒店的食品原料必须经过进

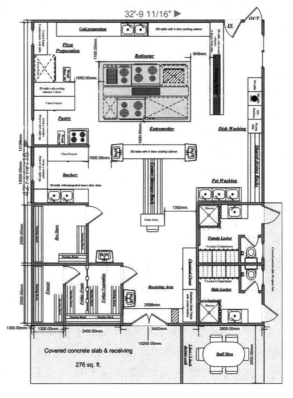

图 15-5　咖啡厅厨房布局图

货口的检查和验收。在大中型酒店，食品原料验收工作由财务部门或采购部门管理；而小型西餐企业，这些工作常由厨房负责验收。验货口的空间大小应当方便货物的验收。同时，在验货口设有各种量器。根据美国餐饮管理协会提供的数据，每日 300 人次的用餐单位，卸货台的面积不得小于 6 平方米。每日 1000 人次的用餐单位，卸货台的面积不得少于 17 平方米。常见的卸货台高度为 1.27 米。卸货台用水泥制成，台子面铺上防滑砖，台子的上面装有防雨装置，台子的边角用三角铁加固。

2. 干货与粮食库

西厨房常设有一个小型的干货和粮食仓库。所谓干货，是指那些不容易变质的食品原料，如淀粉、糖与香料等。干货仓库应建立在面点间附近的地方，因为面点间使用的干货原料比较多。干货库内应当凉爽、干燥并无虫害。最理想的干货仓库里没有错综复杂的上下水和蒸汽管道。库房内根据需要，设有数个透气

的，并以不锈钢制成的橱架。

3. 冷藏库和冷冻库

贮存新鲜的食品原料常用冷藏或冷冻的方法。例如，各种禽肉、牛羊肉，各种海鲜、鸡蛋、奶制品及蔬菜和水果等。为了保证菜肴的质量，新鲜的原料需要冷藏贮存；而海鲜、禽肉和牛羊肉需要冷冻贮存。现代西厨房使用组合式冷库，该冷库常分为内间仓库和外间仓库。内间仓库温度低，作为冷冻库。外间仓库温度略高，做冷藏库。为了食品卫生和使用方便，有些大型的西厨房将冷藏库和冷冻库分开；或根据原料的种类，分设若干个冷藏库和冷冻库。

4. 职工入口

许多酒店和餐饮业在厨房前设立工作人员入口，并在入口处设立打卡机和职工上下班的时间记录卡。在入口处的墙壁上常有厨房告示牌，供张贴厨房近期的工作安排和职工一周的值班表等。

5. 厨房办公室

许多西厨房都设立办公室。办公室常设在主厨房或生产厨房的中部，既容易观察厨房的全部生产工作又能监督厨房入口处的地方。办公室的上部用玻璃制成，易于观察。厨房办公室内设有电脑和办公家具等用品。

6. 加工间、烹调间和点心间

加工间、烹调间和点心间是西厨房的生产区域。该区域是生产设备的主要布局区。根据菜点的加工程序，加工间应靠近烹调间。食品原料从加工间流向烹调间。然后，将烹制好的菜点送到餐厅。这样既符合卫生要求，又不会出现回流现象。

7. 备餐间与洗碗间

备餐间坐落于餐厅与厨房之间。通常，备餐间设有咖啡炉、汽水机、制冰机、餐具柜、客房送餐设备和工具等。餐厅常用的面包、黄油、果酱、果汁和茶叶等也在这里存放。有些西厨房的备餐间还兼有制作各种沙拉和三明治等功能。因此，备餐间的布局中应设有三明治冷柜、工作台和小型搅拌机等。

8. 人行道与工作通道

科学的西厨房布局设有合理的厨房通道。西厨房通道包括人行道与工作通道。为了避免互相干扰，提高工作效率，人行道应尽量避开工作通道。同时，人行道和工作通道的宽度既要方便工作，又要注意空间的利用率。通常，主通道的宽度不低于 1.5 米，两人能对面穿过的人行道宽度不应低于 0.75 米，一辆厨房小车（宽度 0.6 米）与另一人互相可够穿过的通道宽度不应低于 1 米，工作台与加工设备之间的最小距离是 0.9 米，烹调设备与工作台之间的最小距离是 1~1.2 米。

五、设备排列方法

西厨房设备的布局必须方便菜点生产和保证菜点质量，减少厨师在生产中的流动距离。同时，要考虑各种设备的使用成本和工作效率。厨房设备的布局方法很多，常用的方法有"直线排列法""'L'形排列法""带式排列法""海湾式排列法""酒吧式排列法""快餐厅式排列法"等。（见图 15-6）每一种设备布局方法可满足不同的厨房生产需要。

图 15-6　西厨房设备布局

1. 直线排列法

直线排列法是将生产设备按照菜肴加工程序，从左至右，进行直线排列。此外，烹调设备的上方应安装排风设施。这种排列方法适用于各类厨房，尤其适用于较大型的西厨房。

2. "L" 形排列法

"L" 形排列法是将厨房设备按英语字母 "L" 的倒写形状排列。这种排列方法主要用于面积有限、不适于直线排列法的厨房。它的特点是将烹调灶具和各种蒸锅和煮锅分开，将烤炉、西餐灶、扒炉和炸炉排列在一条直线上，它的右方摆放煮锅和蒸锅以方便加工和烹调。这种排列法最适用于传统西餐厅的菜点生产。

3. 带式排列法

根据菜肴的制作程序将厨房分成几个部门，每个部门负责一种加工和烹调，各部门常用隔离墙分开以减少噪声和方便管理。每个部门的设备都用直线排列法。这样厨房中的各生产部门的布局像几条平行的带子。带式排列法最大的优点是保持空气清洁，减少厨师工作中流动的距离，特别适合主厨房和宴会厨房的生产需要。

4. 海湾式排列法

根据菜肴加工需要，在厨房设立几个部门或区域。每一个区域就是一个专业的生产部门。例如，初加工、三明治、冷菜、制汤、少司、烧烤和面点等。每个部门的设备按英语字母 "U" 排列。厨房出现了几个 "U" 形区域，厨房会出现几个海湾。这样，西厨房的海湾式排列法即形成了。这种排列法的优点是，厨师和他们的设备相对集中，缺点是设备的使用率低。

5. 酒吧式排列法

这种排列法只适用于销售酒水的企业。许多小型酒吧除供应酒水外，还常供应一些简单的食品，如意大利比萨饼、意大利面条、炸薯条、三明治和沙拉等。由于酒吧面积有限，因此，酒吧常在吧台的后面安排一些小型而又实用的烹调设备，如小型而透明的比萨饼烤箱和小型西餐灶等。

6. 快餐厅式排列法

快餐厅式排列法是根据快餐的经营特点而设计的。由于快餐厅的餐厅离厨房很近且厨房面积有限，因此它的厨房常安排一些电动并且多功能的生产设备，如油炸炉、电扒炉、烤面包机、铁板炉和微波炉等。然后，将各种设备安排在厨房左右两边，中间留足面积。这种排列方法的优点是可以减少工作人员在服务时行走的距离，省时，省能源，方便服务，有利于厨房的清洁并避免厨房通道在繁忙时的拥挤现象。

第三节　西餐生产设备管理

一、西餐生产设备概述

西餐生产设备主要是指西厨房的各种炉灶、保温设备和切割设备等。生产设备对西餐质量起着关键作用。这是因为西餐菜肴的形状、口味、颜色、质地和火候等各质量指标都受生产设备的影响。现代西餐设备经多年实践和改进，已经具有经济实用、生产效率高、操作方便、外观美观、安全和卫生等特点。目前，许多西餐生产设备趋向于组合式、占地面积小并自动化程度高等特点。

二、烹调设备及其功能

1. 焗炉（Broiler）

焗炉是开放式的烤炉，火源在炉子的顶端，内部有铁架，可通过提升或降低铁架的高度控制菜肴受热程度。这种烤炉使用的能源有电和煤气两种。由于焗炉的铁架可以调节，因此，被烹制的食品不仅颜色美观，而且成熟速度快。焗炉有大型和小型之分。

2. 扒炉（Grill）

扒炉也是烤炉，其特点是火源在下方，炉子的上方是铁条。食品放在喷过油的铁条上，通过下边的火源将食物烤熟。现代化的扒炉使用电或煤气进行工作，而传统的扒炉以木炭为燃料，经木炭烤制的食品带有烟熏味。欧美人喜爱扒制的食品。现代扒炉在以电和煤气为能源的基础上，增加了烧木炭的装置，以增加菜肴的香味。

3. 平板炉（Griddle）

平板炉与扒炉很相似，它的热源也在炉面的下方，热源上方是一块方形的铁板。这种炉灶外观很像一个较大的平底煎盘。食物放在铁板上，通过铁板和食油传热的方法将菜肴制熟。铁板炉工作效率高，卫生、方便且实用。许多西餐菜肴都适用平板炉进行烹制。

4. 烤箱（Ovens）

烤箱是西厨房的主要设备。它用途广泛，可生产甜点和面包，可烹制各式菜肴。它常以煤气或电为热源。烤箱的种类较多。根据烤箱的用途分类，可分为面点烤箱和菜肴烤箱。面点烤箱与菜肴烤箱的区别是每个工作层的高度不同，菜肴烤箱内的每个工作层高度常为 30~78 厘米，而面点烤箱的为 11.6~23.2 厘米。按照烤箱的工作方式，烤箱可分为常规式、对流式、旋转式和微波式 4 种。

（1）常规式烤箱（Conventional Oven），其热源来自烤箱底部或四周，通过热辐射将食品烤熟。这类烤箱可以有数个层次。有的烤箱位于西餐灶具的下部与西餐灶连成一体，作为西餐灶的一部分。

（2）对流式烤箱（Convection Oven），其内部装有风扇，通过风扇运动，使烤箱内的空气不断流动，从而使食品受热均匀。对流式烤箱的工作速度比常规式提高了三分之一，工作温度比常规式温度约高 24℃。

（3）旋转式烤箱（Revolving Oven）是带有旋转烤架的常规式烤箱。通常，在烤箱的外部有门，当烤架旋转时，打开门，工作人员可接触炉中的烤架，输出被烹调的食物，取出烤熟的菜肴。旋转式烤炉有多种设计，它适用于不同的生产量和生产目的。

（4）微波式烤箱（Microwave Oven）是一种特殊的烤箱，食物不是直接受外部辐射成熟的，而是在烤箱内的微波作用下，食物内部的水分子和油脂分子改变了排列方向，产生了很高的热量，使食品成熟。这种烤箱还称为微波炉。微波炉的烹调存在一定的局限性。首先，炉内烘烤的食物不像普通烤箱那样，将食物烤成漂亮的颜色。其次，微波烤箱只限于生产少量的食物。最后，放在微波炉内的容器只能是玻璃、瓷器和纸制品。任何金属器皿都会反射电磁波，从而破坏磁控管的正常工作。但是，新型微波炉已经安装了烧烤装置。这样，菜肴既可以通过微波烹调，也可以通过热辐射烤制。

5. 西餐灶（Range）

西餐灶是带有数个热源（燃烧器）的炉灶。这种炉灶常用于西餐厅或咖啡厅的零点业务。它类似于我们日常家庭煤气灶的灶眼。通常，各灶眼可以单独烹调不同的菜肴。根据厨房生产需求，西餐灶的灶眼可以有 2 个、4 个或 6 个等。灶眼有开放式和覆盖式两种，开放式的灶眼中的燃烧器可以直接看到，而覆盖式灶

眼的燃烧器被圆形金属盘覆盖。（见图 15-7）

6. 炸炉（Fryer）

炸炉是用于油炸菜肴的烹调设备，有 3 种类型：常规型、压力型和自动型。

（1）常规型炸炉（Conventional Fryer）的上部为方形炸锅，下部是加热器，炉顶部为开放式。炸炉配有时间和温度控制器。

（2）压力型炸炉（Pressure Fryer）的顶部有锅盖。油炸食品时，炉上部的锅盖密封，使炸锅内产生水蒸气，锅内的气压增高使锅内的食品成熟。压力炸炉制作的食品外部香脆、内部酥烂。它的工作效率非常高。

图 15-7　西餐灶（Range）

（3）自动型炸炉（Automatic Fryer）的炸锅底部有个金属网，金属网与时间控制器连接，当食品炸至规定的时间，炸锅中的金属网会自动抬起，脱离热油。

7. 多功能西餐灶（Combined Range）

多功能西餐灶常由西餐灶、扒炉、平板炉、炸炉、烤炉和烤箱等组成。它的用途很广泛，适用于许多烹调方法，如煎、焖、煮、炸、扒、烤等。根据用户的需求或厂方的设计，它的组合方式多种多样。

8. 翻转式烹调炉（Tilting Skillet）

翻转式烹调炉是一种实用和方便的设备，主要用于大型厨房。其由两部分组成，上半部是方形锅，下半部是煤气炉。由于它上面的锅可以向外倾斜，因此称为翻斗式烹调炉，有时人们也称它为翻转式烹调锅。它适用于多种烹调方法，如煎、炒、炖和煮等。它最适用于西餐宴会和自助餐宴会。

9. 倾斜式煮锅（Boiling Pan）

倾斜式煮锅常以蒸汽为热能，适用于煮、烧和炖等方法制作菜肴及煮汤。由于煮锅可以倾斜，因此使用方便。厨师可通过调节气体的流动和温度计控制锅内温度。由于锅外壁包着一个封闭的金属外套，因此，蒸汽不直接与食物接触，而被注入煮锅的外套与煮锅间的缝隙中，通过金属锅壁传热，使食物成熟。常用的倾斜式煮锅容量为 10~50 升。这种煮锅受热面积大、受热均匀、工作效率高。

10. 蒸箱（Steam Cooker）

蒸箱是西厨房常用的烹调设备。许多菜肴都是通过蒸的方法成熟的。通过蒸的方法制作的菜肴，营养损失极少，可保持菜肴的原汁原味。常用的蒸箱有高压蒸箱和低压蒸箱两种：高压蒸箱以每平方英寸 15 磅的压力进行工作；低压蒸箱以每平方英寸 4~6 磅的压力进行工作。由于蒸汽开关由控制器控制，通常，蒸箱的门不可随时打开，必须等到箱内无压时才可以打开。压力蒸箱工作效率高，还适用于融化冷冻食物。其中，层式蒸箱的内部分为数个层次，适用于宴会的菜肴生产；柜式蒸箱适用于零点（散座）生产。

三、加工设备及其功能

1. 多功能搅拌机（Mixer）

多功能搅拌机是具有多种加工功能的设备，如和面、搅拌鸡蛋和奶油及搅拌肉馅等，是西厨房最基本的生产设备。多功能搅拌机包括两部分：第一部分是装载原料的金属桶，第二部分是机身。机身由电机、变速器和升降启动装置组成，机身的上部还设有装接各种搅拌工具的空槽。通常，搅拌机配有 3 种搅拌工具：第一种是打浆板，一个由细金属棒制成的片状物，用来搅拌较薄的糊状物质；第二种是用来抽打鸡蛋和奶油的抽子，它是由细金属丝制成的；第三种是和面杆，由较结实的钢棒制成。搅拌机装有速度控制器，其速度为每分钟 100~500 转等。有些多功能搅拌机还带有切碎蔬菜的工具。（见图 15-8 ）

图 15-8　多功能搅拌机（Mixer ）

2. 切片机（Slicer）

切片机用途广泛。例如，切奶酪、蔬菜、水果、香肠和火腿肉等。用切片机切割的食品厚度均匀，形状整齐。常用的切片机有手动式、半自动式和全自动式 3 种类型。手动式切片机适用于小型厨房；半自动式切片机上的刀片由电机操纵，装食品的托架由手工操作。其工作速度为每分钟 30~50 片；而全自动切片机的刀片和托架全是电动的，操作人员可根据具体需求调节它的切割速度。通常，有些食品原料需要慢速切割。例如，温度较高的食品或质地柔软的食品；而某些质地结实的固体食品或不易破碎的食品适于快速切割。此外，通过调节装置还可以控制食品的厚度。

3. 绞肉机（Meat Grinder）

绞肉机由机筒、螺旋状推进器、带孔的圆形钢盘和刀具组成。食品进入机筒后，被推进器推入带孔的圆形钢盘处。在这里，经过旋转着的刀具将肉类原料切碎。然后，通过钢盘洞孔的挤压，使原料成为粒状物。当然，被切割食品的形状与盘孔的大小相同。

4. 锯骨机（Meat Band Saw）

一些西厨房还设有锯骨机，其用途是切割带骨的大块畜肉，它通过电力使钢锯条移动，从而将带有骨头的畜肉锯断。

5. 万能去皮机（Peeling Machine）

万能去皮机是专门切削带皮蔬菜的设备，还可以洗刷贝类原料。它由两部分组成，上部是桶状的容器，下部为支架。桶状容器用于盛装被加工的原料，该机器装有时间控制器和用玻璃制成的观测窗。机器配有 6 种供洗刷和切割的刀具及工具：普通刷盘、马铃薯去皮刀、切割刀、洋葱去皮刀、洗刷贝类的专用盘和旋转式沥水桶。

6. 切割机（Food Cutter）

切割机是切割蔬菜、水果、面包及肉类的机器。这种机器主要包括两个部分，一个部分是用来盛装原料的容器，另一个部分是可以旋转的刀具。原料切割的大小将依照原料被切割的时间而定。根据需要，该机器可以安装不同刀具，如切片刀具、切块刀具、切丝刀具和切丁刀具。

7. 擀面机（Dough Rolling Machine）

擀面机用于面包房。它由托架、传送带和压面的装置组成。它可将面团压成面片。面片的厚度由调节器控制。

四、储存设备及其功能

西厨房离不开储存设备，包括冷藏设备、保温设备和各种货架等。

1. 冷藏设备（Cooler And Freezer）

通常，为了方便工作，除在西厨房安装较大的冷库外，厨房还可根据具体需要配置一些冷藏箱和冷冻箱。一般冷藏箱和冷冻箱连在一起成为一个整体。箱体分为两大部分：一部分的温度为 3℃~10℃，作为冷藏箱和保鲜柜。另一部分的温度约为 –18℃，作为冷冻柜。但是，西厨房常选用单独功能的冷藏箱或冷冻箱，因为它们比连体式冷藏箱更实用。冷藏设备的种类多，最常用的品种有立式双门和立式四门的冷藏箱和冷冻箱、卧式冷藏柜和三明治冷柜等。所谓冷藏柜，既是冷藏箱又是一个工作台。箱体内可冷藏食品并设有温度调节和自动除霜系统。它的高度以工作台高度为准并可调节，台面很结实，配有 3 毫米厚的不锈钢板。而三明治冷柜是咖啡厅不可或缺的储藏设备。这种冷柜的箱体顶部有 6~12 个不锈钢容器，容器沉在箱体内，容器内装有各种食品。

2. 保温设备（Hot-food Equipment）

保温设备是现代厨房必备的储存与生产设备。它的种类很多，不同型号和式样的保温设备具有不同的功能。例如，面包房使用的发面箱，烹调部门常用的热汤池、保温灯、保温车等。

（1）发面箱（Fermentation Tank）是供面团发酵的装置。利用电源将水槽内的水加温，使箱中的面团在一定的温度和湿度下充分发酵。

（2）热汤池（Steam Table）是通过水温传导将其食品保温的柜子。西厨房利用这一装置为各种汤、热菜调味汁、炖菜和烩菜等保温。其工作原理与发面箱相似。

（3）保温灯（Heat Lamp）是用热辐射方法保持餐碟或烤肉温度的装置。其外观像普通的灯。然而，可产生较高的温度，菜肴在其照耀下可保持一定的温度。

（4）保温车（Heat Trolley）是通过电加热为食品保温的橱柜。通常，橱柜下面有脚轮，可以移动，故称为保温车。

3. 各种货架

西厨房有各种各样的货架，货架的材料常选用不锈钢板和钢管。货架是厨房不可或缺的储藏设备。

五、生产设备选购

设备的选购是西厨房管理的首要工作。优质的西餐设备不仅能生产高质量的菜肴，而且工作效率高，安全，卫生，易于操作并可节省人力和能源。

1. 选购的计划性

现代西厨房设备不仅价格昂贵，而且消耗大量的能源。因此，饭店应有计划地购买厨房设备。通常，购买厨房设备的目的可分为：生产市场急需的菜肴、提高菜肴的质量、提高生产效率的必要设备和适用设备。

（1）必要设备是指保证咖啡厅和西餐厅生产的设备。它们既能保证咖啡厅和西餐厅菜肴的质量，又能保证它们的生产数量。这些设备可为企业带来利润，是企业不可或缺的生产设备，是必须购买的设备。

（2）适用设备是对咖啡厅和西餐厅业务有一定价值的设备，不是急需的设备。因此，不是必须购买的设备。

2. 应符合菜单需求

西厨房设备购置的最基本原因之一是满足菜单需要。在西餐经营管理中，生产任何菜肴都必须具备相应的生产设备，如生产扒菜必须有扒炉，生产烩菜必须有西餐灶等。由于各种咖啡厅和西餐厅经营的菜肴各不相同，因此，需求的生产设备也不相同。但是，企业对西厨房设备的选购原则基本相同，那就是购买实用、符合菜单需求及便于操作的厨房设备。

3. 购置效益分析

在选购西厨房设备时，一定要进行效益分析。首先，对选购的设备的经济效益作出评估。其次，对购买设备的成本进行预算。同时，计算设备成本不应只局限于采购成本，还应包括设备的安装费、使用费、维修费和保险费及其他相关费用。由于生产设备的原材料、型号、品牌、使用性能及其他方面的不同，它们的价值也不同，因此，企业在购买设备前，应充分了解其性能并对不同式样的设备进行比较。通常，价格较低的设备需要经常维护和保养，使用成本高。价格较高的设备结实、耐用，还节省人力和能源，使用成本低。不仅如此，有些设备需要配有辅助设施或市政管道设施，其安装费用很高。所以，企业在选购设备前应认真对待这些问题。企业在评价设备效益时，常采用下面的公式：

$$H = \frac{L(A+B)}{C+L(D+E+F)-G}$$

其中，L= 规定的使用年限

   A= 设备每年节省的人工费

   B= 设备每年节省的能源费

   C= 设备价格和安装费

   D= 设备每年使用的费用

   E= 设备每年的维修费

   F= 如果将 C 存入银行等得到的利息

   G= 设备报废后产生的经济价值

   H= 设备的经济效益值

按照以上公式，饭店在分析选购的西厨房设备时，应认真对待 H 的值。当，H=1 时，说明设备节省的人工和能源费等于设备的全部投资费用。

H > 1 时，说明设备节省的人工和能源费超过设备的全部投资费用。

H ≥ 1.5 时，说明购买设备完全值得。

4. 生产性能评估

西餐设备生产性能直接影响西餐质量和生产效率。因此，在购买设备前，厨房管理人员应根据西餐厅和咖啡厅的具体需求对购买的设备逐个进行生产性能评估。通常，企业和厨房管理人员通过设备的生产性能确定是否购买厨房设备。此外，选购设备时，还应考虑企业未来发展和设备使用的能源情况。对于投资较大的设备更应考虑周到。

5. 安全与卫生要求

安全与卫生是选择西厨房设备的主要因素之一。合格的西厨房设备，本身必须配有安全装置，电器设备应采用适当的电压，避免发生安全事故。设备中的利刃和转动部件应配有防护装置。设备的表面不应有锋利的边际和毛刺。设备应由无毒、易于清洁的材料制成。设备的整体结构应当平整、光滑，不出现裂缝和孔洞，避免虫害滋生。合格的西餐设备应具有易于清洁的特点。各种冷藏和冷冻设备都应保证所需要的储藏温度。设备的结构设计应便于拆卸和装配以便定时清洗。

6. 尺寸和外观的标准

西厨房设备的大小应与各种西厨房具体的面积相符，否则不仅影响生产，影响厨房布局，还容易造成厨房事故。现代西厨房设备既是厨房生产工具，又是餐厅的营销工具。对于开放式厨房，其设备的外观尤其重要。西厨房设备应采用不锈钢板和无缝钢管等材料制成，应具有美观、耐用、构造简单，充分利用空间，没有噪声，具有多种加工和生产功能等特点。

六、西厨房设备保养

在西厨房设备管理中，除正确的选购外，平时的保养也是重要的内容。西餐设备的保养管理包括制订保养计划和实施保养措施。

1. 制订保养计划

（1）对各种设备制定出具体的保养措施、清洁时间和方法。

（2）设备的各连接处、插头、插座等要牢牢固定。

（3）定时测量烤箱内的温度。清洗烤箱的内壁，清洁对流式烤箱中的电风扇页。定时检查烤箱门及箱体的封闭情况和保温性能。

（4）定时清洁灶具和燃烧器的污垢。检查燃烧器指示灯及安全控制装置，保持开关的灵敏度。

（5）定时检查炸炉的箱体是否漏油，按时为恒温器上润滑油，保持其灵敏度。

（6）保持平板炉恒温器的灵敏度，将常明火焰保持在最小位置。定时检查和清洁燃烧器。

（7）定时检查和清洁煮锅中的燃烧器，检查空气与天然气（煤气）的混合装置，保证它们正常工作。检查炉中的陶瓷或金属的热辐射装置的损坏情况并及时更换。

（8）及时更换冷藏设备的传动带。观察它们的工作周期和温度，及时调整自动除霜装置。检查门上的各种装置，定时上润滑油，保证其工作正常。定时检查压缩机，看其是否漏气，保证制冷效率。定时清洁冷凝器，定期检修电动机。

（9）定期检查、清洁洗碗机的喷嘴、箱体和热管。保证其自动冲洗装置的灵敏度，随时检查并调整其工作温度。

（10）对厨房热水管进行隔热保温处理以增加供热能力。

（11）定时检查、清洗和更换排气装置和空调中的过滤器。定时检查和维修厨房的门窗，保证其严密，保证室内温度。

2. 实施保养措施

（1）烹调设备的保养措施

①烤箱的保养措施。每天清洗对流式烤箱内部的烘烤间，经常检查炉门是否关闭严实，检查所有线路是否畅通。每半年对烤箱内的鼓风装置和电动机上一次润滑油。每天清洗多层电烤箱的箱体，每三个月检修一次电线和各层箱体的门。每天使用中性清洁液将微波炉中的溢出物清洗干净。每周清洗微波炉的空气过滤器。经常检查和清洁微波炉中的排气管，用软刷子将排气管阻塞物刷掉，保持其畅通。经常检查微波炉的门，保持炉门的紧密性、开关的连接性。每半年为微波炉的鼓风装置和电机上油，保证其工作效率。

②西餐灶保养措施。每天对西餐灶顶部上的加热铁盘进行清洗，每月检修西餐灶的煤气喷头。

③平板炉保养措施。每天清洗铁板，每月检修平板炉的煤气喷头并且为煤气阀门上油一次。定期调整煤气喷头和点火装置。

④扒炉保养措施。定期检修和保养扒炉的供热和控制部件，经常检修煤气喷头，保持它们的清洁，每天清洗和保养烤架。

⑤油炸炉保养措施。每月检修电油炸炉的线路和高温恒温器，保证恒温器的供热部件达到规定的温度（通常约在200℃）时，自动切断电源。如果使用以煤气或天然气为能源的油炸炉，每月应检修它的煤气喷头及限制高温的恒温器。每天必须保养油炸炉的过滤器，定期检修排油管装置。

⑥翻转式烹调锅保养措施。每天清洗烹调锅，使用中性的洗涤液。每月给翻转装置和轴承上油，经常检修煤气喷头和高温恒温器。

⑦蒸汽套锅保养措施。每天清洗套锅，经常检修蒸汽管道，确保压力不超过额定标准。每天检查减压阀。每周检修蒸汽弯管和阀门。每月为齿轮和轴承上油，清洗管道的过滤网和旋转控制装置。

（2）机械设备保养措施

①多功能搅拌机的保养措施。每天清洗搅拌机的盛料桶。每周检查变速箱内的油量和齿轮转动情况。每月保养和维修升降装置，检查皮带的松紧，给齿轮上油。每半年对搅拌机电机及搅拌器检修一次。

②切片机保养措施。每天清洗刀片，定时或每月为定位滑杆及其他机械装置上润滑油。

③削皮机保养措施。每月定期检修传送带、电线接头、计时器和研磨盘。每天清洗盛料桶。

第四节　食品安全与卫生管理

一、食品安全与卫生管理重要性

食品安全与卫生是西餐质量的基础和核心。由于许多西餐菜肴是生食或半熟食用，因此，保证原料新鲜，没有病菌污染是关键。西餐食品安全与卫生管理包括食品卫生管理、个人卫生管理和环境卫生管理。食品安全与卫生关系着顾客的生命和健康。西餐企业不仅应为顾客提供有特色的菜点，更应为顾客提供卫生和富有营养的食品。根据许多地区餐饮协会对顾客选择餐厅的调查，顾客对餐厅的选择标准，首先是安全和卫生，然后是菜点特色、菜肴价格、餐厅地点和服务态度等。因此，食品安全与卫生是西餐业成功的关键因素，良好的卫生为西餐企业带来声誉和经济效益。

二、食品污染途径

一盘色、香、味、形俱佳的优质菜肴，不一定是安全和卫生的，很可能被病菌污染，从而给顾客带来疾病。

1. 病菌污染

从食品原料的储存、加工、烹调和服务的全过程中，通过病菌作用导致菜肴变质称为病菌污染。病菌污染不仅降低了菜肴的营养，还产生了有害毒素。人食用了被污染的菜肴会引起食物中毒。

病菌为单细胞生物，体形细小，种类繁多，形态各异，有球状、杆状和螺旋状。它由细胞壁、细胞膜、细胞质和核质体构成，经裂殖方式进行繁殖，繁殖速度受温度、湿度、营养、光线、氧供给和酸碱度等的影响。生长在 0℃下的细菌处于休眠状态，但依然保持生命力。在 70℃~100℃高温条件下，病菌和毒素在数分钟内会死亡。生长在 60℃~74℃内的病菌，大多数已被杀死，少数病菌仍然有生命力，但已没有繁殖能力。在 7℃~60℃内的病菌，繁殖力最强。0℃~7℃属于食品原料冷藏温度。该温度范围内的病菌几乎停止繁殖，但没有死亡。此外，一些病菌还构成孢子，孢子可经受高温，在经历数小时，温度恢复正常后仍可繁殖。一些病菌排出的毒素与菜肴和甜点混合在一起，经过几个小时，菜肴变成了有毒食物。在适当的温度下，病菌每 20 分钟繁殖一次。几个小时后，病菌可繁殖数万个。

（1）沙门氏菌属污染

沙门氏菌常寄生于牲畜和家禽的消化系统中，这种病菌从体内排出后，可引起一系列的直接感染或间接感染。如果人或动物食用了被沙门氏菌污染的食物或

水，排出的病菌会再一次污染食物和水源。在
食品原料中，被沙门氏菌污染的有鸡蛋、肉类
和家禽。它们通过多种渠道将病菌传播到菜肴
上。例如，通过食品原料、病人、昆虫的粪便、
动物的爪子和毛，通过菜刀和砧板等工具，甚
至通过人们的手接触等。人食用了被沙门氏菌
污染的菜肴，经过48小时的潜伏期，会出现腹

图15-9　沙门氏菌（Salmonella）

痛、腹泻、头痛、发烧、恶心和呕吐等症状。
（见图15-9）

（2）葡萄球菌属污染

葡萄球菌常寄生在人的手、皮肤、鼻孔和咽喉上，也分布在空气、水和不清
洁的食具上。该病菌常通过厨房和餐厅的工作人员的咳嗽、喷嚏或手接触等方式
将病菌污染在食品上。牛肉和奶制品是这类病菌繁殖最理想的地方。人食用了被
葡萄球菌污染的菜肴，经过约16小时的潜伏期，会出现腹痛、恶心、呕吐和腹
泻等症状。

（3）芽孢杆菌属污染

芽孢杆菌常寄生在土壤、尘土、水和谷物中，耐热力很强并能经受蒸煮存活
下来，在15℃~50℃繁殖力最强。容易受该菌污染的食物有甜点、肉类菜肴、少
司和汤类。人食用了被芽孢杆菌污染的食物，经过8~16小时的潜伏期会出现腹
痛、腹泻、恶心和呕吐。

（4）梭状芽孢杆菌属污染

梭状芽孢杆菌常寄生在人或动物的消化系统及土壤中。一些被污染的菜肴经
过了蒸、煮、烧、烩和烤等方法加热后，如果没有熟透，常带有梭状芽孢杆菌。
人食用了由梭状芽孢杆菌污染的食物，经过8~22小时的潜伏期，会出现腹痛和
腹泻等症状。

2. 霉菌污染

近年来，人们愈加重视霉菌给人类造成的危害。霉菌是真菌的一部分，在自
然界分布很广。霉菌在粮食和饲料等食品中遇到适宜的温度和湿度繁殖很快，并
在食物中产生有毒代谢物。它除引起食物变质外，还易于引起人的急、慢性中
毒，甚至使机体致癌。

（1）黄曲霉素污染

黄曲霉素主要污染花生、豆类、玉米、大米和小米等食品。该霉素的毒性稳
定而耐热，在280℃时才能分解。人们食用了被黄曲霉素污染的食品可造成急性
或慢性肝脏损伤、肝功能异常和肝硬化，还可诱发肝癌。

（2）谷物霉素污染

谷物霉素污染谷物。当储存中的谷物含有较多的水分时，极容易发生霉变，产生黄色谷物霉素。谷物霉素的毒性很强，人们食用了谷物霉素污染的食物后可引起肾功能损坏和中枢神经系统损坏。

3. 原虫与虫卵污染

原虫也称为寄生虫。危害人类健康的寄生虫主要有阿米巴原虫、蛔虫、绦虫、肝吸虫和肺吸虫等。

（1）阿米巴原虫污染

阿米巴原虫为单细胞动物，身体形状不固定，多生活在水中。它常寄生在人体内的结肠处，对人的肠壁、肝和肺等处进行伤害。阿米巴原虫通过水源、人的手、苍蝇等媒介污染食物。人食用了阿米巴原虫污染的冷菜和甜点会引起发烧、腹痛、腹泻（严重者便中带脓血）和眼窝凹陷等。

（2）蛔虫污染

蛔虫的形状像蚯蚓，白色或米黄色，成虫4~8寸，白色或米黄色。它常寄生在人的肠壁上和牲畜的体内。虫卵排出后进入土壤中，附在蔬菜上或混入饮水中。人食用了被蛔虫卵污染的沙拉等冷菜和饮料后，虫卵在人体消化道发育成虫。蛔虫对人类危害很大。它在人体中汲取养料，分泌毒素，使人营养不良、精神不振、面色灰白、腹痛并且容易引起肠阻塞、阑尾炎和肠穿孔等疾病。一旦蛔虫进入人的肝脏和胆管，会发展为其他疾病。

（3）绦虫污染

绦虫呈扁平状，身体柔软，像带子。它由许多节片构成，每个节片各自有繁殖能力。绦虫寄生在人或动物的体内，幼虫被人们称作囊虫，多寄生在猪和牛等动物体内，也寄生在人的体内。人食用了囊虫污染的畜肉类菜肴会出现皮下结节、全身无力。当囊虫进入人体的脑、眼睛或心肌内会出现抽风、双目失明或心脏机能障碍。

（4）肝吸虫污染

肝吸虫呈扁平状，前端较尖，常寄生在动物或人体的肝脏内，虫卵随粪便排出后，先在淡水螺体内发育，然后侵入淡水鱼体内。人食用了被肝吸虫污染的生鱼或半熟的鱼会出现消瘦、腹泻、贫血和肝肿大等症状。

（5）肺吸虫污染

肺吸虫常寄生在人和动物的肺部，虫卵随患者的痰及粪便排出，幼虫寄生在淡水蟹和虾内。人食用肺吸虫污染及没有经过烹饪的或半熟的水产品会出现咳嗽、咯血、低热等现象。有时，还会出现癫痫或偏瘫等。

4. 化学性污染

化学性污染影响范围很大，情况也很复杂，造成化学污染的原因主要来自以下几个方面。

（1）来自生产、生活环境中的各种有害金属、非金属、有机化合物及无机化合物。如使用锡铅容器储存食物会造成铅中毒，用镀锌容器储存菜肴会造成锌中毒，用铜容器储存酸性食物会造成铜中毒。

（2）在西餐菜肴和点心的加工中，加入不符合卫生标准的食物添加剂、色素、防腐剂和甜味剂等都会造成食品污染。例如，制作香肠使用的亚硝酸盐（快硝）是致癌物质。如果误食了大量的亚硝酸盐会出现烦躁不安、呼吸困难、腹泻，严重者会出现呼吸衰竭。人工合成的食用色素有致泻性和致癌性。

（3）农作物在生长期或成熟后的储存期常常沾有化肥与农药，如果清洗不彻底，会造成急性中毒和积蓄中毒并危及人的生命。例如，食用残留过量的六氯环乙烷（六六六）等有机氯农药的谷物、蔬菜和水果可引起肝、肾和神经系统中毒，食用残留过量的敌敌畏、敌百虫等有机磷农药的谷物、蔬菜和水果可引起神经功能紊乱。

（4）一些运输车辆在沾染有害物质后，由于未经严格的处理就与食品原料接触，也会造成化学性的食物污染。

5. 毒性动植物

（1）毒性动物

毒性动物主要指毒性鱼类和贝类。一些鱼和贝的肌肉组织含有毒素，一些鱼的血液和内脏含有毒素。人误食了这些鱼和贝，轻者中毒致病，重者危及生命。但是，有些鱼类去掉内脏后可以食用。例如，鳕鱼的肝脏有毒，去掉肝和内脏后，经熟制可以食用。相反，河豚鱼的内脏和血液含有大量的河豚毒素和河豚酸。这两种毒素化学性质非常稳定，通过任何烹调方法均不能将其破坏。一旦毒素进入人的身体，将破坏人的神经系统致人死亡。

（2）毒性植物

毒性植物是指那些含有毒素的干果和蔬菜等。这些植物对人类危害很大，不可以食用。但是，有些含有毒性的植物经过必要的加工处理后可以食用。例如，毒蘑菇含有胃肠毒素、神经毒素和溶血毒素等，食用后会发生阵发性腹痛、呼吸抑制、急性溶血和内脏损害的情况，病死率极高，不可食用。四季豆含有大量的皂素（毒蛋白）。但经过烹调后（熟透），可以食用。

三、食品污染预防

1. 预防生物性污染措施

西餐菜肴生产要经过多个环节，从食品原料采购到运输、加工、烹调和销售。这些环节都是病菌、寄生虫卵和霉菌污染的渠道。因此，预防生物性污染要做好食品原料运输的卫生管理，做好防尘、冷藏和冷冻措施。严格西餐生产和服务人员的个人卫生，确保职工身体健康。餐厅应保持良好的工作环境和炊具卫生，餐具和酒具要消毒并按照食物储存的标准温度和方法，正确地储存各类食品，做好速冻，避免食物遭受虫害。餐厅与厨房所有的职工都应掌握预防食物中毒的知识并遵守食品安全与卫生法规。

2. 预防化学性污染措施

水果和蔬菜在生长期会沾染化肥与农用杀虫剂。因此，要认真清洗水果和蔬菜。生吃的水果和蔬菜还必须使用具有活性作用的食品洗涤剂清洗。然后消毒，再用清水认真冲洗。将可以去皮的水果和蔬菜去皮后食用，选择无毒物溶出及符合卫生标准的食品包装材料及容器包装食品，严格掌握硝酸钠和亚硝酸钠的用量，尽量用其他无毒的替代品代替。硝酸钠的用量为每千克食品不超过 0.5 克，亚硝酸钠的用量为每千克食品不超过 0.15 克。

四、个人卫生管理

为了防止病菌污染，必须管理好个人卫生。试验证明，无论在人体表层或是人体内部都存有病菌。由于员工的清洁卫生和健康状况对食品卫生起着关键性的作用，因此个人卫生的管理工作是西餐卫生管理的关键环节。个人卫生管理包括个人清洁管理、身体健康管理、工作服管理和职工卫生知识培训等。

1. 个人清洁

个人清洁是个人卫生管理的基础，个人清洁状况不仅显示个人的自尊和自爱，也标志着饭店和餐厅的形象。根据国家卫生法规，只准许健康的人参与菜点的制作和服务。因此，工作人员个人清洁应以培养个人良好的卫生习惯为前提。职工应每天洗澡、刷牙，尽量在每次用餐后刷牙。上岗前衣帽应整齐干净；每次接触食品前应洗手，特别是使用了卫生间后要认真将手清洗。餐饮业对员工洗手的程序规定为：员工应用热水洗手，用指甲刷刷洗指甲，用洗涤剂搓洗手数次，洗手完毕将手擦干或吹干。勤剪指甲，保持指甲卫生，不可在指甲上涂抹指甲油。餐厅和厨房的职工工作时，应戴发帽。不可用手抓头发，防止头发和头屑落在食物上，防止交叉感染。工作时不可用手摸鼻子，不可打喷嚏，擦鼻子可以用口纸，用毕将纸扔掉，手应清洗消毒。禁止在餐厅和厨房内咳嗽、挖耳朵等。厨房、备餐间等工作区域严禁吸烟和吐痰；工作时不可用手接触口部；品尝食品时，应使用干净的小碗或小碟，品尝完毕，应将餐具消毒。保持身体健康，注意牙齿卫生、脚的卫生和伤口卫生等。厨房员工应定期检查牙齿并防止患有脚病。当员工在厨房受到较轻的刀伤时，应包扎好伤口，绝不能让伤口接触食物。工作时禁止戴手表、戒指和项链等。

2. 保持身体健康

保持工作人员身体健康非常重要，这是防止将病菌带入厨房和餐厅的首要环节。因此，饭店和餐厅管理人员应重视和关心职工身体健康并为他们创造良好的工作条件，不要随意让职工加班加点。员工应适当休息和锻炼，呼吸新鲜空气，均衡饮食。由于餐饮工作时间长，工作节奏快，厨房温度高，部分员工上两头班（早晚班），需要有充分的睡眠和休息。下班后应得到放松，特别需要呼吸新鲜空气。此外，职工需要丰富的、有营养的食品，喝干净的水，养成良好的饮食习惯，善于放松自己，不要焦虑，以保持身体的健康。

3. 工作服卫生管理

厨房工作服应合体，干净，无破损，便于工作。饭店业的厨师应准备3~4套工作服。工作服必须每天或定期清洗和更换。厨师的工作服应当结实、耐洗、颜色适合、轻便、舒适并且具有吸汗作用。工作服应包括上衣、裤子、帽子、围巾和围裙。工作服为长袖、双排扣式（胸部双层）。这样的工作服可以保护员工胸部及胳膊，防止烫伤。厨师的帽子应当轻、吸汗，防止头发和头屑掉在菜点上，使空气在帽子内循环。厨师的工作鞋应该结实，以保护脚的安全，使其免遭烫伤和砸伤并能够有效地支撑身体。许多饭店和餐厅将皮靴作为工作鞋，皮靴可增加人们的站立时间，但是便鞋和运动鞋也各有特点。通常，厨房员工工作服为白色上衣，黑色或黑白格的裤子。工作服由棉布制成。工作服的大小应当适合每个员工的身材，使员工感到轻松和舒适。

4. 厨师身体检查

按照国家和地方卫生法规，西餐生产和服务人员每年应做一次体检。身体检查的重点是肠道传染病、肝炎、肺结核和渗出性皮炎等。上述各种疾病患者及带菌者均不可从事餐饮生产和服务工作。

5. 遵守卫生法规和建立卫生制度

西餐业所有的职工都应严格遵守国家和地方的卫生法规。饭店和餐厅还应建立一些具有针对原料采购和保管、加工和烹调的卫生制度，定期清理环境以及建立工作责任制等。

五、环境卫生管理

环境卫生管理包括通风设施、照明设施、冷热水设施、地面、墙壁和天花板等的卫生管理。

1. 通风设施卫生

厨房要安装通风设施，以排出炉灶烟气和仓库发出的气味。排风设施距离炉灶最近，容易沾染油污，而油污积存多了会落在食物上。因此，通风设备要定时或经常清洁，许多餐厅每两天清洁一次通风设备。通风口要有防尘设备，防止昆虫、尘土等飞入。良好的通风设施不仅使厨房员工感到凉爽、空气清新，还能加速蒸发员工身上的汗水。

2. 照明设施卫生

有效的照明设施可以缓解厨房员工的眼睛疲劳。自然光线的效果比人工照明设施更理想。同时，只有适度的照明，厨房员工才可能注意厨房中的各角落卫生。许多西餐业每周清洁厨房照明设施一次。

3. 冷热水设施

西厨房和备餐间要有充足的冷热水设施，因为厨房和备餐间的任何清洁工作只有在安装冷热水设施的前提下才能完成。

4. 员工洗手间

饭店常在厨房附近建立员工洗手间，洗手间的门不可朝向餐厅或厨房，应有专人负责卫生和清洁。餐厅服务员和厨房员工不可负责洗手间的清洁。

5. 厨房地面

厨房地面应选用耐磨、耐损和易于清洁的材料。地面应平坦、没有裂缝、不渗水。地面用防滑砖最适宜。经常保持地面清洁，每餐后应冲洗地面，使用适量的清洁剂，然后擦干。

6. 厨房墙壁

厨房墙壁应当结实、光滑、不渗水、易冲洗，以浅颜色为宜。墙壁之间、墙壁与地面之间的连接处应以弧形为宜以利于清扫。墙壁的材料应以瓷砖最为理想。保持墙面清洁，经常用热水配以清洁剂冲洗墙壁。许多企业对厨房的墙壁卫生做出规定，每天应清洁1.8米以下高度的厨房墙面，每周擦拭1.8米以上的厨房墙面一次。

7. 厨房天花板

西厨房天花板应选用不剥落或不宜断裂及可防止尘土的材料制成。通常选用轻型金属材料作为天花板。其优点是不易剥落和断裂，可以拆卸以利于清洁。

8. 厨房门窗

厨房门窗应没有缝隙并应保持门窗的清洁卫生。保持门窗玻璃的清洁，使光线充足。厨房门窗应当每天擦拭，较高位置的窗户和玻璃可以三天至一周清洁一次。

9. 食梯卫生

食梯是老鼠和害虫通往厨房的通道。因此，保持食梯卫生很重要，不在食梯内留有食物残渣，以免病菌繁殖。

六、设备卫生管理

经过研究，不卫生的生产和服务设备常是污染食品的原因之一。因此，设备的卫生管理不容忽视。合格的餐饮设备应易于清洁、拆卸和组装。设备材料应坚固、不吸水、光滑、易于清洁、防锈、防断裂、不含有毒物质。设备的卫生管理内容包括：每天工作结束时应彻底清洁设备。清洁设备时应先去掉残渣和油污，然后将拆下的部件放入含有清洁剂的热水里浸泡，用刷子刷，再用清水冲洗。对于不可拆卸的设备应在抹布上涂上清洁剂，然后涂在设备上，再用硬毛刷刷去污垢，用清水清洗后，再用干净的布擦干。对于不同材料制成的用具和器皿应采用不同的清洁方法以达到最佳卫生效果和保护用具和器皿的功能。例如，用热水和毛刷冲洗大理石用具，然后晾干。用热水和清洁剂冲刷木制品，用净水冲洗，然后擦干。用热水冲洗塑料制品，用热水和清洁剂冲洗瓷器和陶器。对于铜制品的清洁方法是，先清除食物残渣。然后，用热水和清洁剂冲洗并晾干。不要用碱类物质清洗铝制品以免破坏其防腐保护膜。清洗时先去掉食物残渣，然后浸泡，再用热水放适量的清洁剂清洗。清洗锡制品和不锈钢制品时，先使用热水与清洁剂刷洗，然后用清水冲净、晾干。清洁镀锌制品时，注意保护外部的薄膜（锌）。洗涤后一定要擦干，不然会生锈。用潮湿的布擦洗搪瓷制品，然后擦干。清洁刀具时，应注意安全，用热水和清洁剂将刀具洗净，然后用清水冲净，擦干并涂油。清洗各种滤布和口袋布时，先去掉其残渣，用热水和清洁剂洗涤揉搓后，用水煮，冲洗并晾干。清洁滤网、绞肉机和削皮机时，用清水冲掉网洞中的食物残渣，用毛刷、热水和清洁剂刷洗，用净水冲洗，擦干。清洗电器设备时，应关闭机器，切断电源，用布、小刀或其他工具去掉食物残渣，用热水和清洁剂清洗各部件，尤其应注意清洗刀具和盘孔，然后擦干。

七、生产安全管理

西餐生产安全管理指西餐加工、切配和烹调中的安全管理。厨房出现任何安全事故都会影响企业的声誉，从而影响经营。安全事故常是由于职工疏忽大意造成的。因此，在繁忙的运营和开餐时间，必须重视厨房的安全预防工作，包括摔伤、切伤、烫伤和火灾等。

1.预防跌伤与撞伤

跌伤和撞伤是西餐生产和服务中最容易发生的事故。在厨房中跌伤与撞伤多发生在厨房和餐厅通道与门口处。潮湿、油污和堆满杂物的通道和员工没有穿防滑的工作鞋是跌伤的主要原因。而员工在搬运物品时，由于货物堆放过高，造成视线障碍或员工在门口的粗心是造成撞伤的主要原因。撞伤的其他原因还包括工作线路不明确，不遵守工作规范等。预防措施有：工作人员走路时应精神集中，眼看前方和地面；保持厨房和餐厅地面的整洁和干净，随时清理地面杂物。同时，在刚清洗过的地面上放置"小心防滑"的牌子。员工运送货物时应用手推车，控制车上货物的高度，堆放的货物高度不可越过人的视线。职工在比较高的地方放货物和取货物时，不要踩废旧箱子和椅子，应使用结实的梯子。走路时应靠右侧行走，不要奔跑。出入门时，注意过往的其他员工。餐厅与厨房内的各种弹簧门应装有缓速装置。

2. 预防切伤

在西餐生产的安全事故中，切伤发生率仅次于跌伤和撞伤。造成切伤的主要原因是职工在工作时精神不集中，工作姿势或操作程序不正确，刀具钝或刀柄滑，作业区光线不足或刀具摆放的位置不正确等。同时，切割设备没有安全防护装置也是造成切伤的主要原因。预防措施有：管理人员应培训厨房职工并使其了解，刀具是切割食物的工具，绝不允许用刀具打闹；保持刀刃的锋利，越是不锋利的刀具，越容易发生切伤事故。通常，刀具越钝，切割时越要用力，被切割的食品一旦滑动时，切伤事故就会发生；厨师在工作时应精神集中，不要用刀具开罐头，保持刀具的清洁，不要将刀具放在抽屉中；厨师手持刀具时，不要指手画脚，应防止刀具伤人。当刀具落地时，不要用手去接，应使其自然落地；职工在接触破损餐具时，应特别留心；在使用电动切割设备之前，应仔细阅读该设备使用说明书，确保各种设备装有安全防护设备。使用绞肉机时，用木棒和塑料棒填充肉块，绝不能用手直接按压；清洗和调节生产设备时，必须先切断电源，按照规定的程序操作。

3. 预防烫伤

烫伤主要是由职工工作时粗心大意造成的。营业时非常繁忙，职工在忙乱中偶然接触到热锅、热锅柄、热油、热汤汁和热蒸汽等，从而造成烫伤。预防烫伤的措施有：使用热水器的开关时，应当小心谨慎，不要将容器内的开水装得太满。运送热汤菜时，一定要注意周围人群的动态并说："请注意！"烹调时，炒锅一定要放稳，不要使用松动的手柄。容器内不要装过多的液体。注意检查锅柄和容器柄是否牢固，不要将锅柄和容器柄放在炉火的上方；厨师打开热锅盖时，应先打开离自己远的一边，再打开全部锅盖；将油炸的食物沥去水分，防止锅中的食油外溢而伤人。经常检查蒸汽管道和阀门，防止出现漏气伤人事故；厨师应随身携带干毛巾，养成使用干毛巾的习惯。

4. 预防扭伤

扭伤俗称扭腰或闪腰，职工搬运过重物体或使用不正确的搬运方法会造成腰部肌肉损伤。预防扭伤的措施有：职工搬运物体时，应量力而行，不要举过重的物体并且掌握正确的搬运姿势；举物体时，应使用腿力，不使用背力，被举物体不应超过头部；举起物体时，双脚应分开，弯曲双腿，挺直背部，抓紧被举的物体；通常男职工可举起约 22.5 千克的物体，而女职工举起的物体重量是男职工的一半。

5. 预防电击伤

电击伤在西餐生产中很少发生。但是，电击伤的危害很大，应当特别注意。电击伤发生的原因主要是设备老化，电线有破损处或接线点处理不当，湿手接触电设备等。电击伤预防措施有：厨房和备餐间中所有电设备都应安装地线。不要将电线放在地上，即便是临时措施也很危险；保持配电盘的清洁，所有电设备开关应安装在工作人员的操作位置上。员工使用电设备后，应立即关掉电源；为电设备做清洁时一定要先关掉电源。员工接触电设备前，一定要保证自己站在干燥的地方并且手是干燥的；在容易发生触电事故的地方涂上标记，提醒员工注意。

6. 厨房防火

厨房内设有各种电器、各种管道和易燃物品。厨房是火灾易发地区，火灾危害着顾客和员工的生命，易造成财产损失。因此，厨房防火是非常必要的。厨房防火除了要有具体措施，还应培训厨师及辅助人员，使他们了解火灾发生的原因及防火知识。

火灾发生的三个基本条件是火源、氧气和可燃物质。当这三个因素都具备时，火灾便发生了。厨房发生火灾的具体原因有许多。通常，食油容易导致火灾。员工在油炸食物时，由于某些食物中含有较多水分，造成油锅中的热油外溢，引起火灾。煤气灶具也容易引起火灾。当煤气灶具中的火焰突然熄灭时，煤气就从燃烧器中泄漏出来，遇到火源后，火灾便发生了。厨房中的电线超负荷工作常引起火灾。

火灾分为三种类型：A 型、B 型和 C 型。A 型火灾表示由木头、布、垃圾和塑料引起的火灾。扑灭 A 型火灾适用的物质有水、干粉和干化学剂。B 型火灾由易燃液体引起，如油漆、油脂和石油等。扑灭 B 型火灾的物质有二氧化碳、干粉和干化学剂。C 型火灾由电动机和控电板引起，扑灭 C 型火灾适用的物质与 B 型火灾相同。

厨房常用的灭火工具有石棉布和手提灭火器。石棉布在厨房非常适用。当烹调锅中的食油燃烧时，可将石棉布盖在锅上，中断火焰与氧气的接触以扑灭火焰，这样不会污染食物。手提式灭火器配有泡沫、二氧化碳和干化学剂等类型。灭火器应安装在火灾易发地区，而且要避免污染物品。管理人员要经常对灭火器进行检查和保养，应每月称一下灭火器的重量，检查灭火器中的化学剂，看其是否已挥发掉。不同的手提灭火器，其喷射距离不同。例如，手提灭火器的喷射距离是 2~3 米，泡沫类手提灭火器的喷射距离是 10~12 米。

厨师应熟悉灭火器存放的位置和使用方法，经常维修和保养电器设备，防止发生事故。定期清洗排气罩的滤油器，控制油炸锅中的热油高度，防止热油溢出锅外。厨房内严禁吸烟，注意煤气灶的工作情况并经常维修和保养，培训职工有关防火和灭火的知识。发现火险应立即向上级管理人员报告。

本章小结

　　厨房是西餐生产部门，其管理水平与西餐的质量紧密相关。西厨房的组织应根据企业规模、菜单内容、厨房规划与布局和厨房生产量等情况安排。西厨房规划是确定厨房规模、形状、建筑风格、装修标准以及内部部门之间的关系。西厨房布局是具体确定西厨房生产设施和设备的位置及其分布。西餐设备主要是指西厨房的各种炉灶、保温设备和切割设备等。西餐设备对西餐质量起着关键作用。西餐菜肴的形状、口味、颜色、质地和火候等各质量指标都受生产设备的影响。卫生是西餐质量的基础和核心。许多西餐菜肴是生食或半熟食用，因此，保证原料新鲜，没有病菌污染是关键。西餐卫生管理包括食品卫生管理、个人卫生管理和环境卫生管理。西餐生产安全管理是指西餐加工、切配和烹调中的安全管理。厨房出现任何安全事故都会影响企业声誉，从而影响经营。安全事故常由职工疏忽大意造成。因此，预防生产安全事故的发生，必须加强安全管理。

思考与练习

1. 名词解释题

厨房规划、厨房布局、焗炉（Broiler）、扒炉（Grill）、平板炉（Griddle）、西餐灶（Range）。

2. 思考题

（1）简述西厨房的组织原则。

（2）简述生产设备的选购。

（3）简述西餐生产安全管理。

（4）根据某一西厨房的生产特点，设计厨房组织结构。

（5）论述西厨房的规划与布局。

（6）论述西餐卫生管理。

第 16 章

西餐成本管理

本章导读

本章主要对西餐成本管理进行总结和阐述。通过本章学习，读者可了解西餐成本的含义与特点、成本控制意义和控制程序；掌握食品原料的成本控制、人工成本控制、能源成本控制和经营费用控制；了解西餐成本分类，掌握净料率核算和熟制率核算，熟悉原料采购控制、食品贮存控制和原料发放管理；掌握生产预测和计划、菜肴份额控制和厨房节能措施。

第一节　西餐成本控制

一、成本含义与特点

西餐成本控制是指在西餐经营中，管理人员按照企业规定的成本标准，对西餐各成本因素进行监督和调节，及时揭示偏差，采取措施加以纠正，将西餐实际成本控制在企业的计划范围之内，保证实现企业的成本目标。根据研究，西餐成本控制贯穿于它形成的全过程，凡是在西餐成本形成的过程中影响成本的因素，都是成本控制的内容。西餐成本形成的过程主要包括食品原料采购、贮存和发放，菜肴加工、烹调、销售和服务等。所以，西餐成本的控制点多，每一个控制点都必须有具体的控制措施，否则这些控制点便成了泄漏点。

二、成本控制的意义

西餐成本控制可以提高企业的经营水平，减少物质和劳动消耗，使企业获得较大的经济效益。西餐成本控制关系到西餐的规格、质量和价格，关系到企业的营业收入和利润，关系到顾客的利益及需求，关系到产品的市场营销。因此，成本控制在西餐经营管理中有着举足轻重的作用。

三、成本控制要素

西餐成本控制是一项系统工程。其构成要素包括控制目标、控制主体、控制客体、成本信息、控制系统和控制方法。

1. 控制目标

控制目标是指饭店以最理想的成本达到本企业规定的西餐质量。西餐成本控制必须以控制目标为依据。实际上，控制目标是管理者在成本控制前期所进行的成本预测、成本决策和成本计划并通过科学的方法制定出来的。西餐成本控制目标必须是可衡量的，并能用一定的文字或数字表达清楚。

2. 控制主体

控制主体是指西餐成本控制责任人的集合。在西餐经营中，成本发生在每一个经营环节，而影响西餐成本的各要素和各动因分散在其生产和服务的各个环节中。因此，在西餐成本控制中，控制的主体不仅包括财务人员、食品采购员和西餐管理人员，还包括西餐生产人员（厨师）、收银员和服务员等基层工作人员。

3. 控制客体

控制客体是指西餐经营过程中所发生的各项成本和费用的总和。根据西餐成本统计，西餐控制的客体包括食品成本、人工成本及经营费用等。

4. 成本信息

一个有效的成本控制系统可及时收集、整理、传递、总结和反馈有关西餐成本的各项信息。因此，做好西餐成本控制工作的首要任务是做好成本信息的收集、传递、总结和反馈并保证信息的准确性，不准确的信息不仅不能实施有效的成本控制，而且还可能得出相反或错误的结论，从而影响其成本控制的效果。

5. 控制系统

西餐成本控制系统常由 7 个环节和 3 个阶段构成。7 个环节包括成本决策、成本计划、成本实施、成本核算、成本考核、成本分析和纠正偏差。3 个阶段包括运营前控制、运营中控制和运营后控制。在西餐成本控制体系中，运营前控制、运营中控制和运营后控制是一个连续而统一的系统。它们紧密衔接、互相配合、互相促进，并且在空间上并存，在时间上连续，共同推动成本管理的完善和深入，构成了结构严密、体系完整的成本控制系统。没有运营前的控制，成本整体控制系统会缺乏科学性和可靠性，而运营中控制是西餐成本控制的实施过程。作为成本管理而言，如果没有运营后的控制，就不能及时地发现偏差，从而不能确定成本控制的责任及做好成本控制的业绩评价，也不能从前一期的成本控制中获得有价值的经验，为下一期成本控制提供依据和参考。（见图 16-1）

（1）运营前控制

运营前控制包括西餐成本决策和成本计划，是在产品投产前进行的产品成本预测和规划。通过成本决策，选择最佳成本方案，规划未来的目标成本，编制成本预算，计划产品成本以便更好地进行西餐成本控制。因此，成本决策是根据西餐经营成本的预测结果和其他相关因素，在多个备选方案中选择最优方案，确定目标成本。成本计划是根据成本决策所确定的目标成本，具体规定经营中的各环节和各方面在计划期内应达到的成本水平。

（2）运营中控制

运营中控制包括成本实施和成本核算，是在西餐成本发生过程中进行的成本控制，要求其实际成本达到计划成本或目标成本。如果实际成本与目标成本发生差异，应及时反馈给有关职能部门以便及时纠正偏差。其中，成本核算是指对西餐经营中的实际发生成本进行计算并进行相应的账务处理。

（3）运营后控制

运营后控制包括成本考核、成本分析和纠正偏差，是将所揭示的西餐成本差异进行汇总和分析，查明差异产生的原因，确定责任归属，采取措施并及时纠正。其中，成本考核是指对西餐成本计划执行的效果和各责任人履行的职责进行考核。当然，它还作为评定部门或个人的业绩内容之一，也为下一期成本控制提供参考。成本分析是指对实际成本发生的情况和原因进行分析；而纠正偏差即采取措施，纠正不正确的实际成本及错误的执行方法等。

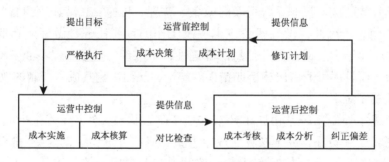

图 16-1　餐饮成本控制系统图

6.控制方法

控制方法是指根据所要达到的西餐成本目标采用的手段和方法。根据西餐成本管理策略，不同的成本控制环节有不同的控制方法或手段。在原料采购阶段，应通过比较供应商的信誉度、原料质量和价格等因素确定原料采购的种类和数量并以最理想的采购成本为基础。在原料储存阶段，建立最佳库存量和储存管理制度。在生产阶段，制定标准食谱和酒谱，根据食谱和酒谱控制西餐生产成本。在服务阶段，企业应及时获取顾客满意度的信息，用理想的和较低的服务成本达到顾客期望的服务质量水平。

四、成本控制途径

西餐成本控制是以提高产品质量和顾客满意度为前提，对西餐的功能和质量因素进行价值分析，以理想的成本实现企业产品质量指标和水平，提高饭店西餐产品的竞争力和经济效益。在提高产品价值的前提下，采用适宜的食品成本，改进菜肴结构和生产工艺，合理地使用食品原料，提高边角料利用率，合理地使用能源，加强食品原料采购、验收、贮存和发放管理，从而在较低的成本前提下，提高西餐的价值和功能。

1. 食品成本控制

食品成本属于变动成本，包括主料成本、配料成本和调料成本。食品成本通常由食品原料的采购成本和使用成本两个因素决定。因此，食品成本控制包括食品原料采购控制和食品原料使用控制。食品原料采购控制是食品成本控制的首要环节。食品原料应达到饭店规定的菜肴质量标准，物美价廉，应本着同价论质、同质论价、同价同质论采购费用的原则，合理选择。严格控制因生产急需而购买高价食品原料，控制食品原料采购的运杂费。因此，食品采购员应就近取材，减少中间环节，优选运输方式和运输路线，提高装载技术，避免不必要的包装，降低食品原料采购运杂费，控制运输途中的食品原料消耗。同时，饭店应规定食品原料运输损耗率，严格控制食品原料的保管费用，健全食品原料入库手续，科学地储备食品原料的数量，防止积压、损坏、霉烂和变质，避免或减少损失。

在食品成本控制中，食品原料的使用控制是食品成本控制的另一个关键环节。首先，厨房应根据食品原料的实际消耗品种和数量填写领料单，厨师长应控制原料的使用情况，及时发现原材料超量或不合理使用情况。其次，成本管理人员应及时分析食品原料超量使用的原因，采取有效的措施，予以纠正。为了掌握食品原料的使用情况，厨房应实施日报、月报和按照班次填报食品成本制度。

2. 人工成本控制

人工成本控制是对工资总额、职工数量和工资率等的控制。所谓职工数量，是指负责西餐经营的全体职工数量。做好用工数量控制在于尽量减少缺勤工时、停工工时、非生产（服务）工时等，提高职工出勤率、劳动生产率和工时利用率并严格执行职务（岗位）定额。工资率是指西餐经营的全体职工工资总额除以经营的工时总额。为了控制好人工成本，管理人员应控制西餐运营全体职工的工资总额并逐日按照每人每班的工作情况，进行实际工作时间与标准工作时间的比较和分析，做出总结和报告。现代酒店西餐管理从实际经营出发，充分挖掘职工的潜力，合理地进行定员编制，控制职工的业务素质、控制非生产和经营用工，防止人浮于事，以合理的定员为依据控制所有参与经营的职工总数，使工资总额稳定在合理的水平上，从而提高经营效益。此外，实施人本管理，建立良好的企业文化，制定合理的薪酬制度，正确地处理经营效果与职工工资的关系，充分调动职工的积极性和创造性，加强职工的业务和技术培训，提高其业务素质和技术水平并制定考评制度和职工激励策略等都是提高工作效率的有效方法。

3. 经营费用控制

在西餐经营中，除食品成本和人工成本外，其他的成本称为经营费用。包括能源费，设备折旧费、保养维修费，餐具、用具和低值易耗品费，排污费、绿化费及因销售发生的各项费用等。这些费用都是西餐经营必要的成本。当然，这些费用的控制方法主要依靠日常的严格管理才能实现。

第二节　西餐成本核算

一、西餐成本的特点

西餐成本是指制作和销售西餐所支出的各项费用，包括食品原料成本，管理人员、厨师与服务人员工资，固定资产折旧费，食品采购和保管费，餐具和用具等低值易耗品费，燃料和能源费及其他支出等。西餐成本构成可以总结为三个方面：食品原料成本、人工成本和其他经营费用。在西餐经营成本中，变动成本为主要部分之一。例如，西餐食品成本率常占 20%~30%。食品成本率的多和少取决于企业的经营策略。通常，餐厅级别越高，人工成本和各项经营费用越高。相反，食品成本越低，而食品成本率越低的企业，市场竞争力就越差。在经营成本中，可控成本常占主要部分。例如，食品成本，临时工作人员的工资，燃料与能源成本，餐具、用具与低值易耗品成本都是可控成本。

西餐成本 = 食品原料成本 + 人工成本 + 其他经营费用

二、西餐成本分类

根据西餐成本的构成，其成本可分为食品成本、人工成本和其他经营费用。从西餐成本的特点分类，可将其分为固定成本和变动成本。从成本控制角度出发，可将西餐成本分为可控成本、不可控成本，标准成本和实际成本等。有些管理人员认为，在固定成本和变动成本之间，还应当有半变动成本。

1. 食品成本

食品成本是指制作西餐的食品原料成本。它包括主料成本、配料成本和调料成本。主料成本常在食品成本中占较大的支出。例如，在西冷牛排（Sirloin Steak）中，牛排成本最高。配料成本是菜肴中各种配菜或辅料的成本。例如，西冷牛排中的马铃薯和蔬菜成本。调料成本是指菜肴中各种调料的成本或少司成本。例如，西冷牛排常用的少司有伯德莱兹（Bordelaise）或罗伯特少司（Robert）等。

$$食品成本率 = \frac{食品成本}{营业收入}$$

2. 人工成本

人工成本是指参与西餐生产与销售（服务）的所有工作人员的工资和费用，包括餐厅经理和厨师长的工资，餐厅和厨房的业务主管、领班、厨师和服务员的工资，采购员、后勤人员和辅助人员的工资及其他所有支出。

$$人工成本率 = \frac{人工成本}{营业收入}$$

3. 其他经营费用

其他经营费用是指经营中，除食品原料和人工成本以外的那些成本，包括房屋租金、生产和服务设施与设备的折旧费、燃料和能源费、餐具和用具及其他低值易耗品费、采购费、绿化费、清洁费、广告费和公关费等。

$$其他经营费用率 = \frac{其他经营费用}{营业收入}$$

4. 固定成本

固定成本是指在一定的经营范围内，成本总量不随菜肴生产量或销售量的增减而相应变动的成本。也就是说，不论菜肴的生产量和销售量高或低，这种成本都将按计划支出。其包括管理人员和技术人员的工资与支出、设施与设备的折旧费和大修理费等。但是，固定成本并非绝对不变，当经营情况超出餐厅和厨房现有的经营能力时，就需要购置新设备，招聘新职工和管理人员。这时，固定成本会随菜肴的生产量的增加而增加。正因为固定成本在一定的经营范围内对销售量的变化保持不变，因此，当销售量增加时，单位菜肴所负担的固定成本会相对减少。

5. 变动成本

变动成本是指随菜肴生产量或销售量的变化而成正比例增减的那些成本。当菜肴生产量和销售量提高时，变动成本总量会提高，包括食品和饮料成本、临时职工工资、能源与燃料费、餐具费、餐巾费和洗涤费等。这类成本总量随着菜肴生产量和销售量的增加而增加。通常，变动成本总额增加时，单位菜肴的变动成本保持不变。

6. 半变动成本

许多西餐企业家认为，能源费和临时职工的费用应属于半变动成本。这些成本尽管随着生产量和经营数量的变化而变化，但是，这些变化不一定与生产量成正比例，可以通过有效的管理降低部分成本。

7. 可控成本

可控成本是指西餐经营人员在短期内可以改变或控制的那些成本，包括食品原料成本、燃料和能源成本、临时工作人员成本、广告与公关费等。通常，管理人员通过变换每份菜肴的份额、配料和规格等改变菜肴的成本。同时，加强对食品原料采购、保管、生产和经营管理也会使一些经营费用发生变化。

8. 不可控成本

不可控成本是指在短期内无法改变的那些成本，如房租、固定设备折旧费、大修理费、贷款利息及管理人员和技术人员的工资和支出等。因此，想要控制那些不可控成本，就必须搞好经营，不断地开发受市场欢迎的新产品，减少单位菜肴中不可控成本的比例，精简人员，保养好设施。

9. 标准成本

标准成本是根据企业过去的经营成本，结合当年的食品原料成本、人工成本、经营管理费用等的变化，制定出有竞争力的各种成本，称为标准成本。它是西餐厅和厨房在一定时期内及正常的生产和经营情况下所应达到的成本目标，也是衡量和控制企业实际成本的一种预计成本。

10. 实际成本

实际成本是根据企业报告期内实际发生的各项食品成本、人工成本和经营费用，是餐厅和厨房进行成本控制的基础。

三、净料率核算

食品净料率是指食品原料经过一系列加工后得到的净料重量与它在加工前的毛料重量的比。如加工水果时需要去皮、切割；加工畜肉和家禽时需要剔骨、去皮和切割；加工鱼类原料需要去内脏、去皮和去骨等。

在菜肴制作中，正确的食品原料加工方法会增加原料的净料率，提高菜肴的出品率，减少食品原料的浪费，从而有效地控制食品成本。当然，合理的净料率是以使用符合企业质量和标准的原料为基础的。为了有效地控制食品成本，许多饭店和西餐企业都制定了本企业的标准净料率。例如，某餐厅制定的芹菜和卷心菜的净料率是70%和80%，马铃薯和胡萝卜的净料率是85%，虾仁的净料率是40%以上（不同大小的虾，其净料率不同）。猪腿肉精肉率在23%以上，一般猪肉精肉率约占54%，皮和脂肪约占23%等。净料率计算公式如下：

$$净料率 = \frac{净料重量}{毛料重量} \times 100\%$$

$$折损率 = \frac{折损重量}{毛料重量} \times 100\%$$

$$净料总成本 = 毛料总成本$$

$$单位净料成本 = \frac{毛料总值}{净料重量}$$

四、熟制率核算

菜肴熟制率是指食品原料经烹调后得到的净重量与它在烹调前的重量比。通常烹调时间越长，原料的水分蒸发越多，菜肴熟制率越低。此外，菜肴在烹制中使用火候的大小也影响着菜肴的熟制率。

许多饭店都制定了本企业的食品标准熟制率。例如，油炸虾的熟制率约是65%，牛肉的熟制率约是55%等。控制菜肴熟制率的关键是加强对厨师的培训，使他们熟练地掌握菜肴的烹调技术并重视对熟制率的控制。菜肴熟制率计算公式如下：

$$菜肴熟制率 = \frac{成熟后的菜肴重量}{加工前的原料重量} \times 100\%$$

$$食品原料折损率 = 1 - 食品原料熟制率$$

第三节　原料采购管理

食品原料采购是西餐成本控制的首要环节，它直接影响西餐经营效益，影响西餐成本的形成。所谓食品原料采购，是指根据生产和经营需求，采购员以理想的价格购得符合企业质量标准的食品原料。

一、采购员的职责与标准

西餐食品采购员是西餐企业负责采购食品原料的工作人员。在我国，许多饭店都不设专职西餐采购员，而那些独立经营的西餐厅和咖啡厅都有专职的西餐采购员。不论是专职还是兼职的西餐采购员都应在食品采购控制中担当重要角色。合格的采购员应认识到原料采购是为了销售。因此，所采购的原料应符合本企业的实际需要。采购员应熟悉采购业务，熟悉各类食品的名称、规格、质量、产地和价格，重视食品原料价格和供应渠道，善于市场调查和研究，关心各种原料贮存情况，具备良好的英语阅读能力，能阅读进口食品原料说明书。例如，各种奶酪、香料和烹调酒等。此外，采购员必须严守财经纪律，遵守职业道德，不以职务之便假公济私及营私舞弊。

二、采购部门的确定

在西餐成本控制中，确定采购部门是一项非常重要的工作。不同等级、不同规模和不同管理模式的饭店和西餐企业，食品采购的管理部门各不相同。

1. 餐饮部或餐厅管理

在中小型饭店或独立经营的西餐厅和咖啡厅，食品采购员常由餐饮部或西餐厅直接任命和管理。餐饮部负责西餐食品采购有利于采购员、保管员和厨师之间的沟通。同时，餐饮部工作人员熟悉西餐食品原料，方便原料购买，可以节省时间与费用。

2. 餐饮部和财务部双方管理

某些饭店的西餐采购员由餐饮部门选派（兼中餐食品采购），受财务部门管理。这种管理方法的优点是，财务部门负责食品采购易于成本监督和控制，而餐饮部选派采购员熟悉采购业务。

3. 饭店采购部管理

一些大型饭店或餐饮集团食品原料采购由企业或集团采购部统一采购和管理。这种管理模式有利于企业或集团管理人员控制食品成本，又可获得优惠的价格。

三、食品原料质量和规格管理

食品原料质量指食品的新鲜度、成熟度、纯度、质地和颜色等标准。食品原料规格是指原料的种类、等级、大小、重量、份额和包装等。管理西餐食品原料的质量与规格首先应制定出本企业所需要的食品原料质量和规格，应详细地写出各种食品原料的名称、质量与规格的标准。食品原料质量和规格常根据某一饭店或西餐企业菜单需要的质量与特色作出规定。由于西餐食品原料品种与规格繁多，其市场形态也各不相同（新鲜、罐装、脱水、冷冻）。因此，企业必须按照自己的经营范围和策略，制定食品原料采购规格以达到预期的使用要求和作为供应单位供货的依据。为了使制定的原料规格既符合市场供应又能满足企业需求，食品原料采购标准应写明原料名称、质量与规格标准，内容应具体。例如，写明名称、产地、品种、类型、式样、等级、商标、大小、稠密度、比重、净重、含水量、包装物、容器、可食量、添加剂含量及成熟程度等标准，文字应简明。

四、食品原料采购数量控制

食品原料的采购数量是西餐食品采购管理的重要环节。由于采购数量直接影响西餐成本构成和成本数额，因此应根据企业经营策略制定合理的采购数量。通常食品原料采购数量受许多因素影响。这些因素包括菜肴的销售量、食品原料的特点、贮存条件、市场供应情况和企业的库存量。当企业销售量增加时，食品原料采购量必然增加。此外，各种食品原料都有自己的特点，贮存期也不相同。例如，新鲜的水果、蔬菜、鸡蛋和奶制品贮存期很短，各种粮食和香料贮存期比较长。某些冷冻食品可以贮存数天至数月。同时，根据货源情况决定各种采购量，旺季食品原料价格比淡季低，还容易购买。

1. 新鲜原料采购量

许多饭店对新鲜原料的采购策略是，每天购进新鲜的奶制品、蔬菜、水果及水产品。这样，可保持食品的新鲜度，减少损耗。采购方法是根据实际原料的使用量采购，要求采购员每日检查库存余量或根据厨房及仓库的订单采购。每日库存量的检查可采用实物清点与观察估计相结合的方法。对价高的原料要实际清点，对价低的原料只要估计数。为了方便采购，采购员会将每日要采购的新鲜原料制成采购单。采购单上列出原料名称、规格和采购量等。通常，写上参考价格，交与供应商。在新鲜的原料中，消耗量比较稳定的品种不必每天填写采购单，可采用长期订货法，长期地每天供应。

新鲜原料采购量 = 当日需要量 – 上日剩余量

2. 干货及冷冻原料采购量

干货原料属于不容易变质的食品原料。它包括粮食、香料、调味品和罐头食品等。冷冻原料包括各种肉类和水产品。许多企业为减少采购成本，将干货原料采购量规定为每周或每个月的使用量，将冷冻原料的采购量规定为一至二周的使用量。干货原料和冷冻原料一次的采购数量和定期采购时间均以企业经营和采购策略而定。通常采用最低贮存量采购法，即将各种原料分别制定最低储存量，采购员对达到或接近最低贮存量的原料进行采购。使用这种方法，要求仓库管理员掌握每种食品原料的数量、单位、单价和金额。食品仓库应制定一套有效的检查制度，及时发现那些已经达到或接近最低储存量的原料并发出采购通知单和确定采购数量。

最低贮存量 = 日需要量 × 发货天数 + 保险贮存量
采购量 = 标准贮存量 – 最低贮存量 + 日需要量 × 送货天数
标准贮存量 = 日需要量 × 采购间隔天数 + 保险贮存量

3. 最低贮存量

根据经验，西餐企业对干货和冷冻食品原料有一定的标准贮存量。当某种食品原料经使用后，它的数量降至重新采购，而又能够维持至新原料到来时候的数量就是最低贮存量。

4. 保险贮存量

保险贮存量是防止市场供货问题和采购运输问题预留的原料数量。对某种原料保险储存量的确定要考虑市场供应情况和采购运输的方便程度等而定。

5. 日需要量

餐厅或厨房每天对某种食品原料需求的平均数。

五、采购程序管理

许多饭店和西餐企业都为采购工作规定了工作程序，从而使采购员、采购部门及有关人员明确自己的工作责任。通常，不同的饭店和西餐企业，其采购程序不同。这主要根据企业的规模和管理模式而定。

1. 大型饭店采购程序

在大型饭店，当保管员发现库存的某种原料达到采购点（最低贮存量）时，他要立即填写采购申请单交与采购员或者采购部门，采购员或者采购部门根据申请单，填写订购单并向供应商订货。同时，将订货单中的一联交与仓库验收员以备验货时使用。当验收员接到货物时，他要将货物与订货单、发货票一起进行核对经检查合格后，将干货和冷冻原料送至仓库贮存，将蔬菜和水果发送到厨房，并办理出库手续。验收员在验货时要做好收货记录并在发货票上盖验收章，将发货票交与采购员或采购部门。采购员或采购部门在发货票上签字并盖章后交与财务部，经财务负责人审核并签字后，向供应商付款。

2. 中小企业采购程序

小型饭店或独立经营的西餐厅及咖啡厅采购程序简单。采购员仅根据厨师长的安排和计划进行采购。

六、食品验收管理

验收管理是指食品原料验收员根据饭店制定的食品原料验收程序与食品质量标准检验供应商发送的或采购员购来的食品原料质量、数量、规格、单价和总额，并将检验合格的各种原料送到仓库或厨房，记录检验结果。

1. 选择优秀的验收员

食品原料验收应由专职验收员负责，验收员既要懂得财务制度，有丰富的食品原料知识，还应是诚实、精明、细心、秉公办事的人。在小型饭店或独立经营的餐厅，验收员可由仓库保管员兼任。西餐厅经理和厨师长不适合做兼职的验收员。

2. 严格验收程序

在原料验收中，为了达到验收效果，验收员必须按照饭店制定的验收程序进行。通常，验收员根据订购单核对供应商送来或采购员采购的货物，防止接收饭店未订购的货物。验收员应根据原料订购单的质量标准接收供应商送来或采购员采购的货物，防止接收质量或规格与订购单不符的任何货物。验收员应认真对发货票上的货物名称、数量、产地、规格、单价和总额与本企业订购单及收到的原料进行核对，防止向供应商支付过高的货款。在货物包装或肉类食品原料的标签上注明收货日期、重量和单价等有关数据以方便计算食品成本和执行先入库先使用的原则。食品原料验收合格后，验收员应在发货票上盖验收合格章并将验收的内容和结果记录在每日验收报告单上，将验收合格的货物送至仓库。（见表 16-1）

表 16-1 采购验收表

验收日期	_____
数量或重量核对	_____
价格核对	_____
总计核对	_____
批准付款	_____
批准付款日期	_____

3. 食品原料日报表

验收员每日应填写食品原料日报表，该表内容应包括发货票号、供应商名称、货物名称、货物数量、货物单价、货物总金额、货物接收部门、货物贮存地点、合计、总计及验收员等。（见表 16-2）

表 16-2 食品原料验收日报表

发票号码	供应商	品名	数量	单价	金额	发送	贮存
				日期 _____		验收员 _____	

第四节　食品贮存管理

一、食品贮存原则

食品原料贮存是指仓库管理人员保持适当数量的食品原料以满足厨房生产需要。它的主要管理工作是通过科学的管理方法，保证各种食品原料的数量和质量，减少自然损耗，防止食品流失，及时接收、贮存和发放各种食品原料并将有关数据送至财务部门以保证成本有效的控制。食品仓库管理人员应制定有效的防火、防盗、防潮、防虫害等措施。掌握各种食品原料日常使用和消耗的数量及动态，合理控制食品原料的库存量，减少资金占用和加速资金周转，建立完备的货物验收、领用、发放、清仓、盘点和清洁卫生制度。科学地存放各种原料，使其整齐清洁，井井有条，便于收发和盘点。西餐食品仓库应设立货物验收台以减少食品入库和发放原料的时间。根据业务需要，食品仓库常包括干货库、冷藏库和冷冻库。干货库存放各种罐头食品、干果、粮食、香料及其他干性食品。冷藏库存放蔬菜、水果、鸡蛋、黄油、牛奶和那些需要保鲜及当天使用的畜肉、家禽和海鲜等原料。冷冻库将近期使用的畜肉、禽肉和其他需要冷冻的食品，通过冷冻方式贮存起来。通常，各种食品仓库应有照明和通风装置，规定各自的温度和湿度及其他管理规范等。

二、干货食品管理

干货食品不应接触地面和库内的墙面。非食物不可贮存在食品库内。所有食品都应存放在有盖子和有标记的容器内。货架和地面应当整齐、干净；应标明各种货物的入库日期，按入库的日期顺序进行发放，执行"先入库先发放"的原则。将厨房常用的原料存放在仓库出口处较近的地方。将带有包装的或比较重的货物放在货架的下部。干货库的温度应保持在 10℃~24℃，湿度保持在 50%~60%之间以保持食品的营养、味道和质地。非工作时间应锁门。

三、冷藏食品管理

熟制的食品应放在干净、有标记并带盖子的容器内，不要接触水和冰。经常检查冷藏库的温度。新鲜水果和蔬菜应保持在 7℃；奶制品和畜肉应保持在 4℃；鱼类及各种海鲜应保持在 –1℃。冷藏库要通风，将湿度控制在 80%~90% 范围内；不要将食品原料接触地面；经常打扫冷藏箱和冷藏设备。标明各种货物的进货日期，按进货日期的顺序发料，遵循"先入库先使用"的原则；每日记录水果和蔬菜的损失情况。将气味浓的食品原料单独存放；经常保养和检修冷藏设备。非工作时间应锁门。

四、冷冻食品管理

冷冻食品原料应贮存在低于 –18℃的地方；经常检查冷冻库的温度；在各种食品容器上加盖子。用保鲜纸将食物包裹好，密封冷冻库，减少冷气损失。根据需要设置备用的冷冻设备。标明各种货物的进货日期，按进货日期的顺序发放原料，遵循"先入库先使用"的原则。保持货架与地面卫生，经常保养和检修冷冻库。非工作时间应锁门。

五、食品贮存记录

在食品贮存管理中除保持食品质量和数量外，还应执行食品原料的贮存记录制度。通常，当某一货物入库时，应记录它的名称、规格、单价、供应商名称、进货日期和订购单编号。当某一原料被领用后，要记录领用部门、原料名称、领用数量和结存数量等。执行食品原料的贮存记录可随时了解存货的数量和金额，了解货架上的食品原料与记录之间的差异情况。这样，有助于执行"先入库先使用"的原则，也利于控制采购货物的数量和质量。

六、食品定期盘存

食品原料定期盘存是企业按照一定的时间周期，如一个月或半个月，通过对各种原料的清点、称重或其他计量方法来确定存货数量。采用这种方法可定期了解餐厅的实际食品成本，掌握实际食品成本率并与饭店制定的标准成本率比较，找出成本差异及其原因并采取措施，从而有效地控制食品成本。食品仓库的定期盘存由饭店成本控制人员负责，他们与食品仓库管理人员一起完成这项工作，盘存工作的关键是真实和精确。

七、库存原料计价

由于食品原料的采购渠道、时间及其他因素，某种相同原料的购入单价不一定完全相同。这样，饭店在计算仓库存货总额时，需要采用不同的计价方式。为了提高工作效率，常选用和固定一种适合自己企业的计价方法计算库存原料的总额以保证食品成本核算的精确性、一致性和可比性。常采用的计价方法如下。

1.先入先出法

先入先出法是指先购买的食品原料先使用。由此，将每次购进的食品单价作为食品仓库计价的依据。这种计价方法需要分别辨别是哪一批购进的食品原料，工作比较烦琐。

2.平均单价法

平均单价法是在盘存周期，如一个月为一个周期，将同一类食品原料的不同单价进行平均。然后，将得到的平均单价作为计价基础，再乘以总数量，计算出各类食品原料的贮存总额的方法。它的计算方法是：

$$食品原料平均单价 = \frac{本期结存金额 + 本期收入金额}{本期结存数量 + 本期收入数量}$$

3. 后入先出法

当食品价格呈增长趋势时，企业把最后入库的食品原料单价作为先发出至厨房使用的方法，而将前一批购进的、价格比较低的食品原料单价作为该类食品原料在仓库贮存总额的计价方法。当然，发送的实际原料并不是最后一批，仍然是最先购买的。使用这一计价方法可及时反映食品原料的价格变化，减少仓库食品贮存总额并避免饭店的经济损失。

八、原料发放管理

原料发放是食品原料贮存中的最后一项工作。它是指仓库管理员按照厨师长签发的领料单上的各种原料品种、数量和规格发放给厨房的过程。食品原料发放管理的关键是所发放的原料要根据领料单中的品名和数量等要求执行。通常，仓库管理员使用两种发放食品原料的方法：直接发放法和贮藏后发放法。

1. 直接发放法

食品原料直接发放法是仓库验收员把刚验收过的新鲜蔬菜、水果、牛奶、面包和水产品等原料直接发放给厨房，由厨师长验收并签字。由于西餐使用新鲜蔬菜和水果，而且这些原料是每天必须使用的，因此，西餐企业每天将采购的新鲜食品以直接发放的形式向厨房提供。

2. 贮藏后发放法

干货和冷冻食品原料不需每天采购，可根据饭店经营策略一次购买数天的使用量并将它们贮存在仓库中，待厨房需要时，根据领料单的品种和数量发放至厨房。西餐中的许多食品原料都来自食品仓库。

3. 食品领料单

厨房向仓库领用任何食品原料都必须填写领料单。领料单既是厨房与仓库的沟通媒介，又是西餐成本控制的一项重要工具。通常，食品原料领料单一式三联。厨师长根据厨房的生产需要填写后，一联交与仓库作为发放原料凭证；一联由厨房保存，用以核对领到的食品原料；第三联交企业成本控制员。领料单的内容应包括领用部门、原料品种和数量、单价和总额、领料日期、领料人等。厨房领用各种食品原料必须经厨师长或领班在领料单上签字才能生效，尤其是较为贵重的食品原料。领料单不仅作为领料凭证，还是食品成本控制的凭证。

第五节　生产成本管理

生产成本管理，包括食品原料使用管理和能源使用管理，是西餐成本管理的关键环节。由于西餐生产环节多，因此管理人员对餐饮生产要细心组织，精心策划，避免食品原料和能源的浪费，有效地控制生产成本。

一、生产成本管理内容

厨房生产成本管理常采用的方法是，做好生产预测和计划、控制食品原料折损率、做好菜肴份额控制、编写标准食谱、制定合理的能源使用制度等。首先，厨房领取食品原料时，应根据实际需要的品种和数量填写领料单。同时，应控制原料的使用情况，采取措施纠正超量或不合理地使用原材料的情况。为了掌握食品原料的使用情况和控制食品成本，厨房常实施日报和月报食品成本制度。此外，一些饭店还要求西餐厨房按工作班次填报食品成本。通过这种形式对食品成本进行有效的控制。

二、生产预测和计划

生产预测和计划是指厨师长等管理人员参考过去一年或某一阶段的菜点销售记录和近期的订单，计划当年或近期某一阶段各类菜点生产量。由于厨房主要的浪费原因是产品过量生产，因此，预防菜点过量生产，可以控制无效的食品成本发生并有效地控制食品成本。厨房生产预测的目的就是要将菜点生产数字精确到接近实际销售数字，避免剩余。通常，饭店根据宴会记录和零点餐厅的菜单，记录各种菜点的销售情况。这样，管理人员可通过数据了解和预测顾客对各种西菜和点心的需求情况。然后，根据预测的数量，计划下一阶段各类菜点的生产量。厨房的生产计划常分为年度计划、季度计划、月计划甚至每天的计划等。菜点销售量常受许多因素影响，如天气、节假日、人们口味等。当天气炎热时，清淡的菜肴、冷食品、沙拉和冷汤的销售量会增加。当天气寒冷时，热汤、热菜的销售量会增加。节日期间，多种菜肴和甜点的销售量会增加。社会经济因素的变化也会影响餐饮产品的销售量。因此，为了提高预测数字的准确性，过去的销售量只能提供参考，管理人员必须考虑当时的经济和市场情况及多种因素。

三、菜肴份额控制

菜肴份额是指每份菜肴或每盘菜肴的重量或数量标准，而菜肴份额控制是根据顾客对菜肴原料重量和企业成本的需求，制定出每份菜肴各种原料的标准量并在生产中严格执行。此外，菜肴份额控制还指科学地设计每个菜肴中的主要原料、配料重量或数量以满足不同顾客的营养和价格需求。通常，饭店制定标准食谱并规定每份菜肴的标准重量及每份菜肴各种原料的标准重量等。

四、厨房节能措施

当今，能源费占餐饮生产成本的比例越来越高。因此，西餐厨房应制定合理的能源使用措施。通常这些措施包括：不要过早地预热烹调设备，应在开餐前15~30分钟进行。烹调灶、扒炉和热汤池柜等设备不工作时，应立即关闭，避免无故消耗能源。在烤制用锡箔纸包裹的马铃薯时，应在纸与马铃薯之间留有缝隙。这样，可以加快马铃薯熟制时间，也节约了热源。定时清除扒炉下变成深色的或破碎的石头。油炸食品时，应先将食品外围的冰霜或水分去掉以减少油温下降的速度。油煎食品时，应使用一个重物按压食品，使其接触传热媒介，从而加快烹调速度。带有隔热装置的烹调设备，不仅对厨师健康有益，还节约了能源并提高食物的烹调效率。通常可节约25%的烹调时间。根据试验，连续充分地使用烤箱可以节约热源。烤食品时，应使被烤原料与烤箱的边缘保持一定的距离，间隔通常在3~5厘米，保持热空气的流通，加快菜肴烹调速度。用煮的方法制作菜肴时，不要放过多的液体或水。否则，浪费热源。烤箱在工作时，每打开一秒钟，其温度会下降华氏1度。厨房中使用的各种烹调锅都应当比西餐灶燃烧器的尺寸略大些。这样，可充分利用热源。向冷藏箱存放或拿取原料时，应集中时间以减少打开冷藏箱的次数。不需要水时，一定要将水龙头关闭好。

本章小结

西餐成本控制是指在西餐经营中，管理人员按照企业规定的成本标准，对西餐各成本因素进行监督和调节，及时揭示偏差、采取措施加以纠正，将西餐实际成本控制在计划范围之内，保证实现企业成本目标。西餐成本控制贯穿于它形成的全过程，凡是在西餐成本形成的过程中影响成本的因素都是成本控制的内容。西餐成本构成可以总结为3个方面：食品原料成本、人工成本和其他经营费用。食品原料采购管理是西餐成本管理的首要环节，它直接影响西餐经营效益，影响西餐成本的形成。西餐生产管理包括食品原料使用管理和能源使用管理，是西餐成本管理的关键环节。

思考与练习

1. 名词解释题

固定成本、变动成本、可控成本、不可控成本、标准成本、实际成本。

2. 思考题

（1）简述西餐成本控制的意义。

（2）简述西餐成本的分类。

（3）论述原料采购管理。

（4）论述食品贮存管理。

（5）论述厨房生产管理。

第4篇
西餐服务与营销

第17章

西餐菜单筹划与设计

本章导读

菜单筹划与设计是西餐服务与营销的重要组成部分。本章主要对西餐菜单筹划与设计进行概述和总结。通过本章学习，读者可掌握西餐菜单种类与特点、西餐菜单筹划的原则和筹划步骤；掌握西餐菜单的定价原则和定价策略；了解西餐菜单封面与封底的设计、文字设计、纸张选择、形状设计、尺寸设计、页数设计和颜色设计等。

第一节　西餐菜单种类与特点

一、西餐菜单的含义与作用

菜单是西餐企业为顾客提供的菜肴及其价格的说明书，是西餐经营的核心和基础内容。根据企业家和学者的研究及企业运营实践，西餐经营的一切活动都围绕着菜单运行。

一份合格的西餐菜单应反映西餐的经营特色，衬托餐厅气氛并为企业带来利润。同时，菜单作为一种艺术品可以为顾客留下美好的印象。当然，西餐菜单是沟通顾客与餐厅的媒介，是西餐企业的无声的推销员。因此，西餐经营管理人员必须掌握西餐菜单的筹划和制作技术。美国餐饮管理协会理事可翰（Khan）博士在评论西餐菜单的重要性时说"餐饮经营成功与失败的关键在菜单"。

1. 顾客购买产品的工具

通常，西餐厅的主要产品是菜点，菜点不宜储存或久存。许多菜点在客人点菜之前，餐厅不能制作。因此，顾客不能在点菜之前看到菜点，只有通过菜单了解其颜色、味道和特色。这样，西餐菜单成为客人购买菜点的工具。

2. 餐厅销售产品的工具

西餐菜单是餐厅主要的销售工具。因为，餐厅通过菜单把自己的产品介绍给顾客，通过菜单与顾客沟通，通过菜单了解顾客对菜点的需求并及时改进菜点以满足顾客需求。因此，西餐菜单成为西餐厅和咖啡厅销售菜点的主要工具。

3. 企业经营管理的工具

西餐菜单在西餐经营管理中起着重要的作用。这是因为不论是西餐原料的采购、成本控制、生产和服务、厨师和服务人员的招聘，还是餐厅和厨房设计与布局等都要根据菜单上的产品原材料、生产工艺和服务环境而定。因此，西餐菜单是西餐厅和咖啡厅的重要管理工具。

二、西餐菜单的种类与特点

菜单是西餐企业的产品说明书，是西餐企业的销售工具。随着餐饮市场的需求多样化，国内外西餐企业为了扩大销售，都采用了灵活的经营策略。他们根据西餐类型、生产特点、菜式并根据不同的销售地点和销售时间，筹划和设计了各种各样的菜单以促进销售。这些西餐菜单大致可从以下几个方面分类。

1. 根据顾客购买方式分类

（1）零点菜单（A La Carte Menu）

零点菜单是西餐经营最基本的菜单。"A La Carte"一词来自法语，意思是"零点"。零点的含义是，根据菜肴品种，以单个计价方式购买。因此，从零点菜单上顾客可根据自己的需要，逐个点菜，组成自己完整的一餐。零点菜单上的菜点是单独计价的，因此菜单上的产品排列以人们进餐的习惯和顺序为基础。通常以开胃菜类、汤类、沙拉类、三明治类、主菜类和甜品类等排序。

（2）套餐菜单（Table D'hote Menu）

套餐是根据顾客的需求，将各种不同的营养成分，不同的食品原料，不同的制作方法，不同的菜式，不同的颜色、质地、味道及不同价格的菜点合理地搭配在一起，设计成不同的

图 17-1　咖啡厅午餐套餐菜单

套餐菜单并制定出每套菜单的价格。每套菜单上的菜肴品种、数量、价格全是固

定的，顾客只能购买一套固定的菜点。套餐菜单的优点是节省了顾客的点菜时间，价格比零点菜单更加实惠。（见图 17-1）

（3）固定菜单（Static Menu）

许多西餐风味餐厅、咖啡厅和快餐厅都有自己的固定菜单。所谓固定菜单，顾名思义，是不经常变动的菜单。这种菜单上的菜点都是餐厅的代表产品，是经过认真研制并在多年销售实践中总结出的优秀而又有特色的产品。这些菜点深受顾客的欢迎且知名度很高。顾客到某一餐厅的主要目的就是购买这些有知名度的菜点。因此，这些产品一定要相对稳定，不能经常变换。否则，会使顾客失望。

（4）周期循环式菜单（Cyclical Menu）

咖啡厅和西餐厅常有周期循环式菜单。所谓周期循环式菜单是一套完整的菜单，而不是一张菜单，这套菜单按照一定的时间循环使用。过了一个完整的周期，又开始新的周期。这样，一套周期为一个月的套餐菜单应当有 31 张菜单以供 31 天的循环使用。这些菜单上的内容可以是部分不相同或全部不相同，厨房每天根据当天的菜单内容进行生产。这些菜单尤其在咖啡厅很流行。一些扒房的周期循环式菜单常包括 365 张菜单，每天使用一张，一年循环一次。周期循环式菜单的优点是满足顾客对特色菜点的需求，使餐厅天天有新菜和新的甜点。但是，这给每日剩余的食品原料的处理带来一定的困难。

（5）宴会菜单（Banquet Menu）

宴会菜单是西餐厅推销产品的一种技术性菜单。通常，宴会菜单体现饭店的经营特色，菜单上的菜点都是比较有名的美味佳肴。同时，还根据不同的季节安排一些时令菜点。宴会菜单也经常根据宴请对象、宴请特点、宴请标准或宴请者的意见随时设计和筹划。此外，宴会菜单还可以推销企业库存的食品原料。根据宴会的形式，宴会菜单又可分为传统式宴会菜单、鸡尾酒会菜单和自助式宴会菜单。

（6）每日特菜菜单（Daily Special Menu）

每日特菜菜单是为了弥补固定菜单上有限的菜肴品种而设计。每日特菜菜单常在一张纸上设计几个有特色的菜肴。它的特点是强调菜单使用的时间，只限某一日使用。这种菜单的菜点常带有季节性、民族性和地区性等特点。该菜单的功能是为了强调销售并及时推销新鲜的、季节的和新颖的菜点，使顾客每天都能享用新的菜点。

（7）其他菜单

许多饭店紧跟市场需求，筹划了节日菜单（Holiday Menu）、部分选择式菜单（Partially Selective Menu）和儿童菜单等。节日菜单是根据地区和民族节日筹划的传统菜肴和点心。部分选择式菜单是在套餐菜单的基础上，增加了某道菜肴的选择性。这种菜单集中了零点菜单和套餐菜单的共同优点。其特点是在套餐的基础上加入了一些灵活性。例如，一个套餐规定了三道菜，第一道是沙拉，第二道是主菜，第三道是甜点。那么，主菜或者其中的两道菜中可以有数个可选择的品种，并将这些品种限制在顾客最受欢迎的那些品种上，价格固定。因此，部分选择式菜单很受欧美人的欢迎。它既方便了顾客，也有益于产品的销售。

2. 根据用餐习惯分类

（1）早餐菜单（Breakfast Menu）

早上是一天的开始，早餐是一天的第一餐。由于现代人的生活节奏较快，不希望在早餐上花费许多时间，因此，西餐早餐菜单既要品种丰富又要集中，还要服务速度快。通常，咖啡厅早餐零点菜单约有 30 个品种：各式面包、黄油、果酱、鸡蛋、谷类食品、火腿、香肠、酸奶酪、咖啡、红茶、水果及果汁等。西餐早餐菜单还可以有套餐菜单和自助餐菜单。西餐早餐套餐可分为：大陆式早餐（Continental Breakfast）和美式早餐（American Breakfast）。（见图 17-2）

①大陆式早餐套餐，即清淡的早餐。包括各式面包、黄油、果酱、水果、果汁、咖啡或茶。

②美式早餐套餐，即比较丰富的早餐。包括各式面包、黄油、果酱、鸡蛋、火腿或香肠、水果、果汁、咖啡或茶。

大陆式早餐（THE CONTINENTAL BREAKFAST）　　　　　98.00

自选橙汁、西柚汁、菠萝汁、番茄汁
（Your Choice of Orange Juice，Grapefruit Juice，Pineapple Juice or Tomato Juice）
面包自选（Baker's Choice）
牛角包、甜面包、吐司或丹麦面包（Croissant，Sweet Roll，Toast or Danish Pastry）
黄油、橘子酱和果酱（Butter，Marmalade and Jam）
茶、牛奶或巧克力奶（Coffee，Tea or Chocolate）

美式早餐（THE AMERICAN BREAKFAST）　　　　　128.00

自选橙汁、西柚汁、菠萝汁、番茄汁
（Your Choice of Orange Juice，Grapefruit Juice，Pineapple Juice or Tomato Juice）
玉米片、大米片或粥（Corn Flakes，Rice Crispy or Porridge）
带有咸肉、火腿肉或香肠的 2 个鸡蛋（2 Eggs any Style with Bacon，Ham or Sausages）
自选牛角包、甜面包、吐司或丹麦面包
（Baker's Choice：Croissant，Sweet Roll，Toast or Danish Pastry）
黄油、橘子酱和果酱（Butter，Marmalade and Jam）
茶、牛奶或巧克力奶（Coffee，Tea or Chocolate）

特式菜肴（SOMETHING SPECIAL）

早餐牛排带鸡蛋（Breakfast Steak with Egg）　　　　　118.00
早餐牛排（Breakfast Steak）　　　　　90.00
扒熏鱼（Grilled Smoked Kipper）　　　　　90.00
1 份香肠（1 Portion Sausage）　　　　　45.00
1 份火腿肉（1 Portion Ham）　　　　　45.00
1 份咸肉（1 Portion Bacon）　　　　　45.00

粥类（PORRIDGES）

鸡肉粥（Chicken Porridge）	30.00
鱼肉粥（Fish Porridge）	30.00
猪肉粥（Pork Porridge）	30.00

果汁（JUICES）

橙汁（Orange）	30.00
菠萝汁（Pineapple）	30.00
西柚汁（Grapefruit）	30.00
番茄汁（Tomato）	30.00

新鲜水果（FRESH FRUITS）

菠萝、木瓜或西柚（Pineapple，Papaya or Grapefruit）	30.00

烩水果（STEWED FRUITS）

李子、桃、梨（Prunes，Peaches or Pears）	30.00
木瓜与奶酪（Mixed Fruit Yogurt with Papaya）	30.00
奶酪（Plain Yogurt）	45.00

谷类（CEREALS）

玉米片（Corn Flakes）	30.00
大米片（Rice Crispies）	30.00
粥（Porridge）	30.00

面点（FROM THE BAKERY）

黑莓煎饼带冰激凌（Blueberry Pancake with Ice Cream）	30.00
土司面包（Toast）	30.00
牛角包2个（Croissants two）	30.00
甜面包2个（Sweet Rolls two）	30.00
丹麦面包2个（Danish Pastries two）	30.00
带黄油、果酱和橘子酱（Served with butter，Jam and Marmalade）	

鸡蛋（EGGS）

奶酪、鲜蘑或火腿肉，鸡蛋卷 （Ham，Cheese or Mushroom Omelette）	68.00
清鸡蛋卷（Plain Omelette）	38.00
2个鸡蛋可带咸肉、火腿肉或香肠 （2 Eggs any Style With Bacon，Ham or Sausages）	68.00

饮料（BEVERAGES）

茶（Tea）	30.00
咖啡（Coffee）	30.00
巧克力奶或米露奶（Chocolate or Milo）	30.00
灭菌鲜牛奶（Pasteurised）	30.00

图 17-2　西餐早餐菜单

（2）午餐菜单（Lunch Menu）

午餐在一天的中部，它是维持人们正常工作和学习所需热量的一餐。西餐午餐的主要销售对象是购物或旅游途中的客人或午休中的职工。因此，西餐午餐菜单应具有价格适中、上菜速度快、菜肴实惠等特点。西餐午餐菜单常包括开胃菜、汤、沙拉、三明治、意大利面条、海鲜（Sea Food）、禽肉、畜肉和甜点。一些西餐午餐菜单包括简单实惠的开胃菜、汤和意大利面条。

（3）正餐菜单（Dinner Menu）

人们习惯将晚餐称为正餐。因为晚餐是一天中最主要的一餐，欧美人非常重视晚餐。通常人们在一天的紧张工作和学习之后需要享用一顿丰盛的晚餐。因此，大多数宴请活动在晚餐中进行。由于顾客晚餐时间宽裕，有消费心理准备，所以，饭店都为晚餐提供了丰富的菜肴。晚餐菜肴制作工艺较复杂，生产和服务时间较长，价格也比较高。传统的西餐正餐菜单包括以下内容：

①开胃菜，包括各种开那批、鸡尾杯、熏鱼、香肠、腌鱼子、生蚝、蜗牛、虾、虾仁和鹅肝制作的冷菜。

②汤，包括各种清汤、奶油汤、菜泥汤、海鲜汤和风味汤等。

③沙拉，包括各种蔬菜、熟肉或海鲜制作的冷菜。

④海鲜，包括由嫩煎、炸、扒、焗和水煮等方法制成的鱼、虾、龙虾和蟹肉菜肴并带有少司、蔬菜、米饭或意大利面条。

⑤烤肉（Roast And Grill），包括以烤和扒的方法烹调的畜肉、家禽并配有各种少司、蔬菜和淀粉原料。

⑥甜点，包括各种蛋糕、排、布丁、酥福乐（Souffle）、水果冰激凌和木司等。

⑦各种奶酪，常用的品种有 Chedder、Colboy、Edam、Gouda、Swiss、Blue、Roguefort 等。

（4）夜餐菜单（Night Snack Menu）

通常，晚 10 点后销售的餐食称为夜餐。夜餐菜单销售清淡和份额小的菜点并以风味小吃为主。西餐夜餐菜单常有开胃菜、沙拉、三明治、制作简单的主菜、当地小吃和甜点等 5~6 个类别。每个类别安排 4~6 个品种。

（5）其他菜单

许多咖啡厅还筹划了早午餐菜单（Brunch Menu）和下午茶菜单（Afternoon Tea Menu）。早午餐在上午 10 点至 12 点进行。早午餐菜单常有早餐和午餐共同的特点。许多人在下午 3 点有喝下午茶的习惯，通常人们会吃一些甜点和水果。因此，下午茶菜单常突出甜点和饮料的特色。此外，还有一些专门推销某一类菜点的菜单，如冰激凌菜单。

3. 根据销售地点分类

由于用餐目的、消费习惯和价格需求等原因，不同的地点对西餐需求不同。咖啡厅菜单需要大众化，扒房菜单需要经典并且要有特色，宴会菜单讲究菜点的道数并满足宴会主题需求，客房用餐菜单需要清淡。因此，按照销售地点，西餐菜单常分为咖啡厅菜单（Coffee Shop Menu）、扒房菜单（Grill Room Menu）、快餐厅菜单（Fast Food Menu）和客房送餐菜单（Room Service Menu）。

4. 根据服务方式分类

西餐菜单还可以按照服务方式分类。包括传统式服务菜单（Traditional Service Menu）和自助式服务菜单（Buffet Menu）。

第二节　西餐菜单筹划与分析

西餐菜单筹划绝非简单地把一些菜名写在几张纸上，而是经营管理人员和厨师根据市场需求，集思广益而开发和设计的最受顾客欢迎的餐饮产品。因此，筹划菜单应将餐厅所有的菜点信息，包括菜点原料、制作方法、风味特点、重量和数量、营养成分和价格及饭店有关的其他餐饮信息等显示在菜单上以方便顾客购买。

一、西餐菜单筹划原则

传统上，饭店筹划菜单都尽量扩大产品范围以吸引不同类型的顾客。现代西餐经营中，为了避免食品和人工成本的浪费，降低经营管理费用，企业会把菜单的内容限制在一定的市场范围内，这样可最大限度地满足目标顾客的需求。现代西餐菜点口味清淡、生产程序简化、富有营养。当今，西餐菜单筹划已经成为显示厨师才华的重要领域。因此，筹划菜单是一项既复杂又细致的工作，它对餐饮产品的推销起着关键作用。菜单筹划人员在菜单筹划前一定要了解目标顾客的需求，了解饭店的设备和技术，以便设计出容易被顾客接受而又为企业获得理想利润的西餐菜单。西餐菜单筹划的三大原则是：

（1）菜单必须适应市场需求。

（2）菜单必须反映饭店的形象和特色。

（3）菜单必须为企业带来最佳经济效益。

二、西餐菜单筹划步骤

为了保证菜单的筹划质量，菜单筹划人员应制定一个合理的筹划步骤并严格按照既定的程序筹划菜单。通常，西餐菜单的筹划步骤包括以下内容。

（1）明确饭店的餐饮经营策略、经营方针和经营方式，特别是西餐。明确西餐菜单的品种、数量、质量标准及风味特点，明确食品原料品种和规格，明确生产设施、生产设备和生产时间等要求。

（2）掌握食品原料和燃料的价格及一切经营费用，计算出菜肴的成本。

（3）根据市场需求、企业的西餐经营策略、食品原料和设施、菜肴成本和标准及顾客对价格的承受能力，设计出菜单。

（4）依照菜肴的销售记录、食品成本及企业获得的利润对菜单进行评估和改进。征求顾客和职工对菜单的意见，然后进行修改。

三、西餐菜单筹划内容

菜单筹划的内容包括菜点种类、菜点名称、食品原料结构、菜点味道、菜点价格及其他信息。一个优秀的西餐菜单，它的菜点种类应紧跟市场需求，菜点名称是人们喜爱的，菜点原料结构符合顾客营养需求，菜点味道有特色并容易被接受，菜点价格符合目标顾客消费需求。因此，西餐菜单筹划的内容必须包括餐厅名称、菜点种类、菜点名称、菜点解释、菜点价格、服务费用和其他经营信息。

四、西餐菜单筹划人

西餐菜单筹划工作关系企业的声誉、营业收入和企业的发展。通常，由总厨师长或有能力的餐厅经理及厨师担任菜单筹划。菜单筹划人必须具备广泛的西餐原料知识，熟悉原料品种、规格、品质、出产地、上市季节及价格等，有深厚的西餐烹调知识和较长时间的工作经历，熟悉西餐生产工艺、时间和设备，掌握西餐菜点的色、香、味、形、质地、质量、规格、装饰、包装和营养成分。同时，必须了解本企业生产与服务设施、工作人员的业务水平，了解顾客需求、西餐发展趋势，善于结合传统菜点的优点和现代人的餐饮习惯，有创新意识和构思技巧，有一定美学和艺术修养，擅长调配菜点的颜色和稠度，擅长菜点的造型。此外，应善于沟通和集体工作，虚心听取有关人员的建议。

五、西餐菜单分析

菜单分析是指饭店定期对西餐菜单中的菜点销售情况进行分析和评估。菜单分析矩阵是西餐菜单分析常用的工具。分析菜单时，应先将菜单中的菜点按不同类别进行分类。例如，开胃菜、汤、主菜和甜点等。然后，使用菜点分析矩阵对各菜点的营业收入水平和顾客满意程度2个维度进行分析和评价。在菜单分析矩阵中，横轴表示顾客对某菜点的满意程度；纵轴表示菜点的营业收入；4个方框分别代表菜点的销售情况和市场潜力，包括明星类产品、耕牛类产品、问题类产

品和瘦狗类产品。（见图 17-3）

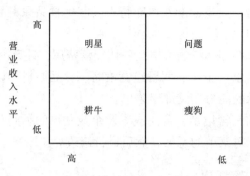

图 17-3　菜单分析矩阵

（1）明星类产品是可为企业带来高的营业收入和利润、顾客满意程度高的菜点。这类产品具有特色，市场发展潜力大，对顾客有较高的吸引力，是西餐菜单筹划中最成功的菜肴和甜点。

（2）耕牛类产品是具有特色的菜肴和甜点，顾客满意程度高。由于其价格较低，所以为企业带来的营业收入和利润有限。然而，保留这类产品可吸引较多的客源并带来大量的其他餐饮产品的销售额和利润。

（3）问题类产品是质量高的精品菜点，可为企业带来较高的声誉和利润。然而，由于这类菜点价格高，所以需求量不高。但这类菜点可为企业带来一定的知名度，保留这类菜点可吸引高消费的顾客。

（4）瘦狗类产品的特色不突出，不受顾客欢迎，也不能为企业带来收入和利润。这类产品几乎没有市场发展潜力，应该从菜单上淘汰并换成可为企业带来利润且受顾客欢迎的产品。

第三节　西餐菜单定价原理

菜单定价是指制定西餐菜肴和点心价格的过程。菜单定价是菜单筹划的重要环节，菜单的价格无论对顾客选择餐厅或饭店，还是对餐厅的经营效果都十分重要。菜单价格过高顾客不接受，不能为企业带来利润；菜单价格过低，企业得不到应有的营业收入和利润，造成企业亏损。

一、西餐菜单定价原则

1.反映菜点的价值

菜单中的任何菜肴和甜点的价格都应以食品成本为中心，高价格的菜点必须反映高规格的食品原料和精细的生产工艺。否则，菜单将不会被顾客信任。一些高星级饭店的西餐菜单价格参照了声望定价法和心理定价法，将菜单的价格上调一部分。然而，如果这种定价方法偏离食品成本的程度较大，将失去它应有的营销作用。

2. 突出餐厅级别

菜单价格必须突出餐厅的级别，咖啡厅属于大众餐厅，菜单价格必须是大众可接受的。扒房属于风味西餐厅或经典餐厅，各种菜肴和甜点要经过精心制作，原料采用较高的规格。因此，扒房菜单价格可以高一些，这样顾客更乐于接受。

3. 适应市场需求

西餐菜单的价格除了以食品成本为主导以外，还要考虑市场对价格的接受能力。一些扒房经营不善，其原因是价格超过顾客的接受能力。经过市场调查，饭店的管理者发现许多光临过扒房的顾客认为，一些扒房菜点的价格严重地脱离了食品成本和市场接受能力。

4. 保持稳定性

菜单价格应保持一定的稳定性，不要随意调价。否则，该菜单将不被顾客信任。当食品原料价格上调时，菜单价格可以上调。但是，根据企业对顾客的调查，菜点价格上调的幅度最好不要超过 10%。因此，应尽力挖掘人力成本和其他经营费用的潜力，减少价格上调的幅度或不上调，保持菜单价格的稳定性。

二、西餐菜单定价策略

根据市场营销理念，许多饭店在制定菜单价格时都采取了灵活和实用的价格策略。

1. 薄利多销策略

以相对低的价格刺激需求，使企业实现长时期的最大利润。

2. 渗透价格策略

制定较低的价格吸引更多的顾客。通过这种方法打开菜单的销路，使自己的产品渗入市场。

3. 数量折扣策略

根据顾客消费数量，给予不同的折扣。例如，在美国的必胜客餐厅（Pizza Hut Restaurant）对顾客采用数量折扣策略。当顾客购买第二个比萨饼时，其价格比第一个饼优惠 10 美元，大约是第一个饼价格的 1/3。

4. 尾数定价策略

一些餐厅在制定菜单价格时，以非整数为菜肴的价格。心理学家的研究表明，顾客在购物时，更乐于接受尾数是非整数并小于一个整数的价格。一个

14.85 美元的比萨饼比一个价格为 15 美元的比萨饼显得便宜。

5. 声望定价策略

一些顾客把价格看作产品的质量标志。少数的高级别餐厅为满足顾客的求名心理而制定较高的价格，这种定价策略称为声望定价法。但是，这种定价策略不适于三星级以下的饭店和大众消费水平的西餐企业，只适于某些高星级饭店。

三、西餐菜单定价程序

通常，饭店通过 6 个步骤制定菜单的价格以使菜单更有营销力度。它们是：预测价格需求、确定价格目标、确定成本与利润、分析竞争者的反映、选择定价方法和确定最终价格等。

1. 预测价格需求

不同地区、不同时期、不同消费目的及不同消费习惯的顾客群体对菜单的价格需求不同。饭店在制定菜单价格前，一定要明确定价的影响因素，以制定切实可行的菜单价格。因此，管理人员调查和评价消费者对餐饮价格的需求和理解价格与需求的关系是餐饮经营成功的基础。通常，管理人员使用价格弹性来衡量顾客对餐饮价格变化的敏感程度。价格弹性是指在其他因素不变的前提下，价格的变动对需求数量的作用，即需求对价格的敏感程度。一般而言，在餐饮经营中，价格与需求常为反比关系，即价格上升，需求量下降；价格下降，需求量上升。然而，价格变化对各种餐饮产品需求量的影响程度不同。（见图 17-4）

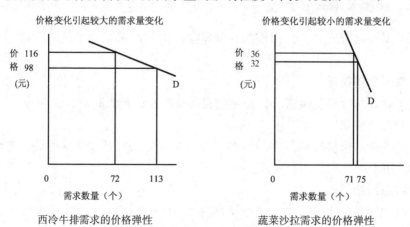

图 17-4　价格弹性图

当价格弹性大于 1 时，说明需求富有价格弹性，顾客会通过购买更多的餐饮产品对价格下降做出反应。根据销售统计，高消费的餐饮产品具有较高的价格弹性。因此，对于这一类餐饮产品可通过降价提高销售额。当价格弹性小于1时，说明需求缺乏价格弹性。根据调查，日常的早餐和大众化的餐饮产品价格变动对需求量的影响较小。因此，这类餐饮产品仅通过降低价格策略不会提高其在菜单中的销售率，也不可能提高其销售总额。然而，通过提高质量和增加特色可提高其销售量和销售总额。当价格弹性等于1时，说明价格与需求是等量变化的。对于这类餐饮产品可实施市场通行的价格。

$$需求的价格弹性 = \frac{需求量变化的百分比}{价格变化的百分比} = \left| \frac{(Q_2-Q_1)/Q_1}{(P_2-P_1)/P_1} \right|$$

公式中，Q_1 表示原需求量，Q_2 表示价格变动后的需求量

P_1 表示原价格，P_2 表示变动后的价格

例如，某饭店咖啡厅扒牛排的价格从116元下降到98元，需求量从每天平均销售72份增加至113份，扒牛排需求的价格弹性为3.67，说明其需求是富有弹性的。相反，蔬菜沙拉的价格从36元下降到32元，销售量从平均每天71份增加至75份，需求的价格弹性仅为0.51，说明其需求缺乏弹性。

$$扒牛排需求的价格弹性 = \left| \frac{(113-72)/72}{(98-116)/116} \right| = \frac{56.94\%}{15.52\%} \approx 3.67$$

$$蔬菜沙拉需求的价格弹性 = \left| \frac{(75-71)/71}{(32-36)/36} \right| = \frac{5.63\%}{11.11\%} = 0.51$$

2. 确定价格目标

价格目标是指菜单价格应达到的企业经营目标。长期以来，饭店的餐饮价格受到餐饮成本和目标市场承受力两个基本条件限制。因此，饭店的餐饮产品价格范围必须限制在两条边界内。在确定餐饮价格时，成本是饭店定价的最低限，而目标市场价格承受

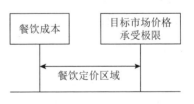

图17-5 餐饮定价区域

力是餐饮产品价格的最高限。（见图17-5）不同级别的饭店有不同的目标市场和餐饮定价目标。同一饭店在不同的经营时段，也可能有不同的赢利目标，企业应权衡利弊后加以选择。餐饮价格目标不应仅限于销售额目标或市场占有率目标。价格目标还应支持饭店的可持续发展。

3. 确定成本与利润

产品的成本与企业的利润是菜单定价的两大影响因素。其中，成本是基础，利润是目标。当然，菜单的销售取决于菜单的需求，而菜单的需求又受菜单的价

格制约。因此，制定菜单价格时，一定要分析成本，确定成本、利润、价格和需求之间的关系。

4. 分析竞争者的反映

菜单价格不仅取决于市场需求和产品的成本，还取决于同行业的价格水平，即竞争者的价格水平。通常，竞争对手对菜单的定价对本企业有极大的影响。因此，管理人员在制定价格时要深入了解竞争对手的价格情况，知己知彼才能百战百胜。

5. 选择定价方法

菜单的价格主要受3个方面影响：成本因素、需求因素和竞争因素。因此，定价方法主要有：以成本为中心的定价方法、以需求为中心的定价方法和以竞争为中心的定价方法。管理人员在不同的地点和不同的时段应选择不同的定价方法。当然，以成本为中心的定价方法是这3种定价方法的基础。

6. 确定最终价格

通过分析和确定以上5个环节后，企业管理人员最后要确定菜单的价格。在价格制定后，还要根据菜单的经营情况对菜单的价格进行评估和调整。

四、西餐菜单定价方法

通常，西餐菜单定价主要遵循3种方法：以成本为中心的定价方法、以需求为中心的定价方法和以竞争为中心的定价方法。

1. 以成本为中心

任何菜单都要以食品成本为中心制定菜点价格，而菜点价格基本上形成了菜单价格。否则因价物不符，不被顾客信任而导致经营失败。目前，以成本为中心的定价方法中，系数定价法是西餐菜单定价常用的方法。这种方法简便易行。（见表17-1）

$$菜点销售价格 = 食品原料成本 \times 菜点定价系数$$

- 确定菜点的标准食品成本率。例如，25%或30%等。
- 将菜点的价格系数定为100%。
- 确定菜点定价系数，计算方法是将菜点的价格（100%）除以菜点的标准食品成本率。

$$菜点定价系数 = \frac{100\%}{标准食品成本率}$$

- 计算菜点价格时，将食品原料成本乘以菜点定价系数。
- 菜点的食品成本计算。

菜点食品成本 = 主料成本 + 配料成本 + 调料成本

● 许多饭店对不同的西餐菜点实行不同的食品成本率。高价格的菜点食品成本率可以高些（如40%），毛利率可低些（如60%）；汤、甜点和低价格菜点的食品成本率可以低些（如30%），它们的毛利率可以高些（70%）。这样做有利于销售。

表 17-1 西餐菜点定价系数表

系数	食品成本率 /%	系数	食品成本率 /%
3.33	30	2.63	38
3.23	31	2.56	39
3.13	32	2.50	40
3.03	33	2.44	41
2.94	34	2.38	42
2.86	35	2.33	43
2.78	36	2.27	44
2.70	37	2.22	45

2. 以需求为中心

制定西餐菜单价格时，首先进行市场调查和市场分析，根据市场对价格的需求制定菜单的价格。脱离市场价格的菜单没有推销功能，只会失去市场和企业的竞争力。

3. 以竞争为中心

参考同行业的菜单价格，使用低于市场价格的方法定价称为以价格竞争为中心的定价方法。参考同行业的菜单价格时，必须注意餐厅的类型、级别、地点和时间等因素。忽视饭店和企业的类型、级别、坐落地点和不同的经营时段等因素制定价格会导致经营失败。

第四节 西餐菜单设计与制作

西餐菜单设计是管理人员、厨师长和饭店美工部等专业管理人员对菜单的形状、大小、风格、页数、字体、色彩、图案及菜单的封底与封面的构思与设计。实际上，西餐菜单设计是菜单的制作过程。由于西餐菜单是沟通西餐厅与顾客的媒介，因此，它的外观必须整齐，色彩应丰富。此外，还应洁净无瑕，引人入胜。

一、封面与封底设计

菜单的封面和封底是西餐菜单的外观和包装，它们常作为西餐厅的醒目标志，必须精心设计。菜单封面起着非常重要的作用，它代表西餐厅产品特色和企业形象。当然，也反映西餐厅或咖啡厅的餐饮文化和服务风格。同时，反映不同时代的菜点特征。通常，菜单封面的颜色应当与餐厅内部环境的颜色相协调，使餐厅内部环境的色调更加和谐，或与餐厅的墙壁和地毯的颜色形成反差。这样，当顾客点菜时，菜单可以作为餐厅的点缀品。西餐菜单封面必须印有餐厅的名称。餐厅的名称是餐饮产品的商标，又是菜点生产厂家的名称。因此，餐厅的名称一定要设计在菜单的封面上并且要有特色，笔画要简单。同时，餐厅的名称必须容易读、容易记忆以增加餐厅的知名度。菜单封底应当印有餐厅的地址、电话号码、营业时间及本饭店其他餐厅的经营特色和其他的营业信息等。这样的设计可推销其他餐厅的产品。

二、文字设计

西餐菜单是通过文字和图片向顾客提供餐饮产品和其他经营信息的。因此，西餐文字在菜单设计中起着举足轻重的作用。文字表达的内容一定要清楚和真实，避免使顾客对菜点产生误解。例如，把菜名张冠李戴，对菜点的解释泛泛描述或夸大，甚至出现外语单词的拼写错误等问题，这样都会使顾客对菜单产生不信任感。西餐菜单应选择适合不同需求的字体。其中包括字号的大小、字体的形状。例如，中文的仿宋体容易阅读，适合作为西餐菜点的名称和菜点的介绍；而行书体或草写体有自己的风格。但是，它在西餐菜单上用途不大。英语字体包括印刷体和手写体。印刷体比较正规，容易阅读，通常在菜点的名称和菜点的解释中使用。手写体流畅自如，并有自己的风格。但是，不容易被顾客识别，偶尔将它们用上几处会为菜单增加特色。英文字母有大写和小写，大写字母庄重，有气势，适用于标题和名称。小写字母容易阅读，适用于菜点的解释。此外，字号的大小非常重要，应当选择易于顾客阅读的字号，字号太大浪费菜单的空间，使菜单内容单调。字号太小，不易阅读，不利于菜点的推销。菜单文字排列不要过密，通常文字与空白处应各占每页菜单的50%空间。文字排列过密，会使顾客眼花缭乱。菜单中空白过多，会给顾客留下产品种类少的印象。无论是西餐厅菜单还是咖啡厅菜单，菜点名称都应当用中文和英文两种文字对照的方法。法国餐厅和意大利餐厅的菜单还应当有法文或意大利文以突出菜点的真实性，并方便顾客点菜。当然，西餐菜单的文字种类不要太多，否则会给顾客造成烦琐的印象，最多不要超过3种。菜单的字体应端正，菜点名称字体与菜点解释字体应当有区别，菜点的名称可选用较大的字号，而菜点解释可选用较小的字号。为了加强西餐菜单的易读性，菜单的文字应采用黑色，而纸张应采用浅色。

三、纸张选择

西餐菜单质量的优劣与菜单所选用的纸张有很大的关系，由于菜单代表了餐厅的特色与形象，是餐厅的推销工具和餐厅的点缀品，因此，菜单的光洁度和纸张的质地与菜单的推销功能有一定的联系，而且菜单纸张的成本在菜单总成本中占有一定的比例。因此，在西餐菜单设计中，纸张的选择应认真考虑。管理人员应从两个方面选择纸张。例如，一些咖啡厅的早餐菜单只是一张纸。摆台时，摆放在餐桌上，既作为菜单，又可作为盘垫使用。诸如此类的一次性菜单应选用价格较便宜的纸张，只要它的光洁度和质地达到菜单的标准就可以，不必考虑它的耐用性。对于较长时间使用的菜单，如固定菜单和零点菜单等，除了考虑它的光洁度和质地以外，还要考虑它的耐用性。因此，应当选用耐用性能好的纸张或经过塑料压膜处理过的纸张。

四、形状设计

西餐菜单有多种形状。但是，菜单的形状是以长方形为主。儿童菜单和节日菜单常有各种样式以吸引儿童和各种类型的顾客购买。

五、尺寸设计

西餐菜单有各种尺寸。每日特菜菜单和循环式菜单的尺寸较小，最小的每日特菜菜单的尺寸是 9 厘米宽，12 厘米长。这样，可以将它插入零点菜单中的滑道上。一些咖啡厅的零点菜单，在第一页的下半部装有滑道以方便每天更换每日特菜菜单。通常，零点菜单和固定菜单的尺寸较大，宽度常是 15~23 厘米，长度是 30~32 厘米。菜单的尺寸太大，顾客点菜不方便。菜单尺寸太小，不利于顾客阅读。咖啡厅零点菜单常是一张纸并一次性使用，在服务员摆台时将它摆在餐桌上。这种菜单的大小约为 26 厘米宽，38 厘米长。在零点菜单中，早餐的零点菜单、夜餐零点菜单的尺寸较小，常见的尺寸约是 15 厘米 ×30 厘米；午餐和正餐的零点菜单的尺寸较大，常见的尺寸是 23 厘米 ×32 厘米。

六、页数设计

菜单的页数一般在 1~6 页范围内。宴会菜单、每日特菜菜单、循环式菜单、季节菜单、儿童菜单、快餐厅菜单和某些咖啡厅一次性使用的零点菜单通常都是一页纸。西餐厅和咖啡厅的固定菜单和零点菜单通常是 4~6 页纸。包括菜单的封面和封底。菜单是餐厅的销售工具，它的页数与它的销售功能有一定的联系。菜单的内容太多，页数必然多，造成菜单的主题和特色不突出，延长了顾客点菜的时间，从而造成餐厅和顾客的时间浪费。菜单页数太少，使菜单一般化，不利于餐厅的推销。

七、颜色设计

颜色可增加西餐菜单的促销作用，使菜单有趣味，动人，更具吸引力。鲜艳的色彩能够反映餐厅的经营特色，而柔和清淡的色彩能使菜单显得典雅。目前，在菜单上使用颜色是西餐厅和咖啡厅营销手段的发展，呆板和单调的颜色不适应现代人的生活。但是，菜单上的颜色最好不要超过 4 种，除带有图片的菜单外。菜单的颜色太多会给顾客华而不实的感觉，不利于菜单的营销。

本章小结

菜单是饭店为顾客提供菜点目录和价格的说明书。菜单筹划与设计是西餐经营的关键和基础。筹划菜单应将企业所有的菜点信息，包括菜肴原料、制作方法、风味特点、重量和数量、营养成分和价格及企业有关的其他餐饮信息显示在菜单上。菜单定价是指制定菜点价格的过程，是菜单筹划的重要环节。菜单价格不论对顾客选择企业，还是对企业的经营效果都是十分重要的。西餐菜单设计是管理人员、厨师长和专业美工人员对菜单的形状、大小、风格、页数、字体、色彩、图案及菜单的封底与封面的构思与制作过程。

思考与练习

1. 名词解释题

零点菜单（A La Carte Menu）、套餐菜单（Table D'hote Menu）、固定菜单（Static Menu）、周期循环式菜单（Cyclical Menu）、宴会菜单（Banquet Menu）、每日特菜菜单（Daily Special Menu）。

2. 思考题

（1）简述菜单的种类与特点。

（2）简述菜单的含义与作用。

（3）简述菜单定价策略。

（4）简述菜单的定价原则和方法。

（5）论述西餐菜单的筹划工作。

（6）论述西餐菜单设计。

（7）论述菜单定价程序。

第 18 章

西餐服务管理

本章导读

本章主要对西餐服务管理进行总结和阐述。通过学习本章，读者可了解高级西餐厅、大众西餐厅、传统西餐厅、西餐自助餐厅、西餐快餐厅、扒房和咖啡厅服务特点；掌握法式服务、俄式服务、美式服务、英式服务、综合式服务和自助式服务的程序和方法及服务设计；掌握西餐服务组织设计和各服务岗位的职责。

第一节 餐厅种类与特点

一、高级西餐厅（Up-scale Restaurant）

高级西餐厅是提供传统服务并经营特色和经典菜系的餐厅。这种餐厅有雅致的空间、豪华的装饰、柔和的色调和照明、幽雅的用餐环境。此外，还提供周到和细致的餐饮服务。高级西餐厅讲究摆台，使用银器和水晶杯，常有高雅的现场音乐或文艺表演，用餐费用较高。例如，扒房（Grill Room）。

二、大众西餐厅（Mid-priced Restaurant）

提供大众化西餐服务的餐厅称为大众西餐厅。这种餐厅有实用的空间、典雅的装饰、明快的色调和照明，有传统音乐或现代音乐等。大众西餐厅有良好的用餐环境，提供周到的餐饮服务，讲究餐具和摆台并强调实用性。有小提琴演奏或钢琴演奏等，用餐费用适合大众。例如，咖啡厅。

三、传统西餐厅（Traditional Restaurant）

传统西餐厅即将菜肴和酒水服务上桌的西餐厅，包括海鲜餐厅、扒房和咖啡厅等。其中，扒房常称为高级西餐厅。

四、自助西餐厅（Cafeteria Restaurant）

自助西餐厅是顾客到餐台拿取自己需要的菜肴和酒水，然后经收银台付款等服务程序的餐厅。这种餐厅根据顾客的用餐习惯和程序，将菜肴、点心和酒水分作几个餐台，每个餐台陈列各种菜肴及甜点。大多数自助西餐厅不在餐桌上摆餐具或只摆部分餐具，顾客自己在取菜台拿取餐具。

五、快餐厅（Fast Food Restaurant）

快餐厅是销售快餐的西餐厅。它的菜肴和甜点品种有限，原料都是预先加工的，可以快速制熟并快速服务。餐厅装饰常采用暖色调，布局显示明亮和爽快，菜肴大众化。

六、扒房（Grill Room）

扒房是指销售以烧烤菜肴为特色的西餐厅。这种餐厅常是高消费餐厅，称为高级西餐厅，经营法国风味、意大利风味或美国风味菜点等。扒房讲究菜肴的特色、服务周到、餐具齐全、环境高雅。

七、咖啡厅（Coffee Shop）

咖啡厅是销售大众化的西餐和各国小吃的餐厅。在非用餐时间还销售咖啡和饮料，供人们聚会和休闲。咖啡厅营业时间和销售品种常根据顾客的需求而定。许多咖啡厅营业时间从早上 6 点至午夜 1 点，甚至 24 小时营业。咖啡厅有时被称为咖啡花园。这是因为咖啡厅的环境设计和布局像花园，里面有鲜花、草地、人工山和人工瀑布等。一些咖啡厅的规模较小，装饰很雅致，称为咖啡室。

八、多功能厅（Function Room）

多功能厅是用于举行各种宴会、酒会、自助餐和其他各种会议的活动场所，空间大，服务设施齐全。根据需要，可分割成几个不同规模的餐厅。

第二节　西餐服务方法与技能

西餐服务是西餐零点服务（散客服务）和西餐宴会服务的总称。西餐服务有多种方法和模式，以顾客满意为目标，诚心诚意和高效率。西餐服务经多年的专业知识和实践的结合及发展，各国和各地区已形成了自己的文化和技能。目前，西餐服务的主要方法有法式服务、俄式服务、美式服务、英式服务、综合式服务和自助式服务等。

一、法式服务

法式服务是西餐服务中最周到的一种服务模式，多用于传统餐厅或扒房。餐厅装饰豪华、高雅，常以欧洲宫殿式为主要布局方法，采用高质量的瓷器、银器和水晶杯。服务员采用手推车服务，在现场为顾客提供加热、调味、切割菜肴等服务。在法式服务中，服务台的准备工作尤其重要。通常在营业前做好服务的准备工作，包括餐厅清洁、餐具和服务用具的准备。在法式服务中，服务员必须接受过专业培训，注重礼节礼貌和服务表演，能吸引客人的注意力，服务周到，使每位顾客都能得到充分的照顾。法式服务节奏慢，需要较多的人力，用餐费用高。餐厅空间利用率和餐位周转率都比较低。

传统的法式服务是最周到的服务方式，由两名服务员为一桌顾客服务。其中，一名为经验丰富的正服务员，另一名为助理服务员，也可称为服务员助手。服务员请顾客入座，接受顾客点菜，为顾客斟酒和上饮料，在顾客面前烹制菜肴，为菜肴调味、分割、装盘和递送账单等。服务员助手将菜单送入厨房，将手推车推到顾客的餐桌旁，帮助服务员现场烹调，把装好菜肴的餐盘送到客人面前，撤掉用过的餐具和收拾餐台等。法式服务中，服务员在客人面前做一些简单的菜肴烹制表演或切割菜肴及装盘服务，而助手用右手从客人右侧送上每一道菜。通常，面包、黄油和配菜从客人左侧送上，因为它们不属于一道单独的菜肴。从客人右侧用右手斟酒或上饮料，从客人右侧撤出空盘。在传统的法式服务中，客人点汤后，助理服务员将装有汤的银盆送入餐厅，然后把汤置于带有加热装置的服务车上加热。为顾客分汤后，剩余的汤还要送回厨房。主菜服务程序与汤的服务大致相同，正服务员将烹调好的菜肴切割后，分别盛入每一位顾客的餐盘，然后由助理服务员服务到桌。

例1，切水波鱼服务（Poached Brill In Saffron Sauce）

服务用具：切鱼刀1把，主菜叉1个，主菜匙1个，杂物盘1个，主菜盘（切鱼的盘子）1个，餐盘1个，藏红花少司少许。

菜肴：厨房煮熟的热鱼1块（放在带有盖子的鱼盘内），制作好的藏红花少司适量（放在船形少司容器内）。

服务程序：①将鱼放在带有餐巾纸的主菜盘内，将鱼肉水分吸干。

②左手持叉，右手持刀，用鱼刀和鱼叉剥去鱼的皮。

③将鱼刀插在鱼脊背与鱼肉之间，取出鱼肉，将剩下的部分翻转过来。去掉皮，去掉边缘的鱼肉。

④在鱼脊骨处取出鱼肉后，将两块鱼肉并列放在餐盘内，上面浇上藏红花少司。

例 2，T 骨牛排切配服务（Pan-fried Rib Of Beef）

服务用具：切肉刀 1 把，主菜匙 1 个，切肉板 1 块，杂物盘 1 个，餐盘 1 个。

菜　　肴：烤好的 T 骨牛排 1 块。

服务程序：①左手持叉，右手持刀，将牛排放在木板上，将叉按压牛排的骨头，使其牢固。

②右手用切肉刀去掉肥肉和骨头，再将牛排切成 1.5 厘米厚的片，放在餐盘上。

例 3，苏珊煎饼服务（Crepes Suzette）（2 份）

服务用具：酒精炉 1 个，热碟器 1 个，平底锅 1 个，服务匙 1 个，服务叉 1 个，餐盘 1 个。

食品原料：4 个脆煎饼，白砂糖 30 克，黄油 20 克，橘子汁 100 毫升，橘子利口酒、白兰地酒各少许，橘子皮丝与橘子瓣适量。

服务程序：①将平底锅放在酒精炉上稍加热，将白砂糖放入平底锅制成至金黄色，加黄油使它充分溶解，加少量橘子汁搅拌，再加少量柠檬汁，煮几分钟后，倒入适量橘子利口酒。

②用服务匙将脆煎饼挑起、旋转，使其裹在服务叉上。将薄饼摊开，放在平底锅锅内，使薄饼与锅中的调味汁充分接触，蘸匀糖汁后将其对折并将其移至锅内的一边。将其余的 3 张薄饼依次按照这个方法完成，整齐地摆在平底锅内。

③将橘子皮丝撒在薄饼表面，将橘子瓣摆放在薄饼表面。

④在锅内倒入适量的白兰地酒，使白兰地酒在锅内微微起火。将 2 个薄饼摆放在一个餐盘中，将锅中的糖汁浇在薄饼表面上。

例 4，鱼子酱服务

制作用具：小茶匙 2 个。

食品原料：鱼子酱，烤面包片，柠檬（切成角），青菜末，洋葱末，酸奶酪片各适量。

服务程序：用小匙取出鱼子酱放在盘内，堆成一堆，盘内的另一边放两片烤面包和 1 块柠檬。根据需要放调味品。鱼子酱的其他服务方法是，将鱼子酱放入一个小容器内，将该容器放在装有碎冰块的专用盘子中，下面则放一个垫盘，面包与调味品放在其他容器中。

二、俄式服务

俄式服务是西餐服务普遍采用的一种方法，餐桌摆台与法式餐桌摆台相近。每一个餐桌只需要一个服务员，服务方式简单快速，不需要较大的空间。服务效率和餐厅空间利用率比较高。俄式服务使用较多的银器，服务员将菜肴分给每一位顾客，使每一位顾客都能得到尊重和周到的服务。因此，增添了餐厅的气氛。

俄式服务是在大浅盘里分菜。所以，可以将剩下的和没分完的菜肴送回厨房，减少浪费。俄式服务的银器投资较大，如果使用或保管不当会影响企业效益。俄式服务的程序是，服务员先用右手从顾客的右侧送上空餐盘，待菜肴全部制熟，将每一道菜放在一个大浅盘中，服务员从厨房中将装好菜肴的大浅盘用肩上托的方法送到餐厅，热菜需要盖上盖子。然后，服务员用左手在胸前托盘，用右手持服务叉和服务匙从客人的左侧为顾客分菜并放在每位顾客面前的空餐盘上。

三、美式服务

美式服务是简单和快捷的服务方式，一个服务员可以为多个顾客服务。美式服务的餐具和人工成本都比较低，空间利用率及餐位周转率比较高。美式服务是西餐零点和宴会理想的服务方式，广泛用于咖啡厅和宴会厅。美式服务的特色是，餐桌先铺上海绵桌垫，再铺上桌布。桌布四周至少要垂下 30.5 厘米，台布不可太长，否则影响顾客入席。一些咖啡厅的台布上铺着小方形装饰台布。

美式服务中，菜肴在厨房中烹制好，装好盘。餐厅服务员用托盘将菜肴从厨房运送到餐厅的服务桌上。热菜要盖上盖子，在顾客面前打开餐盘盖。传统的美式服务，服务员应在客人左侧，用左手从客人左边送上菜肴，从客人右侧撤掉用过的餐具，从顾客的右侧斟倒酒水。目前，一些餐厅服务员仍然从顾客的右边上菜。

四、英式服务

英式服务又称为家庭式服务。服务员从厨房将烹制好的菜肴传送到餐厅，由顾客中的主人亲自动手切肉，装盘，配上蔬菜。然后，服务员把装盘的菜肴依次送给每一位客人。调味品、少司和配菜都摆放在餐桌上，由顾客自取或相互传递。英式服务的家庭气氛很浓，许多服务工作由客人自己动手，用餐节奏缓慢。这种西餐服务在英国和美国很流行。

五、综合式服务

综合式服务是融合了法式服务、俄式服务和美式服务的服务方式。许多西餐宴会采用这种服务方式。一些宴会以美式服务上开胃品和沙拉；用俄式服务上汤或主菜；用法式服务上主菜或甜点。不同餐厅或宴会每次选用的服务方式组合也不同。这与餐厅的种类和特色、顾客的消费水平、餐厅的销售方式等有着紧密的联系。

六、自助式服务

自助式服务是事先准备好各式菜点，摆在餐台上。客人进餐厅后自己动手选择菜点，然后拿到餐桌上用餐。这种用餐方式称为自助餐。餐厅服务员的主要工作是餐前布置、餐中撤掉用过的餐具和酒杯、补充餐台上的菜点等。

第三节　西餐服务程序管理

西餐的服务程序可分为准备工作、迎宾、点菜肴和酒水、斟酒水、上菜、餐中服务和结账与送客等。在开餐前，餐厅应做好一切服务的准备工作。通常，准备工作包括地面的清洁、餐桌和餐椅的安排、擦拭餐具和酒具，准备好餐具和服务用具，准备好菜肴的调料，召开餐前会，检查服务员的仪表仪容等。

一、迎宾

当顾客进入咖啡厅和扒房时，迎宾员应面带微笑，真诚地问候顾客，体现餐厅热情接待的印象及好客精神。

二、点菜

为顾客点菜。服务员应先问候顾客："您好，欢迎光临，请问您现在需要点菜吗？"当得到顾客的同意后，服务员从顾客的右边递上菜单。在介绍菜肴时应说明菜肴的制法、特点、配料与所需要的时间。在保证顾客没有听错和笔误后，将点菜单的内容输入点菜器。

三、上菜

西餐服务讲究礼貌礼节，讲究上菜顺序。其服务程序是先上开胃菜，然后上主菜，最后上甜点。上菜前先上酒水。先女士、后男士，先长者。热菜必须是热的，餐盘是热的；冷菜必须是凉爽的，餐盘是冷的。

四、斟酒水

酒水服务是西餐服务的重要组成部分。在咖啡厅，酒水服务由餐厅服务员负责。在扒房，酒水服务由专职酒水服务员负责。通常，服务员在顾客的右边为顾客斟倒酒水，先女士，后男士，围绕餐桌，以逆时针方向服务。

五、收拾餐桌

当顾客每用完一道菜肴，服务员应及时收拾餐台上用过的餐具并添加酒水。在顾客用餐接近尾声时，餐厅的经理应向顾客问好并征求顾客对菜肴和服务的意见及评价。

六、结账

一个完美的西餐服务，不仅应有良好的开端、专业化的服务规范，而且应有完美的结束服务。当顾客将要结束用餐时，服务员应认真为顾客结账，要求迅速并准确。当顾客准备离开餐厅时，服务员应帮助顾客拉椅子，感谢顾客的光临。

案例 扒房服务程序

1. 接受预订

三次电话铃响内，接线员必须接听电话，首先用英文问好。例如，"Good evening! This is the××Grill Room. May I help you, Miss/Sir？"如对方无反应，即用中文问好："您好，××扒房，请问您要订餐吗？"在接受订座时，必须问清楚顾客的姓名、订餐人数、就餐时间等。如顾客对餐桌的位置、菜式和蛋糕等有要求，必须记录清楚。

2. 迎宾服务

迎宾员站在餐厅门口处，看到顾客说："Good evening（根据时间）! Welcome to the Grill Room, Have you made a reservation？"如顾客提前已经预订，迎宾员应热情地为顾客引座。如果顾客没有订座，而餐厅已满座或餐台还没有收拾好的时候，迎宾员应主动地将顾客带到扒房的酒吧中稍等并推销饮品："Would you like to have a drink in our bar? I'll call you as soon as the table is ready."迎宾员带领顾客入座时应与餐厅服务员合作，帮助顾客拉椅子，打开餐巾，点蜡烛等。迎宾员离开时，向顾客说："Enjoy your dinner！"

3. 点菜服务

服务员为顾客点菜时应先询问顾客是否喝些饮料："Would you like some drinks before your dinner? Beer、cocktail or fruit juice? We have…"并根据顾客所点的饮料，服务员上前在顾客的右边送上饮品并说出饮品的名称。然后，服务员从顾客的左边送上黄油和面包。领班从顾客的右边递送菜单并介绍当日的特色菜肴。"Good evening！I would like to introduce our chef's recommendations. I think you'll enjoy them."然后说："Please take your time. I'll be back to take your order."数分钟后，领班主动上前，从顾客的右边为顾客点菜，先女士，以顺时针方向进行。为顾客点菜时，领班应先得到顾客的允许并说："May I take your order？"点菜时，领班应重复菜肴的名称。同时，根据顾客所点的菜肴（如果顾客点了牛排等菜肴），为顾客介绍白葡萄酒和红葡萄酒等。"Here is our wine list, would you like to order a bottle of red wine to go with your steak? What about a bottle of white wine to go with your seafood？"此时，服务员应根据菜单上的菜肴调整餐台上的餐具。离开餐桌前，领班应感谢顾客并说："Thank you！"

4. 酒水服务

服务员从顾客的右边上酒水。红葡萄酒放在酒架上，白葡萄酒放在酒桶里并冷藏。服务时，用餐巾将酒瓶擦干净后，双手持瓶将葡萄酒的标签出示给顾客，待顾客认可后，打开葡萄酒盖子并用餐巾将瓶口抹干净，将酒塞递送给顾客，请顾客鉴赏酒的气味，斟少许葡萄酒给主人品尝，待主人认可后，再为顾客斟酒。斟酒时，酒液不得超过酒杯的三分之二。常用逆时针方向斟酒水，先女士，后男士。斟酒完毕时，离开餐桌并说："Enjoy your dinner."

5. 上菜服务

西餐上菜的顺序是，开胃菜、汤、沙拉、主菜和甜点。服务员上菜时，重复顾客所点的菜肴。上主菜时，应将所有的主菜盘一起揭开并说："Enjoy your dinner, please."

6. 巡台服务

服务员应勤巡台，添加酒水。酒杯里的酒不可少于三分之一。如果酒瓶已空，要出示给顾客并主动推销第二瓶酒。待主人认可后，方可将空酒瓶拿走。添冰水，水杯里的水不应少于三分之一。如果顾客还在吃面包，黄油盅的黄油已少于三分之一时，应当添加黄油。如果顾客需要面包，应当添加面包。撤空杯并建议推销其他饮品。当顾客用餐的时间接近三分之一时，餐厅领班应主动上前询问菜肴和服务质量。

7. 甜点服务

顾客用完主菜时，服务员从顾客的右边收拾餐具。除饮料杯、花瓶和蜡烛外，所有其他餐具都要撤走。在顾客的左边或右边清扫面包渣等。领班在顾客的右边为顾客推销甜点、水果、奶酪、餐后酒、特式咖啡或茶等。服务员应根据顾客对甜点的需求，摆放配套的餐具。上甜品、咖啡或茶等。

8. 结账服务

账单放在账单夹内，服务员从主人的右边递上账单来并说："Here is your check , thank you！"待顾客结账后，帮助顾客拉椅子并说："Thank you！ Please come again." 顾客离开后，收拾餐台，将餐椅摆放整齐，更换台布、重新摆台。

第四节　西餐服务组织管理

一、西餐服务组织的特点

西餐服务组织受菜单种类、餐厅营业规模、营业时间、营业额等因素影响。通常，餐厅规模越大，其组织层次越多，西餐菜单越复杂，营业额越大，营业时间越长（见图18-1），其组织结构越复杂。当然，结构复杂及层次多的服务组织通常需要更多的服务员和管理人员。

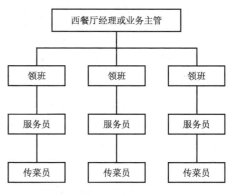

图18-1 西餐厅服务组织图

二、西餐服务组织的设计原则

1.经营任务与目标原则

西餐企业的目标是实现经营效果。因此，服务组织设计的层次、幅度、任务、责任和权力等都要以经营目标为基础。

2.分工与协作原则

现代餐饮企业专业性强，服务组织应根据专业性质、工作类型设置岗位，做到合理分工。此外，所有工作岗位应加强协作，岗位设置应利于横向协作和纵向分工的管理。

3.统一指挥原则

西餐服务组织必须保证统一指挥的效果，可以实行领班和业务主管负责制以避免多头领导和无人负责现象。这样，实行一级管理一级，避免越权指挥。餐厅服务员只接受本部门的领班或主管人员指挥，其他管理人员只有通过领班或主管人员才能对餐厅服务员进行协调管理。

4.有效的管理幅度原则

由于餐饮服务人员的业务知识、工作经验都有一定的局限性，因此，组织分工应注意管理幅度。通常，按照具体工作时间、工作位置和专业特点进行分工。

5.责权一致的原则

科学的西餐服务组织应明确层次、岗位责任及他们的权力以保证工作有序并赋予不同岗位人员的责任和权力。同时，责任制的落实必须与相应的经济利益挂钩，使服务人员尽职尽责。

6.稳定性和适应性原则

服务组织的人数、层次应根据营业时间、淡季或旺季、不同的餐次等特点安排。此外，各岗位的具体职责都应随着市场变化和企业经营策略而变化。

7.精简和专业的原则

服务组织的设计与工作岗位的安排应力求精干和专业。组织形式和组织结构应有利于工作效率，利于服务质量，利于降低人工成本，利于企业竞争等。

三、西餐厅岗位职责

1.餐厅经理岗位职责

饭店管理或餐饮管理等大学毕业，至少有3年餐厅工作经验。熟悉西餐运营管理及服务方法、程序和标准。熟知西餐菜单和酒单，具有西餐客前的服务表演能力。熟悉餐厅财务管理、主要国家的货币。善于沟通，有较强的语言表达能力。至少掌握英语阅读和会话能力，善于使用英语推销。具有处理顾客投诉和解决实际问题的能力。

指导和监督餐厅的日常运营活动，保证服务质量。巡视和检查营业区域，确保服务高效率。检查餐厅的物品、摆台和卫生状况。组织安排所有的工作人员，监督和制定服务排班表，选择新职工，培训职工，评估职工的业绩。执行饭店和餐厅的各项规章制度。发展与保持良好的公共关系，安排顾客预订的宴会和零点业务，欢迎顾客，为顾客引座。需要时，向顾客介绍餐厅的产品。与厨房密切合作，共同提供优质的西餐菜点，及时处理顾客的投诉。安排餐厅的预订业务，研究和统计菜单的销售情况，保管好每天的服务记录，编制餐厅服务程序。根据顾客预订及顾客人数制订出一周的工作计划。签发设备维修单，填写服务用品和餐具申请单，观察与记录服务员的服务情况，提出职工升职、降职和辞退的建议。

（1）营业前，检查餐厅的温度、灯饰、布局、摆台、瓷器、玻璃、器皿、清洁卫生。熟悉菜单，选用音乐，指导服务人员注意事项，安排座位，检查服务人员的仪表仪容，检查服务人员的工作。

（2）营业中，迎接顾客，引座，推荐菜肴和酒水，控制餐厅服务质量。及时处理顾客投诉。妥善处理醉酒者，照顾残疾顾客，及时发现顾客的欺骗行为和不诚实的服务员。保持餐厅的愉快气氛。保管好餐厅预订的业务资料。

（3）营业后，检查餐厅的安全，预防火灾。关灯，关空调，锁门，用书面形式为下一班留下信息。按工作程序处理现金与单据，提出需要维修的设施和家具报告，查看下一个工作日的业务计划和菜单，把顾客的批评和建议转告上级管理部门。

2. 领班岗位职责

饭店管理或相关专业大专及以上文化程度，在餐厅工作 3 年以上。熟悉西餐服务的方法、程序和标准。熟知菜单和酒单，具有西餐客前服务表演能力。熟悉财务知识、结账程序、使用各种票据和各国货币等。善于沟通，有较强的语言表达能力，具有使用英语服务的能力并处理顾客投诉和解决服务中出现的问题能力。善于服务推销和服务管理。

餐厅领班应做服务员的表率，认真完成餐厅规定的各项服务工作。检查职工的仪表仪容，保证服务规范。对所负责的服务区域保证服务质量，正确使用订单，按餐厅规定的标准布置餐厅和餐台。了解当日业务情况，必要时向服务员详细布置当班工作。检查服务柜中的用品和调味品准备情况。开餐时，监督和亲自参加餐饮服务，与厨房协调，保证按时上菜。接受顾客投诉，并向餐厅经理汇报。为顾客点菜，推销餐厅的特色产品，亲自为重要顾客服务。下班前为下一班布置好餐台。核对账单，保证在客人签字之前账目无误。负责培训新职工与实习生。当班结束后填写领班记录。

（1）营业前，检查餐桌的摆台，确保花瓶中的花新鲜，水新鲜、干净，灯罩干净，台布、餐巾、餐具、玻璃杯、调味品、蜡烛、地毯等的清洁卫生。保证服务区域存有足够的餐具、用品和调料。保证菜单的清洁和完整。检查桌椅是否有松动并及时处理。召开餐前会，传达服务员当班的一些事情，如当天的特色菜肴、菜单的变化、服务遇到的问题及需要修改的事宜等。

（2）营业中，协助餐厅经理或主管迎接顾客，给顾客安排合适的桌椅，递送菜单，接受点菜并介绍菜单与风味。督促服务员为客人上菜、添加酒水，协助服务员服务，注意服务区域的安全与卫生。及时处理客人投诉。

（3）营业后，监督服务员收尾工作，为下一餐摆台，清理与装满调味盅，撤换用过的桌布，检查服务员的工作台卫生和重新装满各种物品，检查废物堆中是否有未熄灭的烟头，关灯，关空调，关电器，锁门等。

3. 服务员岗位职责

餐饮服务员必须身体健康。在一个封闭的环境中连续地且高效率地工作几个小时，而且还要表现得轻松优雅，不让顾客看出疲倦和不耐烦，这并非只有工作热情就可以承受得了。因此，餐饮服务员必须具有健康的身体。热爱本职工作，性格开朗，乐于助人，能够给顾客带来喜悦，自己从服务中可以感受到乐趣的人才可能胜任服务工作。相反，忧郁沉闷的性格和面容会影响顾客的情绪。必须培养出主动为顾客服务，并且能够从顾客的愉快中使自己也享受到愉快的心理素质。善于克制自己的情绪，始终保持礼貌和冷静，尽量缓和矛盾，使自己的情绪少受影响，以饱满的热情接待顾客。善于调整自己的情绪，克制个人的不快，在岗位上常以饱满、热情的态度出现。永远保持整洁的仪表和仪容。具有饭店服务专业学历，熟悉菜单与酒单，掌握西餐服务的各种方法和程序。具有大方、礼貌、得体地为顾客服务的能力，在餐厅服务中能够使用英语。有坚持微笑服务，不受个人情绪影响的能力。

餐厅服务员应守时，有礼貌，服从领班的指导。负责擦净餐具、服务用具和保持餐厅卫生。负责餐厅棉织品送洗、点数、记录工作。负责餐桌摆台，保证餐具和玻璃器皿的清洁，负责装满调味盅和补充工作台餐具和服务用品。按餐厅规定的服务程序和标准为客人提供尽善尽美的服务。将用过的餐具送到洗涤间分类摆放，及时补充应有的餐具并做好翻台工作。做好餐厅营业结束工作。餐厅服务员的具体工作有时很难确定，主要根据企业的经营目标、管理模式而定。许多餐厅使用实习生或服务员助手协助服务员工作。例如，为服务台装满用具、饮料、调味品等，摆桌椅，摆台，准备冰桶，准备冰块，清理餐桌等。

4. 迎宾员岗位职责

具有饭店服务专业学历。熟悉菜单和酒单的全部内容，熟悉西餐服务的程序和标准。具有较好的语言表达能力和英语会话能力及沟通能力。具有微笑服务、礼貌服务和交际能力。接受顾客电话预订，为顾客安排餐台（餐桌），保证提供顾客喜欢的餐台。欢迎顾客到本餐厅，为顾客引座，拉椅子，打开餐巾。向顾客介绍菜肴、饮品和特色菜，欢迎顾客来餐厅就餐。顾客用餐后主动与顾客道别，征求顾客的意见，欢迎顾客再次光临。为了表示对第二次来用餐顾客的尊重，尽量称呼他们的姓名。记录顾客的预订并准确无误。

本章小结

本章学习了各种经营方式的西餐厅，包括高级餐厅、大众西餐厅、传统西餐厅、自助西餐厅、西餐快餐厅、扒房、咖啡厅和多功能厅等。不同经营特色的餐厅，其服务方法和程序不同。但是，无论是任何服务方法，服务程序基本都包括准备工作、迎宾、推销菜肴和酒水、斟酒水、上菜、餐中服务、结账与送客等。西餐服务组织受餐厅营业模式与规模、营业时间、营业额等影响。通常西餐厅规模越大，菜单越复杂，营业额越大，营业时间越长，其组织层次越多，需要的服务和管理人员也越多。

思考与练习

1. 名词解释题

高级餐厅（Up-scale Restaurant）、大众西餐厅（Mid-priced Restaurant）、传统西餐厅（Traditional Restaurant）、自助西餐厅（Cafeteria Restaurant）、西餐快餐厅（Fast Food Restaurant）、扒房（Grill Room）、咖啡厅（Coffee Shop）和多功能厅（Function Room）、俄式服务、美式服务、英式服务。

2. 思考题

（1）简述西餐服务程序的设计。

（2）简述法式服务的特点。

（3）简述美式服务的特点。

（4）论述扒房服务的程序及特点。

（5）论述餐饮服务组织管理。

第 19 章

西餐营销策略

本章导读

西餐营销是指西餐企业为满足顾客需求，实现经营目标的一系列的营销活动。包括市场调研，选择目标市场，开发菜点和酒水，为餐饮产品定价，选择销售渠道及举办促销活动等。通过本章学习，读者可了解西餐营销理念的发展、西餐企业营销原则、西餐市场细分、西餐市场定位，以及西餐市场在价格、价值、品种、服务、技术、决策、应市时间、广告、信誉、信息、人才等方面的竞争。同时，掌握各种营销策略。

第一节　西餐营销原理

一、营销理念的发展

1. 传统生产理念

在西餐经营的早期市场，西餐产品品种较少，饭店或西餐企业处于市场主导地位。那时企业只要扩大销售，增加营业面积就会增加销售，获得利润。因此，以扩大经营为中心的西餐营销观称为传统生产理念。

2. 传统质量理念

管理人员仅强调菜点、酒水和服务质量的经营观。这种营销理念忽视了市场和顾客的需求，仅以质和量取胜。

3. 传统推销观念

随着饭店业和西餐企业的扩大和发展，各种经营模式的企业迅速增加，企业更加重视推销技术，强调加强推销使顾客购买产品的营销理念。

4. 现代营销理念

由于西餐更新换代的周期不断缩短，消费者购买力大幅提高，顾客对各种西餐、酒水和服务的需求也在不断地发展与变化。顾客对产品有了很大的选择性，企业之间的竞争不断地加剧，顾客占主导地位。饭店在充分了解市场需求的情况下，根据顾客的需求确定西餐菜点和酒水的品种、特色及价格等营销观念。

二、西餐营销环境分析

1. 宏观环境分析

宏观环境分析是指西餐企业对其外部环境的政治法律、经济、社会文化和技术等的综合分析。（见表19-1）其中，政治法律环境是指制约和影响西餐产品营销的各种政策与法律及其运行所形成的环境系统，是决定、制约和影响其生存和发展的重要因素。一个国家的法律既可保护酒店或餐饮业的正当利益，又监督和制约着其营销行为。这样一来，西餐的生产、运营和服务等活动都必须自觉遵守有关的法律规定，否则就要受到法律制裁。因此，企业应正确并充分地利用面临的政治法律环境。这是西餐企业成功营销的重要保证，也是实现其营销战略的前提。同时，酒店的西餐厅或西餐企业在制订营销计划时，必须对所在地区的经济政策、经济体制、国内生产总值、就业水平、物价水平和消费支出等有详细的了解。当然，西餐企业营销还必须关注行业的技术发展、竞争者的技术水平、新产品的开发状况及企业所在地区的社会文化等。

表 19-1　西餐市场营销宏观环境分析内容

政治法律	经济	社会文化	技术
政治稳定性 旅游政策 税收政策 经济法 旅游法 卫生法 合同保护法 人事劳动法 环境保护制度 能源政策 物价政策 财政政策 货币政策	经济发展状况 储蓄与信贷 汇率 利率与货币政策 产业政策 政府开支 商业周期阶段 食品原料 能源状况 通货膨胀率 人均可随意支配收入 环境污染	人口状况 劳动力流动 教育与职业结构 社会福利与安全 旅游与休闲态度 宗教与信仰 生活习俗 语言	产业技术 技术开发状况 技术更新速度 能源利用与成本 信息技术发展 技术转让率 新材料 新工艺 新设备

2. 西餐营销资源分析

西餐营销资源是指酒店或西餐企业向社会提供产品或服务过程中所拥有的并用于实现其营销目标的各种资源或要素的集合。营销资源反映企业的营销实力，是完成营销目标必不可少的因素。（见表19-2）西餐产品营销离不开其拥有的资源，而企业拥有的资源决定了其营销的效果。根据调查，企业营销资源主要包括有形资源和无形资源，有形资源容易被识别且易于价值的估算。例如，酒店或餐厅建筑物、设施与设备、家具和餐具等；而企业的无形资产不容易被顾客识别。然而，无形资源是西餐营销中取得优势的源泉且竞争对手难以模仿。例如，酒店或企业品牌、企业文化、企业信誉、技术资源及企业形象等。作为企业管理人员，在考虑有形营销资源的价值时，不仅要看到其数量多少和账面上的价值，更重要的是评估它在营销中产生的价值潜力。由于各企业管理人员和技术人员的构成差异，对有形资源的利用能力也不同。因此，同样的有形资源在不同的企业会表现不同的营销价值。无形营销资源常是企业长期营销中积累的宝贵财富，因此企业营销人员应重视本企业的无形营销资源。不仅如此，企业应不断地创造新的资源并实现各种营销资源的整合。综上所述，在企业营销环境分析中，企业的营销资源分析具有重要的意义。

表 19-2　西餐营销资源分析

设施与设备	餐饮服务	菜点与酒水	宣传与推销
方便与安全的停车场 特色的餐厅外部设计 生态与愉快的用餐环境 舒适并有特色的桌椅 高雅的餐具与摆台设计 豪华的吧台及装饰 高效与特色的环境布局 摆放艺术品	适宜的温度与湿度 个性化的服务方式 温馨的问候 适合的服务程序 专业的菜单介绍 方便的结账方式 高质量的服务标准 熟练的服务技术 配套的背景音乐	优秀的菜点与酒水 新鲜的原材料 食品营养搭配 严谨的制作工艺 特色的味道与装饰 专业的酒水配制 餐台摆放调味品 安全与卫生的餐具	餐厅门口原料展示 专业的菜单制作 定制化的菜肴份额 适合的成本与价格 优秀的厨师与服务员 高效的营销信息传播 餐厅葡萄酒柜的展示 每日特菜菜单

3. 西餐核心竞争力分析

核心竞争力是指西餐企业在某一营销领域或某一业务方面领先于竞争对手的特殊能力，是企业长期积累且独自拥有及其他竞争对手难以模仿的能力。从外部分析，企业核心竞争力来源于营销理念、良好的公众形象和企业声誉等。实际上，核心竞争力取决于企业内多种职能之间的合作，而不仅仅在于某项特别技术、某项专利或某个高层管理人员的特长。根据研究，一些西餐企业的核心竞争力来源于其个性化的历史而深深扎根于企业内部，具有较强的持久性和进入壁垒。因此，核心竞争力是企业在长期的营销管理中，沿着特定的技术和营销模式积累起来的且融于企业文化中，很难被竞争对手模仿或复制。根据调查，西餐企业的核心竞争力富有营销价值，因为它可为顾客提供实质性的利益和效用，从而为企业创造长期的营销主动权而带来丰厚的营销效果。西餐企业核心竞争力的评价包括多方面，第一，对企业的信息管理、人力资源管理、组织管理与财务管理等能力的评价。第二，对企业领导水平和团队精神等的评价。第三，对西餐原材料、烹饪技术和服务模式的获得、选择、应用及改进等方面的评价。第四，对企业营销渠道、营销策略、产品开发和企业声誉等的评价。第五，对企业的核心价值观的评价。第六，对餐厅等的建筑物、地理位置和交通便利情况的评价。第七，对企业的设施和设备、满足细分市场需要的原材料、设备和设施、运营模式及成本与价格的竞争力等的评价。

三、西餐营销原则

现代西餐营销原则主要包括扭转性营销、刺激性营销、开发性营销、恢复性营销、同步性营销、维护性营销和限制性营销等。

1. 扭转性营销

当大部分潜在顾客讨厌或不需要某种西餐菜系或菜点和酒水产品及其服务时，管理人员会采取措施来扭转这种趋势，此即称为扭转性营销。例如，老式和陈旧及影响健康的西餐菜点已经销售几十年了，许多顾客都品尝了多次，企业的营业额不断地下降，企业改进了这些菜点的特色和风味，并且增加了其他特色菜点，经广告宣传和营销人员的努力，企业入座率不断上升。

2. 刺激性营销

当某地区大部分顾客不了解某种西餐菜系或菜点时，企业采取了价格措施和必要的推销活动来扭转这种趋势，此即称为刺激性营销。例如，某地区的一个西餐厅开业，开业时经营情况很不理想，人们不理解这些菜系或菜点。但是，企业通过采取科学的菜单设计、不断地宣传、制定优惠的价格和赠送礼品等措施，使营业收入不断地提高。

3. 开发性营销

当某地区顾客对某种西餐菜系或菜点有需求，而企业尚不存在这种产品时，企业会及时地开发这些产品以满足市场需求，此即称为开发性营销。例如，近些年来，有些企业新开发了具有明显特色的西餐菜系和西餐菜点。在周末的早上还开发了具有地中海地区风味的早午餐（brunch）。

4. 恢复性营销

当大部分顾客对某种西餐菜系或菜点兴趣衰退时，企业会采取措施，将衰退的需求重新兴起，此即称为恢复性营销。例如，一些传统的西餐，经过工艺和原料的调整，成为受市场欢迎的菜点等策略。

5. 同步性营销

根据经验，西餐需求存在明显的季节性和时间性等特点。因此，许多企业会调节需求和供给之间的矛盾，以使二者协调同步，这种经营方法称为同步性营销。一些饭店根据顾客不同时段用餐需求筹划不同种类的菜单，如早餐菜单、早午餐菜单、午餐菜单、下午茶菜单、晚餐菜单和夜餐菜单等。此外，在清淡时段还实施了价格优惠策略。

6. 维护性营销

当某地区某种西餐产品的需求达到饱和时，饭店或西餐企业会保持合理的售价，严格控制成本，采取措施稳定产品销售量，这种策略称为维护性营销。

7. 限制性营销

当西餐企业某些菜点的需求过剩时，企业应采取限制性营销措施，保证产品质量和信誉。主要的方法有提高产品价格，减少服务项目等。

8. 抵制性营销

企业禁止销售不符合本企业质量标准的餐饮产品，这称为抵制性营销。这种策略可保持企业的信誉和声誉，特别是保证食品原料和生产工艺的质量标准。

四、西餐市场细分

西餐市场细分也称为西餐市场划分，是根据顾客的需求、顾客购买行为和顾客对西餐的消费习惯的差异，把西餐市场划分为不同类型的消费者群体。这样一来，每个消费者群体就是一个西餐分市场或称西餐细分市场。

1. 地理因素细分

西餐市场可根据不同的地理区域划分。例如，南方与北方、国内与国际等。因为地理因素会影响顾客对西餐的需求。因此，各地区长期形成的气候、风俗习惯及经济发展水平不同等因素，形成了不同的西餐消费需求和偏好。目前，我国经济发达的大城市和沿海城市对传统西餐和西式快餐有较高的需求，而其他大城市和中小城市对西餐快餐有部分需求，对传统西餐有少量需求或无需求。

2. 人文因素细分

人文因素细分市场是按人口、年龄、性别、家庭人数、收入、职业、受教育程度、宗教信仰、社会阶层、民族等因素把西餐市场细分为不同的消费者群体。根据研究，人文因素与西餐消费有着一定的联系。通过大数据分析发现不同的年龄、性别、收入、文化和宗教信仰的人们对西餐的原料、风味、工艺、颜色、用餐环境和价格有着不同的需求。

3. 心理因素细分

很多消费者在收入水平及所处地理环境等条件相同下有着截然不同的西餐消费习惯。这种习惯通常由消费者心理因素引起。因此，心理因素是西餐细分市场的一个重要方面。

（1）理想心理。人们理想中的西餐会因人、因事、因地而异。理想的西餐代表菜肴可能是沙拉，也可能是牛排。其理想的用餐地点可能是在高星级饭店，也可能是在大众西餐厅。

（2）不定心理。通常人们初到一地，对餐饮消费总表现出一种无所适从的不确定性心理。这是由于对餐饮环境、食物、价格以及服务的方式等不了解而造成的。

（3）时空心理。某地区人想吃另一个地区的风味菜肴是时空心理在消费中的反映。目前，由于信息与交通的发达，西餐消费的时空心理在逐步缩小界限。

（4）怀旧心理。怀旧心理在中老年人中普遍存在，老年食客常抱怨目前的某些菜点制作不如从前，味道不如过去等，用餐时总喜欢寻找"老字号"西餐厅。

（5）求新心理。求新心理人皆有之。一个时期在一个地方常吃某种风味菜肴，就会想换换口味。这既有心理需要，也是生理需要。尤其是青年人，他们有着强烈的求新心理。

（6）实惠心理。通常，人们都想以较少的支出获取较理想的商品，西餐消费更是如此。因此，价格策略对西餐促销起着一定的作用。

（7）雅静心理。一般而言，西餐业不同于中餐业，顾客常希望在幽雅和安静的地方用餐，而不愿在噪声高和拥挤的餐厅消费。然而，对于西餐快餐业而言恰恰相反。

（8）舒适心理。顾客享受西餐时仅有环境的幽雅和恬静还不够，还要求舒畅的心理。因此，用餐环境和礼节礼貌非常重要。

（9）卫生心理。顾客要求餐饮场所干净、整洁和卫生，菜肴符合卫生要求、安全可靠、食之放心等心理是消费者心理要求的最基本内容。

（10）保健心理。当今随着我国经济发展及企业对人力资源的管理力度，人们对身体健康愈加关心。这样一来，顾客愈加青睐无激素、无农药污染的安全和有营养的食品。

4. 行为因素细分

行为因素细分西餐市场是指根据顾客对菜点和酒水的购买目的和时间、使用频率、对企业的信任程度、购买态度和方式等将顾客分为不同的购买者群体。例如，按照消费者购买目的、时间和方法可以将西餐市场分为休闲和一般宴请及主题活动，早餐、午餐、下午茶和晚餐，零点和套餐等市场。

5. 其他因素细分市场

除以上因素细分市场外，西餐企业还根据其他因素细分市场。包括顾客所在的地理位置，如商业区、校园、居民区等。同时，还可根据顾客的某些特征细分，如散客、旅游团队、工商企业、社会团体和政府机关等。

五、西餐目标市场选择

西餐目标市场是指西餐企业的目标消费群体，是饭店或西餐企业在细分西餐市场基础上确定符合本企业经营的最佳市场，即确定本企业的西餐服务对象。当今，饭店为了实现自己的经营目标，必须在复杂的西餐市场中选择那些需要本企业西餐产品的消费者群体并为选中的目标市场策划产品、价格、销售渠道和销售策略等。

1. 评价与分析

饭店应首先收集和分析各细分市场的销售额、增长率和预期利润等信息。理想的西餐细分市场应具有预计的收入和利润。根据调查，一个西餐细分市场可能具有理想的规模和增长率。但是，不一定能提供理想的利润。这说明饭店或西餐企业在选择西餐目标市场时必须评价一些细分因素。通常包括以下 5 个方面。

（1）竞争者状况

如果在一个细分市场上已经存在许多具有强有力的竞争者，这一细分市场就不太具有吸引力。例如，在某城市已有多家国际著名的西餐快餐公司：麦当劳、肯德基和必胜客等。在这一前提下，如果在该地区再计划创建一家西餐快餐公司，则很难保证要进入这一市场的企业会获得理想的营销效果。

（2）替代产品状况

如果在一个细分市场上目前或不久的将来会存在许多替代产品，那么，进入这一细分市场时企业应当慎重。例如，某一地区开设了过多的大众化西餐厅，如果这些餐厅的产品特点不突出，那么这些餐厅的餐饮产品都是可以互相替代的。

（3）购买者的消费能力

购买者的消费能力会影响一个细分市场的吸引力。在一个细分市场上，购买者的消费水平和可随意支配的收入等会影响一个西餐细分市场的形成和发展。根据调查，目前我国的西餐市场主要分布在国内的直辖市、省会城市和一些沿海的经济发达地区。

（4）食品原料状况

在某一西餐细分市场，如果所需的食品原料的数量和质量得不到充分的保证，那么，说明这一细分市场的经营效果和产品质量都得不到保证。所以，这一细分市场缺乏吸引力。

（5）饭店资源状况

饭店或西餐企业决定进入某一西餐的细分市场时应考虑，这一市场是否符合本企业的经营目标、人力资源和设施的水平等。尽管一个细分市场可能具有较高的吸引力，然而企业在这个细分市场上不具有所需的技术和资源也不会取得成功。

2. 市场选择原则

饭店在确定西餐目标市场时应考虑：在该细分市场的前提下能否体现企业产品和服务优势？企业是否完全了解该细分市场顾客群体的需求和购买潜力？该细

分市场上是否有许多竞争对手？是否会遇到强劲的竞争对手？企业能否迅速提高在该细分市场上的占有率？通常，饭店在确定西餐目标市场方面可考虑以下5个原则。（见表19-3）

表 19-3　西餐市场选择原则

名称与范围	图示	特点
1. 产品—市场集中化	市场（消费群体） 甲　乙　丙 产 A 　 B 品 C	饭店经营一种西餐产品，满足某一特定细分市场需求。例如，销售法式传统风味的餐饮，服务于经济发达地区的高星级商务饭店。
2. 市场专业化	市场（消费群体） 甲　乙　丙 产 A 　 B 品 C	饭店可经营不同特色的西餐产品。包括传统的扒房产品和大众化的咖啡厅产品。然而，仅服务于我国直辖市的高星级商务饭店。
3. 产品专业化	市场（消费群体） 甲　乙　丙 产 A 　 B 品 C	企业实施单一的西餐产品，服务于各细分市场。例如，企业仅经营大众化的西餐产品，服务于全国各地经济发达地区的三星级及以上的酒店等。
4. 有选择的专业化	市场（消费群体） 甲　乙　丙 产 A 　 B 品 C	企业有针对性地经营一些西餐产品，服务于被选择的若干细分市场。例如，某国际饭店集团根据不同地区的经济发展水平、地理位置及目标顾客的需求情况，有针对性地经营传统的法式西餐、现代美式西餐和大众化西餐等不同的产品。
5. 整体市场覆盖化	市场（消费群体） 甲　乙　丙 产 A 　 B 品 C	某饭店集团以各种不同的西餐产品服务于各细分市场。例如，某饭店集团根据自己的规模、历史及技术优势，服务于不同的地理环境、不同的消费水平和不同消费习惯的西餐市场。

六、西餐市场定位

市场定位不仅是西餐营销不可或缺的环节，也是西餐企业规划自己最佳目标市场的具体工作。饭店或西餐企业常根据产品的前景预测和规划其市场位置。因此，西餐市场定位的实质是企业在顾客面前树立自己产品特色和良好形象及规划本企业餐饮产品在细分市场的位置。

1. 定位原则

（1）实体定位

实体定位是通过发掘产品差异，开发本企业的特色菜肴、酒水、服务、环境和设施并与其他企业的产品形成差异，为本企业西餐找到合适的市场位置的原则。

（2）概念定位

当西餐市场高度发达时，经营人员通过市场细分找到尚未开发的市场机会比较少。市场营销的关键在于改变顾客的消费习惯，将一种新的消费理念打入顾客的心里。例如，经营个性化的西餐快餐区别于传统的大众化西餐。

（3）避强定位

避强定位是一种避开强有力的竞争对手的市场定位。在竞争对手的地位非常牢固时，最明智的选择就是创建自己的产品特色。这种定位最大的优点是企业能迅速在市场上站稳立场，能逐步在消费者心目中树立形象。由于这种定位风险较小，成功率较高，常为西餐企业所采用。近年来，一些饭店迎合消费者对身体健康的需求，引进加勒比地区的美食而不经营传统的西餐或西餐快餐就是具有代表性的案例。

（4）迎头定位

这是一种与在市场上最强的餐饮竞争对手"对着干"的定位原则。迎头定位是一种比较危险的尝试。但不少有经验的西餐专家认为这是一种更能激励本企业奋发上进且可行的定位尝试，一旦成功就会取得巨大的市场优势。例如，汉堡王与麦当劳的互相竞争。

（5）逆向定位

逆向定位原则即把自己的餐饮产品与名牌企业联系起来，反衬自己，从而引起消费者对本企业关注的定位原则。这种定位难度相当大，其西餐产品质量、特色和价格必须与名牌企业有可比性。

（6）重新定位

饭店或西餐企业对销售能力差、市场反应差的定位应进行重新定位。重新定位的关键是摆脱困境，获得新的市场增长与活力。这种市场困境可能是由管理人员决策失误引起的，也可能是竞争对手的有力反击或出现了新的竞争对手造成的。例如，一些传统名牌企业，由于经营理念落后，菜肴和用餐环境落后于新建的西餐企业，入座率和营业收入不断地下降。但是，只要管理人员认识到问题的关键所在，勇于改正，重新进行市场定位，企业完全可以恢复正常的经营。

2. 定位方法

（1）基于西餐的市场定位

根据顾客对西餐的消费需求，可将本企业西餐产品定位为经典西餐、大众西餐、西餐快餐等。

（2）基于西餐的特色定位

根据顾客对西餐的特色需求，酒店或西餐企业可将本企业经营的西餐定位为法国传统菜系、意大利特色菜系、美国加州菜系等。当然，也可以将各菜系的特点进行组合。

（3）基于时段需求的定位

根据顾客在不同时段的需求，将西餐产品定位为早餐西餐、早午餐西餐、午餐西餐、下午茶西餐、正餐西餐和夜餐西餐等。

3. 市场定位应注意的问题

根据研究，西餐市场定位离不开企业自身的资源水平和竞争优势、知名度和美誉度。当目标市场半数以上的顾客熟悉本企业且青睐本企业的西餐产品时，说明本企业有较高的知名度和美誉度。然而，当西餐企业具有较高的知名度、较低的美誉度时，营销人员应认真检查本企业西餐产品的功能与特色及营销组合等存在的问题并通过市场定位提高企业和产品的美誉度。对于一家具有较高的美誉度、较低的知名度的酒店而言，说明其市场定位不明确，营销组合存在问题，营销人员应调整本企业的西餐产品功能与特色及促销力度。一些酒店或西餐企业知名度低且美誉度低，说明其产品功能不能满足目标顾客的需要且缺乏特色。这样的企业应重新树立产品形象，完善产品的功能与特色，调整其营销组合。通过重新定位来提高产品的知名度和美誉度。

$$知名度 = \frac{知晓人数}{地区总人数} \times 100\% \qquad 美誉度 = \frac{称赞人数}{知晓人数} \times 100\%$$

第二节　西餐市场竞争与策略

竞争是商品经济的特性，只要存在商品生产和交换就存在竞争。当代西餐营销的一切活动都是在市场竞争中进行的。实际上，当代的西餐营销管理就是西餐竞争管理。西餐营销策略是饭店或西餐企业运用各种营销手段和方法，激励顾客购买本企业西餐产品以实现顾客购买行为的一系列活动。

一、西餐市场竞争

西餐市场竞争的内容主要包括价格竞争、价值竞争、品种竞争、服务竞争、技术竞争、决策竞争、应市时间竞争、广告竞争、信誉竞争、信息竞争和人才竞争。

1. 价格竞争

饭店或西餐企业常比竞争对手以更实惠的价格销售其产品称为价格竞争。当市场上出现销售质量相同或相近的西餐产品时，价格较低的产品被顾客选中的机会较多，反之就少。尽管饭店因餐饮价格竞争会损失一些利润，然而因较低的价格销售会提高销售量而带来规模效益和更多的利润。

2. 价值竞争

西餐企业以同等价格销售比竞争对手质量更好的西餐菜点和酒水称为价值竞争。这里的价值指产品的功能和内涵与价格的比值。当然，功能和内涵的衡量标志是它的质量水平和用途。价值竞争的关键在于关注顾客期望值的因素，使产品质量高于顾客的期望值。价值竞争内容包括企业的地理位置，便利的交通，停车场，内部环境，餐厅级别和声誉，菜点和酒水的质量、数量、工艺、味道和特色等。通常产品质量越好，就越能满足顾客的需要。这样，不仅能持续地吸引顾客，而且在竞争中还处于有利的地位。因此，管理者必须不断地调查顾客对企业的满意程度及与本企业继续交易的可能，将本企业产品推荐给其他顾客的可能性。（见图 19-1）

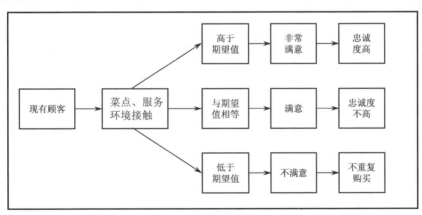

图 19-1　西餐质量与顾客购买行为关系模型

3. 品种竞争

饭店比竞争对手销售更适合市场、更有特色的菜点和酒水称为品种竞争。在市场经济不断发展的前提下，企业对菜点和酒水的品种、规格和特色及用餐环境要考虑不同目标顾客的需求。这样，企业取得优势的机会就更多，赢利的可能性就更大。

4. 服务竞争

服务是无形产品，是西餐质量重要的组成部分。提高西餐质量，不仅取决于优质的菜点和酒水，还取决于幽雅的用餐环境、餐具文化和服务效率等。随着顾客需求的发展和变化，企业必须不断地开发新的服务技术和模式。（见图 19-2）

> 可靠性：准确完成已承诺的服务。
> 服务效率：提供积极、主动和及时的服务。
> 可信任度：渊博和专业的知识，礼貌的态度。
> 个性化服务：对顾客关心和关注，满足具体需要。
> 与有形产品的协调：与菜点、酒水、环境和设施的协调。

图 19-2　顾客评价西餐服务质量的 5 个维度

5. 技术竞争

饭店比竞争对手使用更先进的生产和服务设备，使用更先进的工艺，创造出更优质的餐饮产品称为技术竞争。技术竞争最终表现在产品质量和特色方面。因此，技术竞争是产品质量竞争和个性化的基础条件，是西餐竞争中立于不败之地的重要保证。

6. 决策竞争

决策是指为达到某一特定营销目标，运用科学方法对客观存在的各种资源进行合理配置并从各方案中选出最佳方案的过程。决策是西餐营销管理的基础，它关系到经营的成功或失败。正确的决策可使企业的人力、财力和物力得到合理的分配和运用，创造和改善企业内部条件，提高经营应变能力。决策竞争通常包括产品决策、价格决策、营销渠道决策、营销活动决策和营销组织决策等。

7. 应市时间竞争

饭店比竞争对手以更快的速度生产出新的或更有特色及更满足顾客需求的菜点、酒水等并抢先进入市场销售称为应市时间竞争。应市时间竞争可使产品早于其他企业并被顾客了解和接受。当然其他企业的同样产品上市后，该企业产品的深远影响仍然占据主导的地位。

8. 广告竞争

饭店以比竞争对手更广泛、更频繁及更有针对性地向顾客介绍本企业的环境、菜点、酒水和服务以期在顾客心目中造成更深的产品形象称为广告竞争。广告竞争在推动西餐产品销售方面具有一定的作用。

9. 信誉竞争

饭店的信誉表现为取得社会和顾客信任的程度。它是企业竞争取胜的基础。西餐经营者比竞争对手更应当讲究信誉、质量和特色并实施伦理营销。这样，企业在经营中才能取得成功。

10. 信息竞争

当今，信息在西餐经营中具有重要作用。西餐企业具有比竞争对手更强的收集、选择、分析和利用信息的能力称为信息竞争。根据调查，企业及时地运用准确的市场信息指导经营必然会在竞争中取得更有利的地位。

11. 人才竞争

西餐竞争归根结底是人才的竞争。饭店比竞争对手更拥有掌握专业理论和技术的人才，称为人才竞争。西餐经营必须使用专业人才和有能力的管理人员，没有专业人才的西餐企业将失去竞争力。

二、西餐营销策略

西餐营销策略是饭店或西餐企业运用各种营销手段和方法，激励顾客购买西餐产品的欲望并最终实现购买行为的一系列活动。

1. 广告营销

广告是指饭店的招牌、信函和各种宣传册等。广告在西餐营销中扮演着重要的角色。广告可以创造企业的形象，使顾客明确产品特色，增加购买信心和决心。

（1）餐厅招牌

西餐企业招牌是最基本的营销广告，它直接将产品信息传达给顾客。因此，餐厅招牌的设立应讲究它的位置、高度、字体、照明和可视性并方便乘车的人观看，使他们从较远的地方能看到。招牌必须配有灯光照明，使它在晚上也能起到营销效果。招牌的正反两面应写有企业名称。在晚间，霓虹灯招牌增加了可视度。同时使企业灯火辉煌，营造了朝气蓬勃和欣欣向荣的气氛。（见图 19-3）

图 19-3　美国海鲜餐厅招牌和晚间外景

（2）信函广告

信函是西餐企业的一种有效的营销方法。这种广告最大的优点是阅读率高，可集中目标顾客。运用信函广告应掌握适当的时机。例如，企业新开业、饭店重新装修后的开业、企业举办周年庆典、节庆活动和美食节营销活动、饭店推出新的西餐产品和新的季节到来等。

（3）交通广告

交通广告是捕捉流动顾客的好方法。许多顾客都是通过交通广告的宣传而到饭店或西餐企业消费。交通广告的最大优点是宣传时间长，目标顾客明确。

2. 名称营销

一个有特色的西餐厅或西餐企业，它的名称只有符合目标顾客，符合企业的经营目标，符合顾客的消费水平才能有营销力。同时，企业名称必须易读、易写、易听和易记。名称中的文字必须简单和清晰，易于分辨。名称字数要少而精，以 2~5 个字为宜。企业名称的文字排列顺序应考虑周到，避免将容易误会的字体和易于误会的同音字排列在一起。餐厅名称必须方便联络，容易听懂，避免使用容易混淆的文字、有谐音或可联想的文字。名称字体设计应美观，容易辨认，容易引起顾客的注意，易于加深顾客对企业的印象和记忆。

3. 外观营销

图 19-4　意大利餐厅外观

企业外观必须突出餐饮文化，重视建筑风格和色调。餐厅门前的绿化、园林设施和装饰品在营销中起着重要的作用。橱窗是西餐营销不可多得的地方。许多企业的橱窗设计非常美观，橱窗内种植或摆放着各种花木和盆景，透过橱窗，可以看到餐厅的风格和顾客用餐的情景。停车场是西餐经营的基本设施。由于个人汽车拥有率越来越高，因此，餐厅必须有停车场，由专人或兼职人员看管。这既方便了顾客的消费，又加强了西餐营销的效果。（见图 19-4）

4. 环境营销

餐厅是用餐的地方。但是人们消费的目的有多种。例如，对环境的需求，对菜点的需求，对文化的需求，对音乐的需求，对交际的需求，对卫生的需求等。一些西餐企业满足顾客对环境的需求，它们为顾客提供了轻松、舒适、宽敞和具有餐饮文化的环境。（见图 19-5）例如，高高的天花板中透过自然的光线，大厅内的绿树和鲜花郁郁葱葱。有些西餐厅设计和建造了几间开放式的、雅致

图 19-5　某酒店西餐厅内部环境

恬静的小单间以增加餐厅的文化和气氛，满足了顾客的商务、聚会和休闲目的。

5. 清洁营销

清洁已成为衡量餐饮产品质量的标准之一。清洁不仅是餐饮业的形象，也是产品。清洁不仅含有它字面本身的含义，还代表着尊重和高尚，其是顾客选择餐厅的重要因素。西餐厅清洁营销内容包括外观和装饰的清洁，大厅环境、灯饰和内部装饰的清洁，饭店设施和饰品的清洁，洗手间及卫生设施的清洁，餐具及菜点的卫生等。企业应制定清洁质量标准，按时进行检查。例如，招牌的清洁度、文字的清晰度、招牌灯光应完好无损；盆景是否生长杂草、叶子是否有尘土、花卉是否枯萎；大厅地面是否干净光亮；餐厅墙面、玻璃门窗、天花板是否清洁、无尘土等。洗手间是企业的基本形象之一。现代洗手间再也不是人们传统观念中的"不洁之处"，而成为"休息处"。卫生间讲究装饰与造型，配备冷热水和卫生纸、抽风装置、空气调节器、明亮的镜子和液体香皂等。

6. 人员营销

人员营销在西餐营销中很有实际效果。所谓人员营销，是指西餐厅中的每一个工作人员都是营销员，他们的生产和服务、服装和仪表、语言和举止行为都要与企业营销联系在一起。工作服是西餐企业的营销工具，反映了企业的形象和特色。工作服必须整齐、干净、得体并根据各岗位的工作特点精心设计和制作。工作人员的工作服既要体现企业风格，又要突出实用和营销等功能。工作人员的仪表仪容是企业营销的基础，不严肃和不整洁的仪表仪容会严重影响营销水平。因此，管理人员要培训全体职工，使他们重视自己的仪表仪容，重视其外表和形象。

礼貌和语言是营销的基本工具，工作人员见到顾客应主动问好。服务员服务时应面带微笑，对顾客使用正确的称呼，尊重顾客，对顾客一律平等，使用欢迎语、感谢语、征询语和婉转否定语等。服务员应从顾客的利益出发，为顾客提出购买建议，不要强迫顾客购买，更不要教训顾客。除此之外，还应讲究营销技巧，从中等价格的产品开始推销，视顾客消费情况，再推销高价格产品或低价格的产品。同时，多用选择疑问句。

当今，越来越多的西餐企业或饭店将餐厅领班和服务人员培训成专业的菜点和酒水推销员，从而使她们采取主动的推销产品服务，使顾客快速地产生购买欲望并采取购买行动。这样做，一方面，服务人员可通过向顾客介绍产品，解释产品的种类与特点，并为顾客带来实惠与利益而促进了产品的销售；另一方面，他们与顾客直接接触，了解不同顾客的消费能力、文化习俗和具体需求等信息。通过及时发现和回答顾客提出的问题，向顾客提供适当的价格及优惠条件等，消除顾客在购买产品时的疑虑，引导顾客购买其需要的产品。人员推销的优势在于不仅要考虑到本企业盈利的问题，还要考虑到顾客的方便和利益，尤其要把握好顾客的需求和购买目的。实践证明，餐厅服务人员推销可有效地激励顾客的购买兴趣与购买行为，并可立即达成交易。因此，人员推销的效果明显。

7. 促销活动

当今，西餐市场的竞争非常激烈，其表现形式为产品生命周期不断地在缩短。因此，适时举办促销活动，不断开发新的产品是西餐营销的策略之一。例如，节假日主题餐饮推销，周末早午餐（Brunch）特色菜点推销、希腊菜美食月、比萨饼销售周、加州菜推销月等。然而，举办任何促销活动都应当具备新闻性、新潮性、简单性、视觉性和参与性，突出产品的特色，简化活动程序，使促销活动产生话题并能引起人们的兴趣和注意。企业举办促销活动应有周密的计划和安排，保证促销活动的成功。同时，应明确促销活动的目标，使顾客能慕名而来。此外，要选好促销活动的管理人员，安排好促销活动的主题、场所、时间、资金和目标顾客等。（见图 19-6 ）

图 19-6　西餐促销活动中的视觉安排

8. 赠品营销

饭店常采用赠送礼品的方式来达到促销目的。但是，赠送的礼品一定要使企业和顾客同时受益才能达到理想的营销效果。通常，赠送的礼品有菜点、酒水、生日蛋糕、水果盘、贺卡和精致的菜单等。贺卡和菜单属于广告类赠品。贺卡上应有企业名称、宣传品和联系电话。菜单除餐厅名称、地址和联系电话外，应有特色菜点。这种赠品主要起到宣传企业的产品特色和风味，使更多的顾客了解企业，提高企业知名度的作用。菜点、蛋糕、水果盘和酒水等属于奖励类赠品。奖励类赠品应根据顾客的消费目的、消费需求和节假日有选择地赠送以满足不同顾客的需求，使他们真正得到实惠并提高饭店的知名度，从而提高顾客消费次数和营业数额。采用赠品营销必须明确营销目的是扩大知名度还是增加营业额等。只有明确了赠品营销的目的，才可按各种节日和顾客消费目的对赠品做出详细的安排以使赠品能发挥营销作用。赠品营销应注意包装要精致，赠送气氛要热烈，赠品的种类、内容和颜色等要符合赠送对象的年龄、职业、国籍和消费目的。

9. 食品展示

食品展示是通过在餐厅门口和餐厅内部陈列新鲜的食品原料、半成品菜肴或成熟的面包、点心、水果及酒水等增加产品的视觉效应，使顾客更加了解餐厅销售的产品特色和质量并对产品产生信任感，从而增加销售量。一些咖啡厅将新鲜的面包摆在餐厅门口以显示其经营特色和菜点的新鲜度。一些西餐厅在其内部设置沙拉柜台以展示其产品的质量与特色。（见图19-7）

10. 地点营销

餐厅地点在营销中具有重要的作用。许多西餐企业内部装潢非常有特色，餐饮质量也非常好。但是，其经营状况并不乐观，原因是地点问题。西

图19-7　西餐厅内部的甜点展示

餐业与制造业不同，它们不是将产品从生产地向消费地输送，而是将顾客吸引到餐厅购买产品。因此，餐厅地点是营销的关键。著名的美国饭店企业家爱尔斯沃斯·密尔顿·斯塔勒（Ellsworth M.Statler）在论述饭店的地点时说："对于任何饭店来说，取得成功的三个要素是地点、地点、地点。"因此，西餐企业应建立在方便顾客到达的地区。同时，企业所在地区与市场范围有紧密的联系。在确定西餐企业的经营范围时，要注意该地区的地理特点。如果餐厅设在各条道路纵横交叉的路口，会从各个方向吸引顾客。它的经营区域是正方形。如果设在公路上，它可以从两个方向吸引顾客，其经营区域为长方形。当然，设在路口的餐厅比设在公路上的餐厅更醒目。此外，在选择西餐厅地点时，必须调查是否有与本企业经营相关的竞争者并应调查该企业的经营情况。同时，必须慎重对待各地区的经营费用等。

11. 绿色营销

绿色营销是指西餐企业以健康、无污染食品为原料，通过销售有利于健康的工艺制成的菜点，达到保护原料自身营养成分，杜绝对人体伤害以及控制和减少各种环境污染的目的。绿色营销从原料采购开始。作为食品采购人员，首先要控制食品原料的来源，采购那些无污染的食品原料，尽可能不购买罐装、听装及半成品原料。大型企业可建立无污染、无公害原料种植基地和饲养场所。在菜肴与面点生产中，应认真区别各种原料的质地、营养和特征，合理搭配原料，均衡营养。同时，应合理运用烹调技艺，减少对原料营养的破坏，不使用任何添加剂，

致力于原料自身的美味。此外，尽量简化生产环节，精简服务程序，使菜点和服务更加清新和自然。

12. 网上营销

网上营销是以互联网络为媒体，以新的营销方法和理念实施营销活动，从而有效地进行西餐销售。网上营销可视为必要的营销方法，但它并非一定要取代传统的销售方式，而是利用信息技术重组营销渠道。实际上，互联网络较之传统媒体表现丰富，可发挥营销人员的创意，超越时空。同时，信息传播速度快，容量大，具备传送文字、声音和影像等多媒体功能。例如，网上餐饮广告可提供充分的背景资料，随时提供最新的信息，可静可动，有声有像。在面对竞争日益激烈的西餐市场时，企业要在竞争中生存和发展，必须了解和满足目标顾客的需要，树立以市场为中心、以顾客为导向的经营理念。而网络营销可与顾客进行充分的沟通，从而实施个性化的产品和服务，而这是传统的营销方法难以做到的。目前，我国一些饭店和西餐企业建立了自己的网站，进行产品介绍；另一些饭店和西餐企业已实施了网络营销。当今，西餐企业普遍采用了网上订餐和网上点菜等营销方法。

第三节　西餐营销道德管理

西餐营销活动不仅是盈利活动，而且还是社会活动，只有重视与实施营销中的道德管理，饭店或西餐企业才能赢得更多的顾客，从而把握西餐市场竞争的主动权。西餐营销道德实际上是商业伦理的一个分支，是指判断酒店或西餐企业的营销活动是否符合消费者及社会的利益，能否给消费者及社会带来应有的价值。

一、西餐营销道德的含义

营销道德是企业职业道德或企业伦理的一个分支，是指营销主体在营销活动中所应具备的基本职业道德。实际上，西餐营销道德是关于酒店或西餐企业及其职工营销行为的规范，是正确处理酒店与社会及利益相关者关系的原则，是在酒店或西餐企业长期营销中积累并涵盖企业内外道德关系而形成的伦理理念、道德意识、道德规范和道德实践的总和。西餐营销道德渗透于酒店或餐饮企业营销活动的全过程和各环节，外现于菜点生产及其服务，对内贯穿于企业整体的营销管理。同时，西餐营销道德涉及酒店和西餐企业的高层管理者、职能部门经理和全体职工的职业道德水准和营销策略制定及目标市场的选择，包括产品策略、价格策略、分销策略、人员推销、广告宣传和营业推广等。

二、西餐营销道德的作用

由于西餐企业的营销效果在于面向市场，满足消费者与组织购买者的实际需求，因此，酒店或西餐企业必须转变营销理念和策略，提高企业的信誉度和知名度，强化产品质量和特色。企业要完成以上营销目标，营销道德建设是基础。

1. 参与市场竞争的需要

现代西餐产品已从传统的，仅以提供菜点和酒水为导向发展为以满足顾客综合需求的西餐产品。包括菜点和酒水、用餐环境和服务设施、空间布局和装饰装潢、餐具酒具和服务方法等。同时，现代西餐市场营销朝向个性化发展的趋势并满足细分市场的需求。任何一家酒店或西餐企业要想在激烈的市场竞争中战胜对手，求得生存和发展，就必须提高企业的核心竞争力，而企业实施营销道德正是为了提高企业的核心竞争力而提高酒店或西餐企业的营销效益。实践证明，营销道德不是虚构的，而是可以转化为企业的经营效益。在市场经济条件下，餐饮业公平竞争，积极进取，有益于调动企业职工的积极性和创造才能，从而促进西餐产品的开发与创新。

2. 保证西餐的质量和功能

现代餐饮产品综合体现了顾客的需求、资源利用、环境保护及企业利益和社会效益等各方面的需求。西餐产品质量是企业技术水平、管理水平和营销水平的综合反映，是酒店或西餐企业营销道德水平的标志。在营销中，企业应深入调查和满足目标顾客的需求，保证西餐的功能与质量，完善服务质量，讲究企业信誉。同时，消费者和组织购买者有权要求酒店或西餐企业提供安全和高质量的西餐产品。当顾客购买了不满意的产品时，有权向企业进行投诉并得到退赔。因此，酒店或西餐企业应保证其产品的质量，避免顾客的经济损失，不造成环境污染等。

3. 保证产品价值和企业回报

根据调查，西餐厅常是暴利行为出现的地方。从企业营销的角度，酒店或西餐企业应为其产品制定合理的价格以获得满意的回报。而消费者认为，价格应符合产品的价值，满足消费者和组织购买者的利益。从营销道德方面分析，酒店或西餐企业的利润来自社会，是对企业有效利用资源的回报，是社会对企业的优质产品、良好服务、高效管理和承担风险给予的奖励。然而，求利与取义作为营销活动的主体，是营销道德的两种态度。当然，企业追求利润是正当的营销活动。然而，这种活动应符合营销道德和经济伦理。

4. 保证投资者和职工利益

酒店营销者应爱惜企业资产，努力提高营销效益，保证投资者的合理回报，正确处理长期投资与短期效益之间的关系，提高产品的市场占有率。现代酒店营销伦理认为，职工是企业创造财富的主体。管理人员应尊重职工的建议并善于与职工沟通，并应通过有效的营销为职工创造良好的工作环境。

5. 协调政府与相关者关系

酒店或西餐企业应自觉执行国家和地区的法令和法规，依法纳税，向政府提供真实的营销信息，支持政府的工作，为社会提供就业，支持社区建设；对供应商和中间商恪守信誉并严格执行合同。同时，酒店或西餐企业应与竞争对手展开公平的竞争，不使用诽谤手段诋毁竞争对手，安置残疾人就业，保护生态环境。根据研究，如果社会认为企业没有为社会增加价值，而是正在损害和剥夺社会价值，社会将采取行动取消企业的经营权。

三、影响西餐营销道德的因素

1. 管理者营销道德水平

管理者的营销道德严重影响酒店或西餐企业全体职工的营销道德。通常，遵守营销道德的管理者具有明确的是非观念，有良好的道德习惯，履行社会责任，对企业忠诚，有强烈的敬业精神并爱护职工。

2. 企业营销道德文化

企业营销道德文化是指酒店或西餐企业在生产和营销中关注与员工、供应商、消费者（组织购买者）、投资者、社会公众和公共环境等一系列利益相关者并保持和谐互利的共生关系所遵循的价值观、社会责任和道德规范。营销道德文化对企业营销有着深刻的影响。不同企业的营销道德文化对产品质量和市场营销及对处理企业的各种矛盾有着不同的道德观。研究表明，在不重视营销道德文化的酒店或西餐企业中，即使职工有很高的职业道德标准，酒店或西餐企业也会偏离营销道德的方向。

四、西餐营销道德常见的问题

在西餐营销中，少数酒店或餐饮企业对营销的产品存在不真实或夸大等现象。例如，一些酒店将非绿色食品原料假冒为绿色食品原料，将菜点中食品原料的规格和数量夸大。一些酒店或西餐企业在促销活动中传播夸大或不真实的菜点信息，传递不真实的或虚假的宣传内容，隐瞒产品缺陷，误导消费者和组织购买者。在人员推销中，推销人员和服务人员没有及时地将真实的西餐产品信息或确切的价格告知顾客。一些企业通过促销活动销售过期的食品原料制成的菜点和饮料。一些西餐企业，菜单上的菜名、原料与工艺信息不真实或没有聘用或培训与菜点及其服务质量相适应的管理人员和技术人员，也没有及时解聘那些对顾客有潜在伤害的职工等都属于营销道德问题。一些西餐企业在产品打折后的价格比原价格还要高。实际上，这种定价方法是误导价格，属于价格欺诈。

一些企业在保护顾客隐私方面存在问题。通常，酒店常通过顾客消费记录和市场调研获得顾客的有关信息与消费数据。然而，由于他们缺乏必要的客户隐私保护措施，以至于将顾客提供的个人身份、联系方式及消费情况等信息被他人窃取和侵犯。同样地，在营销渠道中，营销道德涉及酒店与中间商之间、餐饮集团与加盟店之间互相未能履行合同的问题。例如，一些餐饮集团营销目标的建立脱离了市场实际，被夸大，偏离了市场需求。一些加盟企业每年交与餐饮集团服务费，而餐饮集团对加盟企业的服务条款可能是虚设或夸大。

五、西餐营销中的职业道德建设

1. 营销道德教育和培训

作为酒店或餐饮企业职工，不仅是经济人，还是文化人和伦理人。未来的西餐市场竞争，首先是职工的道德素质和业务能力的竞争。因此，酒店或西餐企业应加强职工营销道德素质的培养，特别是对一线业务部门营销道德方面的培训，使他们树立崇高的职业理想，正确对待自己从事的职业。同时，酒店应培养职工的工作责任感、荣誉感和敬业精神，并使其在各自岗位上尽心尽责和努力完成本职工作。其次，企业应激励职工在道德修养和业务知识上勇于进取，在专业技能上日臻完善。

2. 形成正确的经营效益观

许多学者认为，营销道德非但不对企业利益采取漠视态度，相反，其与企业利益有着本质的相关性。现代酒店或餐饮集团应以先进的技术和管理，持续学习而做一个学习型组织并追求长期的经济效益。实际上，有效的营销离不开企业相关利益者的参与，只有互惠互利，企业与利益相关者之间的合作才能成功。因此，在营销中酒店或西餐企业必须信守合同，不损害利益相关者的合法权益，向顾客提供理想与优质的西餐产品，向职工提供良好的工作环境与设施等。当然，酒店或餐饮企业还应以某种方式回报社会。酒店只有在公众对其满意和信任的前提下，才能生存和发展。因此，酒店或西餐企业不应太短视且只顾眼前的利益而忽视长远的发展及所应承担的道德责任。

3. 树立集体主义观念

个人利益与集体利益的关系是西餐营销道德的一个基本问题。经济伦理学认为，企业要兼顾国家利益、集体利益和个人利益。个人利益应服从集体利益，酒店或餐饮集团利益应服从社会利益，暂时利益应服从长远利益。酒店或西餐企业应尊重顾客，尊重职工，人尽其才。西餐营销的成功需要全体职工的齐心协力才能取得成效。其中，管理者与被管理者应相互理解，相互支持，营销部门、服务部门和生产部门等之间应相互体谅和合作。同时，高层管理者应营造一个有效的内部工作环境。

4. 实施诚信的营销手段

根据研究，市场经济越是发展就越需要信任，应把信任看作商业活动中最重要的财产。因此，信誉是西餐营销的基础。美国《财富》杂志认为，信誉因素比财务业绩更能提升企业的声誉。诚信原则是西餐营销之本，酒店或西餐企业的生存与发展有赖于利益相关者长期和可靠的合作。诚信原则要求不欺诈，货真价实，不作虚假广告，讲究质量，注重信誉。公平原则要求酒店之间、餐饮企业之间的公平竞争。企业营销管理者和服务人员应秉公办事，廉洁自律，公正待人，诚心诚意为社会和顾客尽职尽责。酒店应为顾客提供价格适中的优质西餐产品，提升顾客满意度。

5. 建立营销道德制度与规范

根据调查，90% 的《财富》500 强企业都制定了道德制度与营销道德规范。酒店或餐饮集团的营销道德制度是指其所确立的合乎道德原则的各种营销管理制度，包括市场调查制度、生产管理制度、定价管理制度、促销管理制度、产品分销制度等。酒店或餐饮集团应制定合理的营销道德制度并在企业内部严格执行。这意味着酒店或餐饮集团需要逐步建立起一套稳定的、完整的、有效的营销道德奖罚机制和激励机制，推动营销道德的实现。根据研究，酒店必须根据营销中的各职能领域或业务流程而具体制定营销道德规范。目前，国际酒店业都将营销职业道德标准融入日常运营的管理中。

6. 建立营销道德审计机构

为了落实营销道德的管理，国际酒店业常设立相应的营销道德管理组织对营销中的职业道德进行指导、培训和评估。一些酒店或餐饮企业由总经理办公室管理酒店的营销道德审计工作、制定职工的营销道德评估体系，其中包括营销道德规范的制定和审计。酒店营销道德审计部门的职责主要包括：对企业员工进行营销道德培训，为营销提供职业道德方面的咨询、建议和审计，对违反企业营销道德行为的部门和职工进行调查和处理。一些酒店或餐饮集团成立营销道德管理小组或委员会。该部门的管理人员主要包括高层管理者和营销部门等负责人。其职能是：定期召开例会，讨论企业的各种营销道德问题，研究处理营销中的道德问题，对全体职工和管理人员进行相关培训；对违反营销道德准则的行为进行检查和审计，审议和调整本企业的营销道德规范等。此外，当企业准备进入新的营销领域或需要做出重大的营销决策时，通常要通过营销道德管理组织做出审计和评价。

本章小结

当代西餐营销策略是指以市场为中心，为满足顾客需求而实现企业的营销目标，综合运用各种营销手段，将菜点、酒水、用餐环境和服务产品销售给顾客的一系列的营销活动。西餐营销管理实际是西餐竞争管理。西餐竞争内容主要包括价格竞争、价值竞争、品种竞争、服务竞争、技术竞争、决策竞争、应市时间竞争、广告竞争、信誉竞争、信息竞争和人才竞争。促销策略是饭店或餐饮企业运用各种营销手段和方法，激励顾客购买西餐产品的欲望并最终实现购买行为的一系列活动。同时，企业加强营销道德管理可提高企业的知名度和美誉度，从而提高酒店或西餐企业的市场竞争力。

思考与练习

1. 名词解释题

食品展示、市场细分、市场定位。

2. 思考题

（1）简述西餐企业营销原则。

（2）简述目标市场选择。

（3）简述基于消费者心理因素的西餐市场细分。

（4）论述西餐市场竞争。

（5）论述西餐营销策略。

主要参考文献

1. 王觉非 . 近代英国史［M］. 南京：南京大学出版社，1997.

2. 王锦瑭 . 美国社会文化［M］. 武汉：武汉大学出版社，1996.

3. 阿撒·勃利格斯 . 英国社会史［M］. 北京：中国人民大学出版社，1991.

4. 刘祖熙 . 斯拉夫文化［M］. 杭州：浙江人民出版社，1997.

5. 张泽乾 . 法国文化史［M］. 武汉：长江人民出版社，1987.

6. 黄绍湘 . 美国史纲［M］. 重庆：重庆出版社，1987.

7. 孙晓光，周鸿 . 企业策划学［M］. 北京：经济管理出版社，2017.

8. JITZSIMMONS J A, JITZSIMMONS M J. 服务管理：运作，战略和信息技术［M］. 张金成，范秀成译，8 版 . 北京：机械工业出版社，2015.

9.［美］斯蒂芬·罗宾斯，蒂莫西·贾奇 . 组织行为学精要［M］. 英语版 .14 版 . 北京：中国人民大学出版社，2021.

10. 王天佑 . 酒店市场营销［M］.2 版 . 天津：天津大学出版社，2018.

11. 骆品亮 . 定价策略［M］.4 版 . 上海：上海财经大学出版，2019.

12. 李荷华 . 现代采购与供应管理［M］. 上海：上海财经大学出版社 .2010.

13.［美］约亨·沃茨，克里斯托弗·洛夫洛克 . 服务营销［M］. 韦福祥等译 .8 版 . 北京：中国人民大学出版社，2018.

14.［美］汤姆·纳格，约瑟夫·查莱 . 定价战略与战术：通向利润增长之路［M］. 陈兆丰，龚强译，5 版 . 北京：华夏出版社，2012.

15. 朱晋伟 . 跨国经营与管理［M］.2 版 . 北京：北京大学出版社，2015.

16. 胡春森，董倩文 . 企业文化［M］. 武汉：华中科技大学出版社，2018.

17. 陆敬怡 . 消费者的决策［M］. 上海：上海教育出版社，2020.

18. 季辉 . 现代企业经营与管理［M］.5 版 . 大连：东北财经大学出版社，2020.

19. 余泽忠 . 绩效考核与薪酬管理［M］.2 版 . 武汉：武汉大学出版社，2019.

20. 王天佑 . 宴会管理［M］. 北京：清华大学出版社，2019.

21. 王天佑 . 西餐概论［M］.6 版 . 北京：北京旅游教育出版社，2020.

22. 刘少伟 . 食品安全保障实务研究［M］. 上海：华东理工大学出版社，

2019.

23. 张小海，龙盛蓉 . 质量控制［M］. 北京：机械工业出版社，2019.

24. 王天佑 . 饭店餐饮管理［M］. 4 版 . 北京：清华大学出版社，2021.

25. 骞令香，李东兵 . 采购与库存管理［M］. 3 版 . 沈阳：东北财经大学出版社，2020.

26. ［美］安德鲁·C. 威克斯，R. 爱德华·弗里曼，帕特里夏·H. 沃哈尼 . 商业伦理学：管理方法［M］. 马凌远，张云娜，王锦红译，北京：清华大学出版社 2015.

27. ［美］曼纽尔·G. 贝拉斯克斯 . 商业伦理：概念与案例［M］. 7 版 . 北京：中国人民大学出版社，2013.

28. ［美］贾森·布伦南，彼得·M. 贾沃斯基 . 道德与商业利益［M］. 郑强译，上海：上海社会科学院出版社，2017.

29. Montagne P. The Encyclopedia of Food，Wine & Cookery［M］. New York：Crown Publishers，1961.

30. Parasecoli F. Food Culture in Italy［M］. London：Greenwood Publishing Croup Inc.，2004.

31. Mason L. Food Culture in Great Britain［M］. London：Greenwood Publishing Croup Inc.，2004 .

32. Parke PJ. Foods of France［M］. Farmington Hills：Thomson Learning Inc.，2006.

33. Herningway M，Mariel's Kitchen［M］. New York：Harper Collins Publishing，2009.

34. MOOR G. Virtue at Work：Ethics for Individuals，Managers，and Organizations［M］. NY：Oxford University Press，2017.

35. The Culinary Institute of America. The Professional Chef's Techniques of Healthy Cooking［M］. 2nd, ed. NJ：John Wiley & Sons, Inc.，2000.

36. JAIME C G. Food Quality Control：Methods，Importance and Latest Measures ［M］. Oakville：Delve Publishing，2018.

37. KOTAS R. Management Accounting for Hotels and Restaurants［M］. New York：Routledge，2016.

38. FLOYD K，CARDON D. Business and Professional Communication［M］. New York：McGraw-Hill Education，2020 .

39. JAULARI V. Hospitality Marketing and Consumer-Behavior- Creating Experiences Memorable Experiences［M］NY：Apple Academic Press.，2017.

40. IVANCEVICH J.M, KONOPASKE R, MATTESON M.T. Organizational Behavior and Management［M］.11th ed. NY: McGraw Hill Higher Education Ltd., 2017.

41. COOPER R G. Winning at New Products: Creating Value Through Innovation ［M］. 4th ed. New York: Bisic Books, 2017.

42. MCKEAN J. Management Customers Through Economic Cycles［M］.West Sussex: John Wiley & Sons, 2010.

43. CARDON P W. Business Communication［M］. 3rd.ed.New York: McGraw-Hill Education, 2018.

44. WIESNER, KNUT A. Ethical Management and Marketing［M］.Berlin: Walter de Gruyter GmbH, 2016.

45. WOOD R C. Hospitality Management: A Brief Introduction［M］. London: Saga Publications Ltd., 2015.

46. SHARMA P. Intercultural Service Encounters: Cross-cultural Interactions and Service Quality［M］. Switzerland: Palgrave Pivot., 2019.

47. ALEXANDER V. LASKIN. The Handbook of Financial Communication and Investor Relations［M］.Ma: John Wiley & Sons, Inc., 2017.

48. FREEMAN P.Food: The History of taste［M］. London: Thames and Hudson Ltd..

49. DOPSON L R, HAYES D A.Food and Beverage Cost Control［M］.6th ed.NJ: John Wiley & Sons, 2016.